U0617130

高等职业教育机电类专业系列教材

江苏省机电类专业名师工作室组织编写

全国技工教育规划教材

电力电子技术

（第二版）

主　编　耿　淬

副主编　史玉立

参　编　丁艳华　周晓迪　赵　伟　朱保华

主　审　姚正武

西安电子科技大学出版社

内 容 简 介

本书以电力电子变流电路为主线，共设置了7个典型项目，分别为电力电子概论、单相可控整流电路——制作简单调光灯电路、三相可控整流电路——安装三相全控整流电路、逆变电路——调试小型光伏发电系统、交流调压电路——调试电风扇无级调速器、变频器的分析与使用，以及直流斩波电路——调试开关电源电路。每个项目均以电力电子技术的具体应用实例为指引，在深入浅出地介绍了电力电子器件及电力电子技术基本理论后，分析相关电力电子装置的安装、调试以及部分设计方法。书中采用MATLAB仿真模型验证变流电路的可行性，并配套完整器件型号表和电路图，完成项目实践和检测。同时，本书还将相关职业技能等级标准、电力电子电路操作维护规范等融合到知识技能点中，以培养和提高学生的综合实践能力。

本书可作为职业院校装备制造类、自动化类、机电设备类、新能源发电工程类专业的教学用书，也可作为相关行业的岗位培训教材及有关人员的自学用书。

图书在版编目（CIP）数据

电力电子技术 / 耿淬主编. -- 2版. -- 西安：西安电子科技大学出版社，2024. 10. -- ISBN 978-7-5606-7440- 7

Ⅰ. TM76

中国国家版本馆 CIP 数据核字第 20241G3Z50 号

策　　划　李惠萍
责任编辑　李惠萍
出版发行　西安电子科技大学出版社（西安市太白南路2号）
电　　话　(029) 88202421　88201467　　邮　　编　710071
网　　址　www. xduph. com　　　　　电子邮箱　xdupfxb001@163.com
经　　销　新华书店
印刷单位　陕西精工印务有限公司
版　　次　2024年10月第2版　2024年10月第1次印刷
开　　本　787毫米×1092毫米　1/16　印张 16
字　　数　377千字
定　　价　42.00元
ISBN 978-7-5606-7440-7
XDUP 7741002-1

＊＊＊如有印装问题可调换＊＊＊

前　言

根据教育部印发的《职业院校教材管理办法》，按照《国家职业教育改革实施方案》精神要求，本书编写组精心组织了有丰富教学经验的双师型骨干教师和企业技术人员对本书第一版进行了修订。

本书以当前各类电力电子变流电路的实用项目为载体，着重介绍了各种电力电子变流电路的基本原理、电路结构、电气性能、波形分析、安装与调试方法等内容。本次修订强化了课程思政及职业素养等方面的要求，修改并新增了部分习题，同时配套新增了大量数字化资源。

本书力求体现以下特色：

1. 立德树人，提升素养

本书基于新能源技术中电力电子的高速发展情况，紧扣立德树人的教学目标，紧跟行业发展设计内容，对接岗位职责和职业能力，注重学生各项素质的养成。本书经修订后进一步简化了理论知识，在项目实施前以三维学习目标指引学习，以提问引发学习兴趣；在内容中较多地介绍了先进国产设备、新能源的应用；在实践操作指导中融入对学生职业素养的相关要求；在项目完成后用拓展阅读开阔视野，提升素养。

2. 项目典型，应用灵活

本书将企业实际生产中具有典型性、可操作性、可评价性的案例提炼成教学项目，以当前生产、生活中典型电力电子变流电路为项目内容，以项目实施为主线进行递进式的任务设计，介绍了各类常见电力电子电路的工作原理及基本应用方式，注重培养学生的应用能力和解决问题的实际工作能力。本书中的应用实例内容丰富，学习方式灵活，可以根据变流电路应用主线进行讲解，也可以根据学生具体专业方向进行选择讲解，还可以配套相关项目的实施进行讲授。

3. 仿真可视，降难提效

本书采用 MATLAB 为项目学习提供支撑。本次修订更新了数字化资源中配套的MATLAB 仿真模型，并提供了其他相关拓展模型供读者使用。书中详细讲解了各类常用电力电子电路的仿真模型搭建方法以及电路波形、数据的分析检测方法。学生可以通过仿真电路模型观察电路的仿真运行情况，加深对理论分析结果的理解，也可以借助这些模型进一步对复杂电路做仿真研究，从而降低学习难度，提高自主学习的深度。

4. 资源丰富，实用多样

本书新增了丰富的实物图片和安装接线图配套资料，图文并茂，方便阅读。同时，也新增了配套课件、教案、书中涉及的所有仿真部分的模型、电力电子电路工作原理动画、课后复习题答案等资源，读者可联系出版社获取。

  本书由常州刘国钧高等职业技术学校耿淬担任主编，负责制定编写大纲并进行最后的统稿；常州刘国钧高等职业技术学校史玉立担任副主编；江苏大学丁艳华、江苏省镇江技师学院周晓迪、国家电网镇江供电公司赵伟、国家电网宁夏电力有限公司检修公司朱保华参与了编写。其中，项目1、项目2和项目6由史玉立编写，项目3由丁艳华编写，项目4由赵伟编写，项目5由周晓迪编写，项目7由朱保华编写。

  江苏省南京工程高等职业学校姚正武担任本书的主审，姚老师对全部书稿进行了认真仔细的阅读，提出了许多宝贵意见，在此表示衷心的感谢。

  由于编者水平有限，加之我国新能源技术与电力电子技术发展迅猛，书中难免有疏漏与不足之处，敬请各位读者多提宝贵意见和建议。

编　者

2024 年 9 月

目　录
CONTENTS

1

项目 1

电力电子概论

【学习目标】

知识目标：

(1) 能说出电力电子技术的基本概念。

(2) 能说出电力电子技术的发展情况。

(3) 能说出电力电子变流电路的类型和应用场合。

能力目标：

(1) 能根据应用要求选择合适的变流电路。

(2) 会用 MATLAB/Simulink 仿真软件搭建简单的仿真电路。

素养目标：

(1) 培养利用信息化手段获取、处理和使用技术资料的能力。

(2) 培养良好的团队精神和沟通协调能力。

【项目引入】

在生产生活中，经常会遇到需要进行电能变换的场合，如供电电源一定，而不同的用电器有些需要交流，有些需要直流，有些则对电源电压、电流或频率有特殊要求。电力电子技术就是专门用于实现电能的有效变换和控制的一门学科。

本项目将简要介绍电力电子技术的基本概念、发展历史和应用范围，并用 MATLAB/Simulink 仿真软件搭建简单的仿真电路。

电力电子技术与现代工业发展关系紧密，请查找资料，向同学们介绍现代电力电子技术应用的各类场合。

任务 1.1　认识电力电子技术

1.1.1　了解电力电子技术的定义与发展

1. 电力电子技术的定义

电力电子(Power Electronics)技术是一门利用电力电子器件对电能进行控制和转换的学科。美国电气和电子工程师协会(IEEE)的电力电子学会将电力电子技术表述为：有效地运用电力半导体器件、电路设计理论以及分析开发工具，实现对电能的有效变换和控制的一门技术，它包括电压、电流、频率及波形等方面的变换。

电力电子技术包括电力电子器件、电路和控制三个部分，其中电力电子器件是电力电子技术的基础与核心。1974 年，美国的 W. Newell 用图 1-1 所示的倒三角形对电力电子学进行了描述，W. Newell 认为电力电子学是由电力学、电子学和控制理论三个学科交叉形成的，这一观点被全世界普遍接受。随着科学技术的发展，电力电子技术又与现代控制理论、材料科学、电机工程、微电子技术等许多领域密切相关。目前，电力电子技术已逐步发展成为一门多学科互相渗透的综合性技术学科。

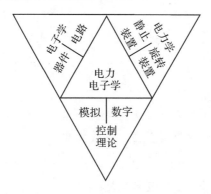

图 1-1　W. Newell 对电力电子学的描述

当代许多高新技术均与电网的电流、电压、频率和相位等基本参数的转换与控制相关。现代电力电子技术能够实现对这些参数的精确控制和高效率的处理，特别是能够实现大功率电能的频率变换，从而为多项高新技术的发展提供有力的支持。因此，现代电力电子技术本身不但是一项高新技术，而且还是其他多项高新技术发展的基础。

2. 电力电子技术的发展概况

1956 年美国通用电气(GE)公司研制出第一个晶闸管(Thyristor)，这标志着电力电子技术时代的开始，在以后 40 多年的时间里，电力电子器件如雨后春笋般不断问世，并得到不断发展。电力电子技术的发展以器件为核心，大体可划分为以下三个阶段。

1) 第一代电力电子器件

最早问世的晶闸管就是第一代电力电子器件，且一经问世就成为对电力进行处理的电力电子技术的核心，它实现了弱电对强电的控制。第一代电力电子器件发展的特点是晶闸管的派生器件越来越多，功率越来越大，性能也越来越好。截至 1980 年，传统的电力电子器件就已经由普通晶闸管衍生出了快速晶闸管、逆导晶闸管（RCT）、双向晶闸管（TRIAC）、不对称晶闸管（ASCR）等。由晶闸管及其派生器件构成的各种电力电子系统，在工业应用中主要解决了传统的电能变换装置中所存在的能耗大和装置笨重等问题，因而大大提高了电能的利用率，同时也使工业噪声得到一定程度的控制。

第一代电力电子器件是半控器件，它通过门极只能控制器件的开通而不能控制器件的关断，要想关断这种器件必须另加用电感、电容和辅助开关器件组成的强迫换流电路，这样将使整机的体积增大、重量增加，也会降低整机的效率。同时，第一代电力电子器件的工作频率也难以提高，一般情况下难以高于 400 Hz，因而大大地限制了它的应用范围。但另一方面，晶闸管系列器件的价格相对低廉，在大电流、高电压应用中的发展空间依然较大，尤其在特大功率应用场合，其他器件尚且不易替代。在我国，以晶闸管为核心的应用设备仍有许多在生产现场使用，晶闸管及其相关的知识目前仍是电力电子学科初学者的基础。

2）第二代电力电子器件

伴随着关键技术的突破以及需求的发展，早期的小功率、半控型、低频器件发展为现在的大功率、高频、全控型器件。全控型器件可以控制开通和关断，因而大大提高了开关控制的灵活性。自 20 世纪 70 年代中期起，电力晶体管（GTR）、可关断晶闸管（GTO）、电力场控晶体管（功率 MOSFET）、静电感应晶体管（SIT）、MOS 控制晶闸管（MCT）、绝缘栅双极晶体管（IGBT）等通断两态双可控器件相继问世，电力电子器件日趋成熟，这就是第二代电力电子器件。第二代电力电子器件具有自关断能力，其开关速度普遍高于晶闸管的开关速度，可用于开关频率较高的电路。

3）第三代电力电子器件

20 世纪 80 年代以来，电力电子器件的研究和开发已进入高频化、标准模块化、集成化和智能化时代。电力电子器件的高频化、硬件结构的标准模块化是今后电力电子技术发展的必然趋势。

高压功率集成电路（HVIC）和智能功率集成电路（SPIC）是将全控型电力电子器件与驱动电路、控制电路、传感电路、保护电路、逻辑电路等集成在一起的高度智能化的功率集成电路。它实现了器件与电路的集成、强电与弱电功率流与信息流的集成，是机和电之间的智能化接口器件，也是机电一体化的基础单元。

1.1.2 认识电力电子技术的应用

电力电子变流电路是以电力半导体器件为核心，通过不同电路的拓扑和控制方法来实现对电能的转换和控制的。它的基本功能是实现交流（AC）和直流（DC）电能的互相转换，如图 1-2 所示，其主要有以下几种类型：

（1）可控整流：把交流电压变换成为固定或可调的直流电压。

（2）有源逆变：把直流电压变换成为频率固定或可调的交流电压。

（3）交流调压：把交流电压变换成为电压大小可调或固定的交流电压。

（4）变频（周波变换）：把频率固定或频率变化的交流电变换成频率可调的或恒定的交流电。

（5）直流斩波：把固定或变化的直流电压变换成为可调或固定的直流电压。

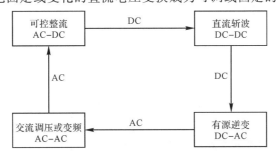

图 1-2　电能形式变换的四大类型示意图

这些技术可以直接用于某些特定场合，但也有不少其他装置综合运用了几种技术，比如变频器就结合了整流、斩波及逆变技术。

电力电子装置及产品被广泛应用于各个领域，其主要应用领域包括以下几个方面。

1. 工矿企业

电力电子技术在工业中的应用主要是过程控制与工厂自动化，例如伺服电动机需要采用电力电子装置驱动才能满足控制需求。另外，电镀行业要用到可控整流器作为电镀槽的供电电源，电化学工业中的电解铝、电解食盐水等也需要大容量的整流电源，而炼钢厂里轧钢机的调速装置则运用了电力电子技术中的变频技术。工矿企业中还有许多地方涉及电气工艺的应用，如电焊接、感应加热等都应用了电力电子技术。

2. 家用电器

运用电力电子技术的家用电器越来越多，例如洗衣机、电冰箱、空调等都采用了变频技术来控制电动机。另外，电视机、微波炉甚至电风扇也都采用了电力电子技术，而现在家庭中大量使用的节能灯、应急灯、电池充电器等也都采用了电力电子技术。

3. 交通及运输

电力机车、地铁及城市有轨或无轨电车几乎都采用了电力电子技术进行调速级控制，斩波器在这一方面也得到了大量的应用。工厂、车站短途运载货物的叉车、电梯等，用到了斩波器和变频器进行调速等控制，电动自行车和电动汽车也都用到了电力电子技术。

4. 电力系统

在电力系统中大规模应用电力电子装置后，可以利用现有的电力网输送更大容量功率，也可以对电力潮流进行灵活控制。此外，电力电子装置还可用于电网功率因数补偿和谐波抑制，以及防止电网瞬时停电、瞬时电压跌落、闪变等。这些装置和补偿装置的应用可进行电能质量控制，从而改善电网质量。

5. 航空航天和军事

为了最大限度地利用飞行器上有限的能源，航天飞行器需要采用电力电子技术，例如使用太阳能电池为飞行器提供能源，采用电力电子装置充分转换及节省能源。此外，武器装备也需要用到轻便、节电的电源装置，因此也要用到电力电子技术。

6. 通信

通信用的一次电源是将市电直接整流，然后经过高频开关功率交换，再经过整流、滤波，最后得到 48 V 的直流电源。在这里大量应用了功率 MOSFET 管，其开关工作频率广泛采用 100 kHz。与传统的一次电源相比，通信用的一次电源的体积、重量大大减小，效率显著提高。

7. 新能源技术

在新能源发电系统中，电力电子技术也扮演着至关重要的角色。光伏发电、风力发电、潮汐能发电系统中，都需要通过电力电子变换器将发电机发出的电能转换为满足用电器要求的电能输出。电力电子技术还能够实现发电组件的最大功率点追踪，通过控制直流-直流变换器，提高系统的发电效率。另外，电力电子技术还可以实现新能源发电系统的并网功能。通过电力电子逆变器，在确保发电系统安全稳定工作的同时，将可用的电能输送到电网中，实现电能的双向流动。电力电子变流电路还可以完成功率因数校正和无功功率控制，提高系统的功率质量和稳定性。

新能源汽车领域也采用了大量的电力电子技术。新能源汽车核心部件电池的充电和放电过程需要整流，并对电流进行控制和调节；电池均衡技术也需要通过电力电子技术实现电池组内各个单体的充电状态的控制，使得电池组内各个单体的电量相对均衡。电机控制器也需要采用高效、高可靠的功率半导体器件，如 IGBT、MOSFET 等，来实现合理的控制策略，如矢量控制、直接转矩控制等。新能源汽车的充电桩和电力传输系统也采用了大量的电力电子设备将交流电转换为直流电，并对充电电流进行控制和调节。

电力电子技术的应用已经渗透到国家经济建设和国民生活的各个领域。事实上，一些发达国家 50% 以上的电能都通过电力电子装置对负载供电，我国也有接近 30% 的电能通过电力电子装置转换。可以预见，现代工业和人民生活对电力电子技术的依赖性将越来越大，这也正是电力电子技术的研究经久不衰及快速发展的根本原因。

任务 1.2　认识 MATLAB/Simulink 仿真软件

1.2.1　了解 MATLAB/Simulink 仿真软件

MATLAB 是矩阵实验室（Matrix Laboratory）的缩写，由 MathWorks 公司于 1984 年正式推出，其最初主要应用于矩阵的数学计算。经过多年的发展和完善，MATLAB 的集成开发环境已经可以应用于数学统计与优化、控制系统、信号处理与通信、图像处理与计算机视觉、计算机金融和计算机生物等多个领域。MATLAB 强大的计算能力和智能作图功能，以及 MATLAB 中 Simulink 产品库的仿真和实时运行等特性，使得它在电类的电路、电力电子、电机、控制系统和信号与系统等课程中都得到了广泛的应用。

MATLAB 的应用范围越来越广泛，主要是因为 MATLAB 具有以下几个特点。

1. 运算功能强大

MATLAB 是以矩阵为基本编程元素的程序设计语言，通过 MATLAB 的符号工具箱（Symbolic Math Toolbox）可以解决在数学、应用科学和工程计算领域中常常遇到的符号计算问题，包括线性运算、傅里叶变换、微分方程等。

2. 编程效率高

MATLAB 的语言简洁而且智能化，语句无需编译，可立即执行并得出结果，这大大减轻了编程和调试的工作量，也提高了编程效率。

3. 强大而智能化的作图功能

MATLAB 可以智能化地用图形显示二维或三维数组；能够自动选择最佳坐标，自动按精度选择步长；可以绘制多种坐标系（如极坐标系、对数坐标系等）；可以绘制三维曲面并设置不同的颜色、线型及视角等。

4. Simulink 动态仿真功能

Simulink 是交互式动态系统建模、仿真和分析的图形环境，用户通过框图的绘制来模拟系统。Simulink 能够对各种控制系统、信号处理与通信系统等进行仿真和分析，可以进行系统建模、代码生成、实时仿真、验证以及生成仿真绘图和报告。

5. 功能丰富，可扩展性强

MATLAB 软件包括基础部分和专业扩展部分。其中，专业扩展部分是工具箱 (Toolbox)。工具箱是 MATLAB 函数的子程序库，每个工具箱都是为某个学科领域的应用而定制的。MATLAB 现在具有各个专业的工具箱，并且每年都会增加一些新的工具箱。

1.2.2 了解 MATLAB/Simulink 仿真软件的基本操作方法

双击桌面的 MATLAB 图标，进入 MATLAB 开发环境，可看到如图 1-3 所示的工作界面。

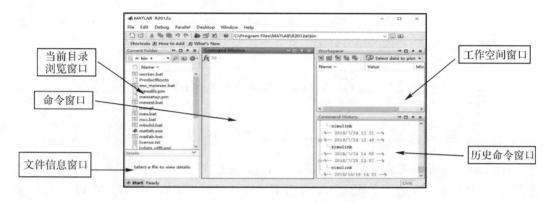

图 1-3 MATLAB 开发环境的工作界面

MATLAB 工作界面中的常用窗口包括命令窗口、历史命令窗口、当前目录浏览窗口、工作空间窗口、文件信息窗口等。

(1) 命令窗口(Command Window)。该窗口默认处在 MATLAB 工作界面的中间。一个工作空间等同于一张空白的工作簿，">>"提示符之后的空间称为命令行。在该窗口内，可以输入各种送给 MATLAB 运作的指令、函数、表达式，并显示除图形外的所有运算结果。

如果要更改 MATLAB 命令窗口显示的字符字体及其大小，可选中"File"下拉菜单的"Preferences"子菜单，在弹出的参数设置窗口中选中"Command WindowFon"选项卡并设定各选择项。

Ctrl＋C 组合键用于终止程序或函数的执行，也可以用于退出暂停的程序或函数。

(2) 历史命令窗口(Command History)。该窗口默认处在 MATLAB 工作界面的右下侧。该窗口记录已经运作过的指令、函数、表达式，并允许用户对它们进行选择、重运行，以及产生 M 文件。

(3) 当前目录浏览窗口(Current Folder)。该窗口默认处在 MATLAB 工作界面的左上侧。在该窗口中，可以设置当前目录；展示相应目录上的 M、MDL 等文件；复制、编辑和运行 M 文件；装载 MAT 数据文件。

(4) 工作空间窗口(Workspace)。该窗口默认处于 MATLAB 工作界面的右上侧。该窗口列出了 MATLAB 工作空间中所有的变量名，以及这些变量名的大小和字节数。在该窗口中，可对变量进行观察、编辑、提取和保存。

（5）文件信息窗口（Details）。该窗口默认处于 MATLAB 桌面的左下侧。该窗口显示当前打开文件的相关细节。

1.2.3 认识 MATLAB/Simulink 仿真软件的电气元件库

Simulink 是 MATLAB 的仿真工具箱，可以使用 Simulink 中的框图来创建系统模型，从而能快速、准确地进行仿真。

在 MATLAB 工作界面的命令窗口中输入"simulink"，或单击工具栏中的图标，就可以打开 Simulink 模块库浏览器（Simulink Library Browser）窗口，如图 1-4 所示。

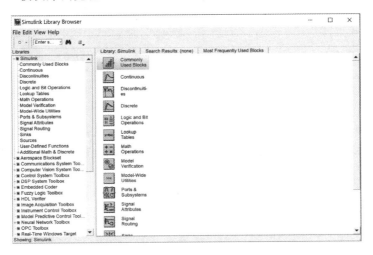

图 1-4 Simulink 模块库浏览器窗口

Simulink 模块库浏览器窗口分为左右两栏，左侧以树状结构列出了模块库和工具箱，右侧列出的是左侧所选模块库中所有的子模块库；在搜索栏中还可以通过输入模块名称来查找相应的模块。

Simulink 有多个基本模块，常用的有以下几个部分：

- 通用模块库（Commonly Used Blocks）：各模块库中的常用模块。
- 连续系统库（Continuous）：连续系统模块。
- 逻辑和位运算库（Logic and Bit Operations ）：逻辑运算和位运算模块。
- 数学运算库（Math Operations）：各种数学运算模块。
- 输入信号源库（Sources）：各种输入信号模块。

另外，在电类的专业课程中还有一个重要的模块库需要经常使用，就是专业模块库中的 SimPowerSystems 模块库，如图 1-5 所示。该模块库中常用的子模块库分别是 Electrical Sources(电源库)、Elements(电路元件库)、Measurements(测量仪器库)、Power Electronics(电力元件库)和 powergui 模块。

Electrical Sources(电源库)：包括直流电流源、交流电流源和电压源，也包括受控电压源和电流源。

Elements(电路元件库)：包括各种串联、并联负载，也包括开关和接地等元件。

Measurements(测量仪器库)：包括单相和三相的电压表、电流表等测量元件。

Power Electronics(电力元件库)：包括二极管、晶闸管、IGBT 等各种常用电力电子元件。

7

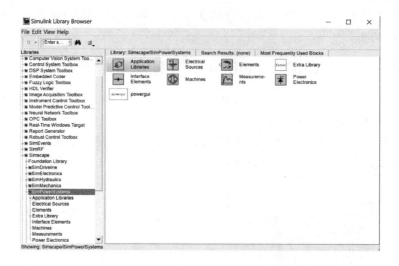

图 1-5　SimPowerSystems 模块库

powergui 模块：用来设置 SimPowerSystems 环境。当使用 SimPowerSystems 库中的其他模块进行仿真时必须使用 powergui 模块，该模块可以放在用户所创建的 Simulink 模型中的任何位置。

另外，Series RLC Branch 模块是 RLC 负载，位于 SimPowerSystems 模块库中的 Elements 子模块库中，其图标为 ，双击该图标可以打开设置参数的窗口，如图 1-6 所示。在图 1-6 的"Branch type"栏中，可以选择的负载类型为 RLC、R、L、C、RL、RC、LC 和 Open circuit。图 1-6 中的其他各栏分别是电阻、电容和电感的阻抗值设置栏。

图 1-6　Series RLC Branch 模块的参数设置界面

　　建立 Simulink 模型就是将模块和信号线连接起来以构成模型,该过程主要有创建空白模块、添加模块、添加信号线、设置各模块参数、设置仿真参数、运行仿真模型、保存模型文件这几个步骤。

　　【例 1-1】 创建如图 1-7 所示的简单电路模型,采用示波器(Scope)观察电路中电压和电流的输出波形。

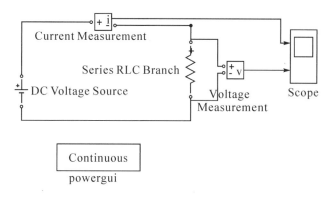

图 1-7　仿真模型图

　　其创建过程如下:

　　(1)创建空白模块。

　　单击仿真软件工具栏上的▯图标或选择菜单"File"→"New"→"Model",创建默认名为"untitled"的空白模型。

　　(2)添加模块。

　　在相应的子模块库中将模块拖放到空白的模型窗口中,单击选中模块时模块的四角处会出现小黑块编辑框,可以拖动编辑框来改变模块的大小,也可以复制和移动模块。

　　用鼠标右键单击模块,在快捷菜单的"Format"菜单中可以使用"Flip Block"和"Rotate Block"选项将模块旋转,也可以选择"Format"菜单的"Hidename"和"Flipname"选项隐藏或翻转模块名。

　　从各模块库中选择相应的模块,并将其拖放到空白窗口中。该电路模型由直流电源、电阻负载、电压表、电流表和示波器组成。首先,在元件库中找到对应的模块,将模块拖到建立的空白模型界面中,再根据需要的模块个数进行复制和粘贴。各模块的提取路径如表 1-1 所示。

表 1-1　简单电路仿真模块的提取路径

元 件 名 称	提 取 路 径
直流电源	SimPowerSystems/Electrical Sources/DC Voltage Source
示波器	Simulink/Sinks/Scope
电压表	SimPowerSystems/Measurements/Voltage Measurement
电流表	SimPowerSystems/Measurements/Current Measurement
负载 RLC	SimPowerSystems/Elements/Series RLC Branch
用户界面分析模块	powergui

（3）添加信号线。

根据电路图搭建的仿真模型如图1-7所示。将鼠标放在前一个模块的输出端，当光标变为十字符时，按住鼠标左键拖向后一模块的输入端，即可为独立的模块添加信号线将其连接起来。

① 信号线的分支。一个信号要分送到不同的模块，则需要将一条信号线分成多条，因此需要增加分离点。产生分支的方法是将光标移到信号线的分支点上，按下鼠标右键，当光标变为十字符时，拖动鼠标产生分支后释放鼠标；或者按住Ctrl键，同时按下鼠标左键，拖动鼠标产生分支后释放鼠标。

② 信号线的文本注释。双击需要添加文本注释的信号线，则出现一个空的文字填写框用于输入信号线文本；单击需要修改的文本注释，出现虚线编辑框后即可修改文本。

（4）设置各模块参数。

① 电源DC Voltage Source：电压设置为100 V。

② 电阻负载：负载为纯电阻，电阻值为10 Ω。

③ 示波器：双击示波器模块，单击第二个图标"Parameters"，在弹出的对话框中选中"General"选项，设置"Number of axes"为2，如图1-8所示。

④ 电压表与电流表：采用默认参数设置。

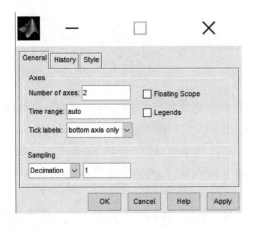

图1-8　示波器参数设置

（5）设置仿真参数。

在仿真模型运行的过程中，Simulink一般按默认的仿真参数进行仿真，但不同的系统有不同的仿真要求，因此需要对仿真参数进行设置。在模型窗口选择菜单"Simulation"→"Configuration Parameters"，则会打开仿真参数设置对话框，如图1-9所示。

① 仿真时间（Simulation time）。

仿真的起始时间（Start time）：默认为0，单位为s。

仿真的结束时间（Stop time）：默认为10，单位为s。

注意：仿真时间是计算机的仿真定时时间而不是实际时间。

由于电源频率是50 Hz，因此设置仿真结束时间为0.06 s。

② 仿真步长模式（Solver options）。

仿真的过程一般是求解微分方程组，"Solver options"是针对解微分方程组的各种设置。

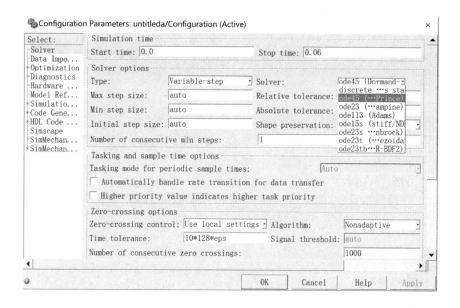

图 1-9　仿真参数设置对话框

Type：设置求解的类型。其中，"Variable - step"表示仿真步长是变化的，"Fixed - step"表示固定步长。采用变步长解法时，通过指定容许误差限和过零检测，当误差超过误差限时自动修正步长，容许误差限的大小决定了求解的精度。

Max step size：设置最大步长，默认为 auto，最大步长＝(Stop time - Start time)/50。

Min step size：设置最小步长，默认为 auto。

Initial step size：设置初始步长，默认为 auto。

Relative tolerance：设置相对容许误差限。

Absolute tolerance：设置绝对容许误差限。

③ 算法类型(Solver)。

"Solver"用来设置仿真解法的具体算法类型。变步长模式解法器有 discrete、ode45、ode23、ode113、ode15s、ode23s、ode23t 和 ode23tb，具体介绍如下。

discrete：Simulink 模型没有连续状态时使用该算法。

ode45：默认值，适合大多数连续或离散系统，但不适用于刚性系统。一般情况下，一个仿真问题最好先尝试使用 ode45。

ode23：在要求不高、问题容易解决，以及误差要求不严格的情况下，该算法可能会比 ode45 更有效。ode23 是一个单步解法器。

ode113：变量求解器，在要求高的条件下一般比 ode45 更有效。ode113 是一个多步骤的解法器，即为了计算当前时间输出，它需要以前多个时刻的解。

ode15s：基于数字微分方程的求解器，也是一个多步骤的解法器，适用于刚性系统。当要解决的问题比较困难，或者不可以使用 ode45 或者使用 ode45 效果不好时，可以使用 ode15s。

ode23s：一种单步解法器，专门应用于刚性系统，在弱误差的时候它优于 ode15s。它可以解决一些 ode15s 不能有效解决的刚性问题。

ode23t：适用于解决适度刚性的问题，也适用于用户需要一个无数字振荡解法器的情况。

ode23tb：刚性和非刚性的混合系统通常使用该算法，电力电子系统通常也使用该算法。

（6）运行仿真模型。

单击模型窗口工具栏中的图标▶，或者选择菜单"Simulation"→"Start"，即可开始仿真，Simulink 默认的仿真时间是 10 s。然后双击模型窗口中的"Scope"模块，则出现示波器显示屏，单击示波器图标⊞，可以看到一条直线，如图 1-10 所示，从上至下分别为该电路中负载电流及负载电压的波形，从图的左边坐标轴可以看出电流为 10 A、电压为 100 V。

Simulink 模型的仿真原理是从仿真的开始时间到终止时间，每隔一个时间点就按顺序计算系统的状态和当前输出值。仿真模型一般都是采用数值积分来进行仿真的，相邻两个时间点的长度为步长，步长的大小取决于求解器的类型。

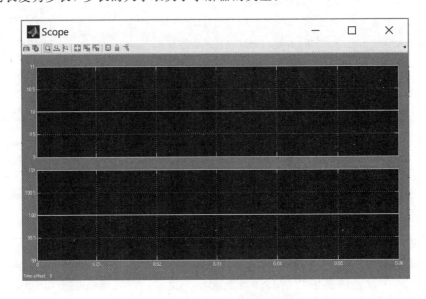

图 1-10　示波器图示

（7）保存模型文件。

单击仿真软件工具栏中的图标💾，即可保存文件到选定文件夹，文件后缀名为".mdl"。

1.2.4　搭建简单的仿真电路

使用 MATLAB 可以很方便地对电路图进行仿真，可以使用电路检测元件来查看电路中的电流、电压值，也可以使用示波器来显示其动态波形，而且这些操作一般只用到 Simulink 和 SimPowerSystems 这两个模块库。

从 Simulink 模块库中可以获取示波器、信号分解器等模块，而 SimPowerSystems 模块库中包括 Electrical Sources（电源库）、Elements（电路元件库）、Measurements（测量仪器库）、Machines（电机库）和 Power Electronics（电力元件库）这几个关键的子模块库，同时电阻、电容和电感、电源、电压表、电流表以及基本的电力电子器件等模块也可以在其中找到。

在下面两个例子中将尝试搭建简单的仿真电路。

【例 1-2】 建立如图 1-11 所示的感应电机的等效电路，输入的交流电压源为 220 V、50 Hz，电路中 $R_1 = 0.428\ \Omega$，$L_1 = L_2 = 1.926\ \text{mH}$，$R_2 = 1.551\ \Omega$，$R_3 = 1.803\ \Omega$，$L_3 = 31.2\ \text{mH}$。采用示波器观察输出电路的电压和电流波形。

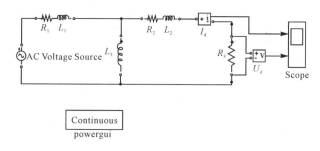

图 1-11 感应电机的等效电路图

其仿真过程如下：

(1) 参考电路图建模。

该等效电路由交流电源、电阻、电感负载等组成。首先，在元件库中找到对应的模块，将模块拖到建立的空白模型界面中，再根据需要的模块个数进行复制和粘贴。根据电路图搭建的仿真模型如图 1-11 所示，各模块的提取路径如表 1-2 所示。

表 1-2 等效电路图仿真模块的提取路径

元 件 名 称	提 取 路 径
交流电源	SimPowerSystems/Electrical Sources/AC Voltage Source
示波器	Simulink/Sinks/Scope
电压表	SimPowerSystems/Measurements/Voltage Measurement
电流表	SimPowerSystems/Measurements/Current Measurement
负载 RLC	SimPowerSystems/Elements/Series RLC Branch
用户界面分析模块	powergui

(2) 设置各模块参数。

① 电源 AC Voltage Source：电压设置为 220 V，频率设置为 50 Hz。

② 电阻负载：负载为 RL 串联电路，根据题目要求设定各个电阻、电感值。

③ 示波器：双击示波器模块，单击第二个图标"Parameters"，在弹出的对话框中选中"General"选项，设置"Number of axes"为 2。

④ 电压表与电流表：采用默认参数设置。

(3) 设置仿真参数。

由于电源频率是 50 Hz，因此设置仿真时间为 0.06 s，可以使用默认的 ode45 算法。

(4) 波形分析。

单击仿真运行图标，则示波器显示如图 1-12 所示，从上到下分别是负载电流 I_d、负

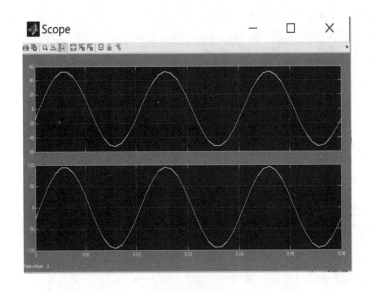

图 1-12 感应电机的输出波形图

载电压 U_d 的波形。可以看出，仿真波形符合理论结果。同时，还可以从横坐标上看到仿真模型运行的时间，从纵坐标上看到具体数值。

同样的，动态电路也可以用电路的时域动态波形来显示，也是使用示波器来查看时域波形。

【例 1-3】 在 RLC 并联电路中，初始状态 $u_C(0_-)=0$，$i_L(0_-)=0$。其中，$C_1=1\ \mu F$，$R_1=5\times10^3\ \Omega$，$L_1=1\ H$，已知 $I_S=1\ A$。当 $t=0$ 时把开关（此处开关即图 1-13 中的 Breakerl）打开，试观察负载的电流波形。

使用 Simulink 对例 1-3 的动态电路进行仿真分析，其动态电路模型如图 1-13 所示。

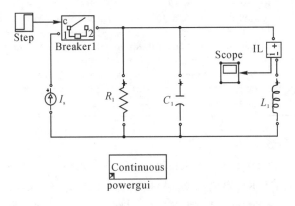

图 1-13 动态电路模型

该动态电路的仿真过程如下：

（1）参考电路图建模。

该动态电路由交流电流源、电阻、电感负载、开关、触发信号等组成，根据电路图搭建的仿真模型如图 1-13 所示，各模块的提取路径如表 1-3 所示。

表 1－3　动态电路仿真模块的提取路径

元 件 名 称	提 取 路 径
交流电流源	SimPowerSystems/Electrical Sources/AC Current Source
示波器	Simulink/Sinks/Scope
电流表	SimPowerSystems/Measurements/Current Measurement
负载 RLC	SimPowerSystems/Elements/Series RLC Branch
开关	SimPowerSystems/Elements/Breaker
触发信号	Simulink/Sources/Step
用户界面分析模块	powergui

（2）设置各模块参数。

① 交流电流源 AC Current Source：Simulink 没有专门的直流电流源，因此使用交流电流源（AC Current Source）将其相角（Phase）设置为 90，频率（Frequency）设置为 0，以此来代替直流电流源。因此，该器件的参数电流（Peak amplitude）设置为 1，相角设置为 90，频率设置为 50，如图 1－14 所示。

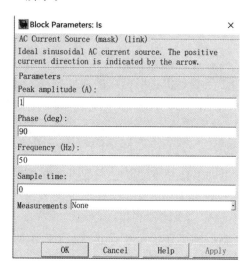

图 1－14　AC Current Source 参数设置

② RLC 负载：根据题目要求设定各个电阻的电感值。

③ 触发信号：采用 Step 模块来作为 Breaker 的触发信号，Step 中的"Step Time"设置为 0。

④ 开关 Breaker：采用默认参数设置。

⑤ 示波器：采用默认参数设置。

⑥ 电流表：采用默认参数设置。

（3）设置仿真参数。

设置仿真时间为 0.06 s，仿真算法使用默认的 ode45。

（4）波形分析。

单击仿真运行图标，则示波器显示的负载电流波形如图 1－15 所示。可以看出，在电

压施加到电感 L_1 上后该支路电流产生波动，电感阻碍电路中电流的变化，经过一段时间后该支路电流趋向稳定。

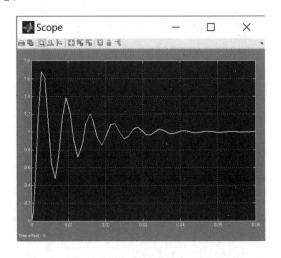

图 1-15 负载电流波形

电力电子的未来

在可预见的将来，电力电子技术仍将以迅猛的速度发展。电力电子新技术产品当前的四大发展方向为应用技术高频化（20 kHz 以上）、硬件结构集成模块化（单片集成模块、混合集成模块）、软件控制数字化和产品性能绿色化（无电磁干扰和对电网无污染）。

1. 应用技术高频化

工频（50～60 Hz）是发电的最佳频率，但它不是用电的最佳频率。如果提高电源的频率，则电气设备的体积与重量就能大大缩小，这样不仅能节约电气设备的制造材料，而且能明显节约电能，设备的系统性能也能得到很大程度的改善，尤其对航天工业而言其意义更为深远。因此，电力电子器件的高频化是今后电力电子技术创新的主导方向。

2. 硬件结构集成模块化

早期的电力电子产品是用分立元器件组成的，其功率器件安装在散热器上，附近安装驱动、检测、保护等硬刷板，还有分立的无源元件。用分立元器件制造电力电子产品，其设计周期长，加工劳动强度大，可靠性差，成本高。因此，电力电子产品逐步向模块化、集成化的方向发展，其目的是使电力电子产品的尺寸紧凑，以实现电力电子系统的小型化，也可以缩短设计周期，并减小互连导线的寄生参数等。目前，电力电子模块中已经包括开关元件、与其反向并联的续流二极管及驱动、保护电路等多个单元，而且可以在一致性与可靠性上达到极高的水平。

3. 软件控制数字化

用数字化方法代替模拟控制，可以消除温度漂移等常规模拟调节器难以克服的缺点，有利于参数整定和变参数调节，便于通过程序软件的改变调整控制方案和实现多种新型控制策略，同时可减少元器件的数目，简化硬件结构，从而提高系统的可靠性。此外，还可以实现运行数据的自动存储和自动诊断，有助于实现电力电子装置运行的智能化。

4. 产品性能绿色化

电力电子设备硬件电路中电压和电流的急剧变化，使得电力电子器件承受很大的电应力，也会产生频段很宽的电磁干扰信号，这些电磁干扰信号给周围的电气设备及电波造成严重的电磁干扰，会对电力系统的正常运行和设备构成相当大的危害。此外，电压和电流的急剧变化给电力系统带来的谐波污染和电磁干扰问题也不容忽视，在电力电子技术未来的发展中，该问题需要优先予以解决。

电力电子设备和系统未来的应用热点有：变频调速、智能电网、汽车电子、信息和办公自动化、家用特种电源、新能源、太阳能、风能及燃料电源等。

习 题

1. 什么是电力电子技术？它有几个组成部分？
2. 从发展过程来看，电力电子器件可分为哪几个阶段？请简述各阶段的主要标志。
3. 变流电路的定义是什么？有哪些常用变流电路？其功能是什么？
4. 各类电力电子变流电路一般应用于什么领域？
5. MATLAB 软件的特点是什么？
6. 使用 Simulink 搭建仿真电路模型，其中电阻元件在哪个模块库？
7. 使用 Simulink 仿真如图 1-16 所示的电路。其参数：$R_1 = 2\ \Omega$，$R_2 = 4\ \Omega$，$R_3 = 12\ \Omega$，$R_4 = 4\ \Omega$，$R_5 = 12\ \Omega$，$R_6 = 4\ \Omega$，$R_7 = 2\ \Omega$，$u_s = 10\ \text{V}$。试观察 i_3、u_4、u_7 的波形，并讨论这些波形的特点。

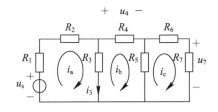

图 1-16 第 7 题图

项目 2
单相可控整流电路——制作简单调光灯电路

【学习目标】

知识目标：

（1）能说出功率二极管的工作原理。

（2）能说出晶闸管导通、关断的条件。

（3）能说出单相半波、桥式可控整流电路的工作原理。

（4）能说出晶闸管触发电路的要求。

（5）能说出单结晶体管的伏安特性。

能力目标：

（1）能画出单相半波、桥式可控整流电路的输出波形图。

（2）会计算单相半波、桥式可控整流电路输出值。

（3）会用 MATLAB 分析并检测单相半波可控整流电路、单相桥式可控整流电路的电路输出波形。

素养目标：

（1）培养认真分析、仔细计算、自行探索解决问题的能力。

（2）培养良好沟通、团队协作完成任务的能力。

【项目引入】

调光台灯可以根据应用场合的不同自由调节光照亮度，它在日常生活中的应用非常广泛。图 2-1(a)是常见的调光台灯，图 2-1(b)是调光台灯的电路原理图，本项目将制作简单调光台灯电路。

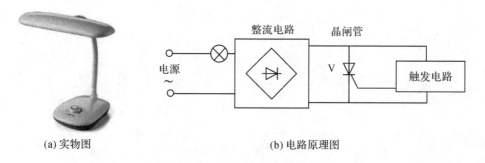

(a) 实物图   (b) 电路原理图

图 2-1　调光台灯

请查找资料，向同学们介绍单相可控整流电路的应用范围。

任务 2.1　认识功率二极管

功率二极管(Power Diode)又称电力二极管,是指可以承受高电压、大电流且具有较大耗散功率的二极管。它不能用控制信号控制其导通和关断,只能由加载元件上电压的极性控制其通断,因此属于不可控型器件;常用于不需要调压的整流、感性负载的续流以及用作限幅、钳位、稳压等。

2.1.1　认识功率二极管的伏安特性

1. 器件结构

功率二极管的内部是一个结面积较大的 PN 结,在 PN 结的两端各引出一个电极,分别称为阳极 A 和阴极 K,如图 2-2(a)所示,其所使用的图形符号与中小功率二极管的一样,如图 2-2(b)所示。功率二极管的功耗较大,其外形主要有螺栓式、平板式和模块式,如图 2-2(c)所示。螺栓式二极管的阳极紧拴在散热器上;平板式和模块式二极管又分为风冷式和水冷式,其阳极和阴极一般采用两个彼此绝缘的散热器紧紧夹住。

(a) 结构图　　　　　　　　　　　　　　(b) 图形符号

(c) 实物图

图 2-2　功率二极管的结构、图形符号与实物图

2. 伏安特性

功率二极管两极所加电压与流过电流的关系特性称为功率二极管的伏安特性,如图 2-3 所示。当功率二极管的正向电压从零逐渐增大时,刚开始该二极管的阳极电流很小,当正向电压大于二极管的导通电压时,正向电流急剧增加,二极管呈现低阻态,其管压降大约为 0.6 V。

当给功率二极管加上反向电压时,起始段的反向漏电流也很小,而随着反向电压的增加,反向漏电流略微增大。但当反向电压增加到反向不重复峰值电压时(见图 2-3 中的 U_{RSM}),反向漏电流开始急剧增加。如果对反向电压不加限制的话,则二极管将被击穿而损坏。

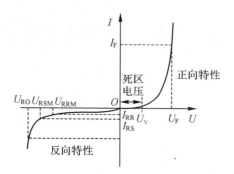

图 2-3 功率二极管的伏安特性曲线

2.1.2 了解功率二极管的参数和选型

这里主要介绍 ZP 型硅二极管的参数和选型。

1. 主要参数

ZP 型硅二极管的参数如表 2-1 所示。

表 2-1 ZP 型硅二极管的参数

系列	正向平均电流 I_F/A	反向重复峰值电压 U_{RRM}/V	反向不重复平均电流 I_{RS}/mA	反向重复平均电流 I_{RR}/mA	浪涌电流 I_{FSM}/A	正向平均电压 U_F/V	额定结温 T_{jM}/℃	额定结温升 ΔT_{jK}/℃
ZP1	1		≤1	<1	40		140	100
ZP5	5		≤1	<1	180		140	100
ZP10	10		≤1.5	<1.5	310		140	100
ZP20	20		≤2	<2	570		140	100
ZP30	30		≤3	<3	750		140	100
ZP50	50		≤4	<4	1260		140	100
ZP100	100	100~3000	≤6	<6	2200	0.4~1.2	140	100
ZP200	200		≤8	<8	4080		140	100
ZP300	300		≤10	<10	5650		140	100
ZP400	400		≤12	<12	7540		140	100
ZP500	500		≤15	<15	9420		140	100
ZP600	600		≤20	<20	11 160		140	100
ZP800	800		≤20	<20	14 920		140	100
ZP1000	1000		≤20	<20	18 600		140	100

1）额定电流（正向平均电流 I_F）

在指定的环境温度为 40℃ 和标准散热条件下，功率二极管长期正常运行时允许流过的最大工频正弦半波电流的平均值（将此电流值取规定系列的电流等级），即为功率二极管的额定电流。

I_F 是按照电流的发热效应来定义的,实际使用时应按照电路流过电流有效值的 1.5~2 倍选用器件的额定电流。

2)正向平均电压 U_F

在指定的环境温度为 40℃ 和标准散热条件下,当通过功率二极管的电流为额定电流时,器件阳极与阴极之间的电压平均值取规定系列组别,称为正向平均电压 U_F,简称管压降,一般在 0.45~1 V 范围内。

3)额定电压(反向重复峰值电压 U_{RRM})

在额定结温条件下,将器件反向伏安特性不重复峰值电压 U_{RSM} 的 80% 称为反向重复峰值电压 U_{RRM},它是功率二极管能重复施加的反向最高电压。其标准电压等级标法与晶闸管类似。一般在选用功率二极管时,以其在电路中可能承受的反向峰值电压的 2~3 倍来选择额定电压。

4)额定结温 T_{jM}

结温指管芯 PN 结的平均温度。额定结温用 T_{jM} 表示,是指 PN 结在不至损坏的前提下所能承受的最高平均温度,通常在 125~175℃ 的范围内。

2. 参数选择

1)型号

国产普通功率二极管的型号规定如下:

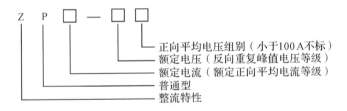

如型号为 ZP50 - 16 的大功率二极管表示普通型大功率整流二极管,额定电流为 50 A,额定电压为 1600 V。

2)参数的选择原则

额定电流 I_F 的选择原则:在规定的室温和冷却条件下,功率二极管的额定电流 I_F 应为器件所工作电路中电流有效值的 1.5~2 倍,可按式(2-1)计算后取相应标准等级值,即

$$I_F = (1.5 \sim 2) \frac{I_{DM}}{1.57} \tag{2-1}$$

式中:I_{DM} 为流过二极管的最大电流有效值。

考虑到二极管的过载能力较小,因此选择时应考虑 1.5~2 倍的安全裕量。

额定电压 U_{RRM} 的选择原则:功率二极管的额定电压应为器件所工作的电路中可能承受的最大反向瞬时电压 U_{DM} 的 2~3 倍,并取相应标准系列值,如式(2-2)所示。

$$U_{RRM} = (2 \sim 3)U_{DM} \tag{2-2}$$

3. 功率二极管使用注意事项

(1)必须保证规定的冷却条件,如强迫风冷的冷却条件规定为进口风温不高于

+40℃，不低于−30℃，出口风速不低于 4000 mL/s，水质电阻率大于等于 20 kΩ·cm，pH＝6~8，进水温度不高于 35℃。

（2）平板型元件的散热器一般不应自行拆装。

（3）如不能满足规定的冷却条件，则必须降低容量使用。如规定风冷的元件使用在自冷时，只允许用到额定电流的 1/3 左右。

（4）严禁用兆欧表检查元件的绝缘情况，如需检查整机的耐压时，应将元件短接。

任务 2.2　认识晶闸管

　　晶闸管(Thyristor)是晶体闸流管的简称，又称可控硅整流器，或简称为可控硅，是一种能够承受高电压、大电流的半控型电力电子器件。1956 年，美国贝尔实验室发明了晶闸管技术。1957 年，美国通用电气公司开发出世界上第一款工业用晶闸管产品，其开通时间可以控制，各方面性能也优于以前的汞弧整流器，因此一经面世便立即受到普遍欢迎，从此开辟了电力电子技术迅速发展和广泛应用的崭新时代。

2.2.1　认识晶闸管的结构和导通关断条件

1. 晶闸管的结构

　　晶闸管是一种大功率半导体器件，是四层三端结构，内部具有 $P_1N_1P_2N_2$ 四层，外部有三个电极，从 P_1 层和 N_2 层分别引出阳极 A(Anode)和阴极 K(Cathode)，由 P_2 层引出门极 G(Gate)，如图 2−4 所示。

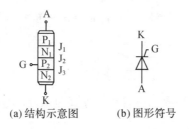

(a) 结构示意图　　　(b) 图形符号

图 2−4　晶闸管的结构和电气符号

晶闸管的外形有塑封式、螺栓式和平板式，如图 2−5 所示。图 2−5(a)为塑封式，多

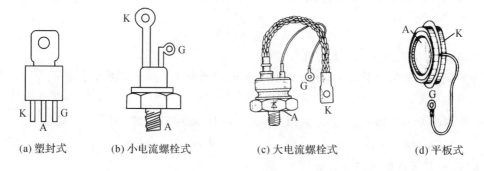

(a) 塑封式　　　(b) 小电流螺栓式　　　(c) 大电流螺栓式　　　(d) 平板式

图 2−5　常见晶闸管的外形结构

用于额定电流在 10 A 以下的电路中；图 2-5(b) 和图 2-5(c) 为螺栓式，一般用于额定电流在 10～200 A 的电路中；图 2-5(d) 为平板式，用于额定电流大于 200 A 的电路中。晶闸管在工作时，由于器件本身的损耗会产生热量，因此需要通过加装散热器来降低管芯温度，而器件外形结构的设计就是为了便于安装散热器。

2. 晶闸管的导通和关断条件

为了检验晶闸管的开关条件，我们搭建了如图 2-6 所示的电路。将阳极电源 E_a 连接负载(白炽灯)后，接到晶闸管的阳极 A 与阴极 K 上，组成晶闸管主电路。流过晶闸管阳极的电流称为阳极电流 I_a，晶闸管阳极和阴极两端的电压称为阳极电压 U_a。门极电源 E_g 连接晶闸管的门极 G 与阴极 K，组成的控制电路称为触发电路。流过门极的电流称为门极电流 I_g，门极与阴极之间的电压称为门极电压 U_g，该电路中的灯泡用来观察晶闸管的通断情况。该实验分为以下 9 个步骤完成。

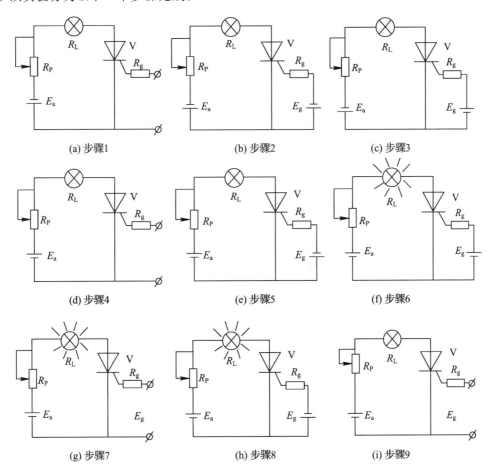

图 2-6 晶闸管导通与关断实验电路

(1) 阳极和阴极之间加反向电压，门极和阴极之间不加电压，此时灯不亮，晶闸管不导通。

(2) 阳极和阴极之间加反向电压，门极和阴极之间加反向电压，此时灯不亮，晶闸管不导通。

（3）阳极和阴极之间加反向电压，门极和阴极之间加正向电压，此时灯不亮，晶闸管不导通。

（4）阳极和阴极之间加正向电压，门极和阴极之间不加电压，此时灯不亮，晶闸管不导通。

（5）阳极和阴极之间加正向电压，门极和阴极之间加反向电压，此时灯不亮，晶闸管不导通。

（6）阳极和阴极之间加正向电压，门极和阴极之间加正向电压，此时灯亮，晶闸管导通。

（7）在（6）的基础上，去掉触发电压，此时灯亮，晶闸管仍导通。

（8）在（7）的基础上，门极和阴极之间加反向电压，此时灯亮，晶闸管仍导通。

（9）去掉触发电压，减小晶闸管的阳极电流，当电流减小到一定值时灯熄灭，晶闸管关断。

由以上实验现象可以得到晶闸管的导通条件是：阳极加正向电压，且同时在门极与阴极之间加正向电压，则晶闸管导通，这两项条件缺一不可。

晶闸管一旦导通，门极将失去作用。因此，门极所加的触发电压一般为脉冲电压。晶闸管从阻断变为导通的过程称为触发导通，门极触发电流一般只有几十毫安到几百毫安；而晶闸管导通后，其主电路可以通过几百、几千安的电流。

要使导通的晶闸管关断，需要使流过晶闸管的电流降到接近于零的某一数值（称为维持电流）以下，因此一般采用去掉晶闸管的阳极电压，或者给晶闸管的阳极加反向电压的方式来关断晶闸管。

2.2.2 了解晶闸管的工作原理

晶闸管的工作原理可以根据其等效电路来进行分析。晶闸管的内部是四层 $P_1N_1P_2N_2$ 结构，因此它可以看成是由一个 PNP 型和一个 NPN 型晶体管互补连接而成的等效电路，其连接形式如图 2-7 所示。

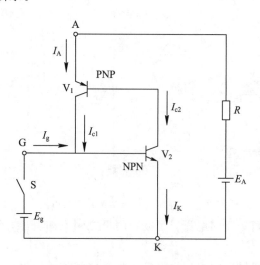

图 2-7 晶闸管等效电路图

晶闸管的阳极 A 相当于 PNP 型晶体管 V_1 的发射极，晶闸管的阴极 K 相当于 NPN 型晶体管 V_2 的发射极。当晶闸管阳极承受正向电压，门极也加正向电压时，晶体管 V_2 处于正向偏置，E_g 产生的门极电流 I_g 就是 V_2 的基极电流 I_{b2}，V_2 的集电极电流 $I_{c2} = \beta_2 I_g$；而 I_{c2} 又是晶体管 V_1 的基极电流 I_{b1}，V_1 的集电极电流 $I_{c1} = \beta_1 I_{c2} = \beta_1 \beta_2 I_g$（$\beta_1$ 和 β_2 分别是 V_1 和 V_2 的电流放大系数）；电流 I_{c1} 又流入 V_2 的基极，再一次被放大。这样循环下去，形成了强烈的正反馈，使两个晶体管很快达到饱和导通，这就是晶闸管的导通过程。导通后，晶闸管上的压降很小，电源电压几乎全部加在负载上，晶闸管中流过的电流即负载电流。晶闸管等效电路的正反馈过程如下：

$$I_g \uparrow \rightarrow I_{b2} \uparrow \rightarrow I_{c2}(I_{b1}) \uparrow \rightarrow I_{c1} \uparrow \rightarrow I_{b2} \uparrow$$

晶闸管导通后，它的导通状态完全依靠管子本身的正反馈作用来维持，即使门极电流 $I_g = 0$，I_{b2} 仍足够大，晶闸管仍将处于导通状态。要关断晶闸管，必须将阳极电流减小到使之不能维持正反馈的程度，即将阳极电流减小到小于维持电流，晶闸管方可恢复到阻断状态。

由以上分析可以看出，晶闸管电路由两部分构成，一是阳-阴极主电路，二是门-阴极控制电路；阳-阴极之间具有可控的单向导电特性；门极仅起触发导通作用，不能控制关断。晶闸管的导通与关断两个状态相当于开关的作用，这样的开关又被称为无触点开关。

2.2.3 了解晶闸管的伏安特性

晶闸管的伏安特性是指晶闸管阳极、阴极间电压 U_a 和阳极电流 I_a 之间的关系特性，如图 2-8 所示。

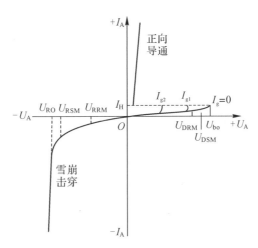

图 2-8 晶闸管的伏安特性曲线

第 I 象限为晶闸管的正向特性，第 III 象限为晶闸管的反向特性。当门极电流 $I_g = 0$ 时，在晶闸管两端施加正向电压，则其处于正向阻断状态，只有很小的正向漏电流流过。随着正向阳极电压的增大，漏电流也相应增大。当正向电压超过临界极限即正向转折电压 U_{bo} 时，漏电流急剧增大，晶闸管由阻断状态转入导通状态。导通状态时晶闸管的特性和二极管的正向特性相似，即能通过较大的阳极电流，而器件本身的压降却很小。

正常工作时，不允许把正向转折电压加到转折值 U_{bo} 上，而是给门极加上正向电压，即令 $I_g > 0$，则器件的正向转折电压就会降低。I_g 越大，所需的转折电压就会越低。

晶闸管正向导通后，要使晶闸管恢复到阻断状态，则要逐步减少阳极电流，当阳极电流降至维持电流 I_H 以下时，则晶闸管就会回到正向阻断状态。

晶闸管加反向阳极电压时，晶闸管的反向特性与一般二极管的伏安特性相似。当晶闸管承受反向阳极电压时，其处于反向阻断状态，只有很小的反向漏电流通过。但当反向电压增大到一定程度时，会导致晶闸管反向击穿，造成晶闸管的损坏。

2.2.4 了解晶闸管的参数及选型

1. 晶闸管的主要参数

晶闸管的各项额定参数是在晶闸管生产后，由厂家经过严格测试而确定的。表 2-2 列出了晶闸管的主要参数。

表 2-2 晶闸管的主要参数

型号	通态平均电流/A	通态峰值电压/V	断态正反向重复峰值电流/mA	断态正反向重复峰值电压/V	门极触发电流/mA	门极触发电压/V	断态电压临界上升率/(V/μs)	推荐用散热器	安装力/kN	冷却方式
KP5	5	≤2.2	≤8	100～2000	<60	<3		SZ14		自然冷却
KP10	10	≤2.2	≤10	100～2000	<100	<3	250～800	SZ15		自然冷却
KP20	20	≤2.2	≤10	100～2000	<150	<3		SZ16		自然冷却
KP30	30	≤2.4	≤20	100～2400	<200	<3	50～1000	SZ16		强迫风冷、水冷
KP50	50	≤2.4	≤20	100～2400	<250	<3		SL17		强迫风冷、水冷
KP100	100	≤2.6	≤40	100～3000	<250	<3.5		SL17		强迫风冷、水冷
KP200	200	≤2.6	≤0	100～3000	<350	<3.5		L18	11	强迫风冷、水冷
KP300	300	≤2.6	≤50	100～3000	<350	<3.5		L18B	15	强迫风冷、水冷
KP500	500	≤2.6	≤60	100～3000	<350	<4	100～1000	SF15	19	强迫风冷、水冷
KP800	800	≤2.6	≤80	100～3000	<350	<4		SF16	24	强迫风冷、水冷
KP1000	1000							SS13		
KP1500	1000	≤2.6	≤80	100～3000	<350	<4		SF16	30	强迫风冷、水冷
KP2000								SS13		
	1500	≤2.6	≤80	100～3000	<350	<4		SS14	43	强迫风冷、水冷
	2000	≤2.6	≤80	100～3000	<350	<4		SS14	50	强迫风冷、水冷

1) 断态重复峰值电压 U_{DRM}

当门极断开，晶闸管结温为额定值时，允许重复加在器件上的正向峰值电压为晶闸管的断态重复峰值电压，用 U_{DRM} 表示（见图 2-8）。一般规定此电压为正向转折电压 U_{bo} 的 80%，为断态不重复峰值电压（即断态最大瞬时电压）U_{DSM} 的 90%。

2) 反向重复峰值电压 U_{RRM}

规定当门极断开，晶闸管结温为额定值时，允许重复加在器件上的反向峰值电压为反向重复峰值电压，用 U_{RRM} 表示（见图 2-8）。规定反向重复峰值电压 U_{RRM} 为反向不重复峰值电压（即反向最大瞬态电压）U_{RSM} 的 90%。

3) 额定电压 U_{Tn}

为防止晶闸管损坏，厂家通常取晶闸管的实际测定值 U_{DRM} 和 U_{RRM} 中较小的值 U，然后按照表 2-3，将小于 U 且最接近的电压值标为晶闸管的额定电压 U_{Tn}。例如，一晶闸管实测 $U_{DRM}=812$ V，$U_{RRM}=756$ V，将两者较小的 756 V 按表 2-3 取得较小值 700 V，则该晶闸管的额定电压标称为 700 V。在晶闸管的铭牌上，额定电压是以电压等级的形式给出的，通常标准电压等级规定为电压在 1000 V 以下，每 100 V 为一级；在 1000~3000 V 之间，每 200 V 为一级，用百位数或千位数和百位数表示级数。晶闸管的标准电压等级如表 2-3 所示。

表 2-3　晶闸管的标准电压等级

级别	正反向重复峰值电压/V	级别	正反向重复峰值电压/V
1	100	12	1200
2	200	14	1400
3	300	16	1600
4	400	20	2000
5	500	22	2200
6	600	24	2400
7	700	26	2600
8	800	28	2800
9	900	30	3000
10	1000		

实际应用时，一般取额定电压为正常工作时晶闸管所承受峰值电压的 2~3 倍，并按表 2-3 选取相应的电压等级。

注意： 此时选取晶闸管时要选标准等级中的较大值，即按式（2-3）计算。

$$U_{Tn} \geqslant (2 \sim 3)U_{TM} \qquad (2-3)$$

4) 通态平均电压 $U_{T(AV)}$

在规定环境温度、标准散热条件下，晶闸管通以额定电流时，其阳极和阴极间电压降的平均值称为通态平均电压 $U_{T(AV)}$，一般称其为管压降。从减小损耗和期间发热来看，一

般要选择 $U_{T(AV)}$ 较小的晶闸管。

5）额定电流 $I_{T(AV)}$

额定电流 $I_{T(AV)}$ 是指晶闸管在环境温度为 40℃ 和规定的冷却状态下，且其导通角不小于 170° 的电阻性负载电路中，稳定结温不超过额定结温时，所允许流过的工频正弦半波电流的平均值。额定电流 $I_{T(AV)}$ 的确定一般按以下原则进行：管子在额定电流时的电流有效值大于其所在电路中可能流过的最大电流有效值，同时取 1.5～2 倍的安全裕量，即按式 (2-4) 计算。

$$I_{T(AV)} \geqslant (1.5 \sim 2) \frac{I_{TM}}{1.57} \qquad (2-4)$$

6）维持电流 I_H

维持电流 I_H 是指使晶闸管维持导通所必需的最小电流，一般为几十毫安到几百毫安。结温越高，则 I_H 越小。

7）擎住电流 I_L

擎住电流 I_L 是指晶闸管从阻断状态转入导通状态并移除触发信号后，能维持导通所需的最小电流，一般为 I_H 的 2～4 倍。

8）浪涌电流 I_{TSM}

浪涌电流 I_{TSM} 是指由于电路异常情况引起的并使结温超过额定结温的不重复的最大正向过载电流。浪涌电流有上下两级，这些不重复电流可用来设计保护电路。

2. 晶闸管的型号

根据国家的有关规定，普通晶闸管的型号及含义如下。

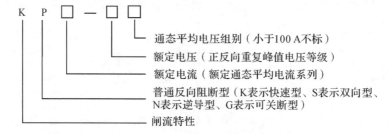

可根据实际电路中的需求选取相应型号的晶闸管。

2.2.5 完成常用电路电子器件的 MATLAB 仿真分析

1. 常用电力电子元件模型

在 Simulink 中，电力电子元器件都在 SimPowerSystems 模块库中，使用时可以直接提取。

1）电力二极管模块（Diode）

电力二极管是一种不可控型器件，在 Power Electronics 子模块库中，含有一个半导体 PN 结，具有单向导电性。当其承受正向电压时，二极管导通，表现为低阻态，称为正向导通状态；当其承受反向电压时，二极管关断，呈现为高阻态，被称为反向截止状态。电力二极管模块如图 2-9 所示。

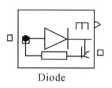

图 2-9　电力二极管模块

双击图 2-9 中的模块，则出现该模块的参数设置窗口，如图 2-10 所示。其中：

Resistance Ron：内部电阻(Ω)；

Inductance Lon：内部电感值(H)；

Forward voltage Vf：前向电压 Vf(V)；

Initial current Ic：初始电流 Ic(A)；

Snubber resistance Rs：缓冲电阻 Rs(Ω)；

Snubber capacitance Cs：缓冲电容 Cs(F)。

在没有特殊要求时，按照默认参数使用。

图 2-10　参数设置窗口

2）晶闸管模块(Thyristor)

晶闸管是可控整流电路常用的整流器件，其模块如图 2-11 所示。其中，g 端是触发信号；m 端是输出，它包含两个信号，第一路信号是晶闸管电流 I_v，第二路信号为晶闸管的电压 U_v。需将一个 Demux 模块连接到晶闸管的 m 端，再将 Demux 模块的两个输出信号连接到示波器，从而可以观察到晶闸管的电流和电压波形。晶闸管模型在其承受正向电压，而且门极有正的触发脉冲信号（$g>0$）时导通，触发脉冲的宽度必须使得阳极电流大于设定的晶闸管擎住电流，这样晶闸管才能够正常导通。

在模块库中晶闸管模块有两种，一种是简化的模块，模块名为 Thyristor，其参数设置较简单，如图 2-11(a)所示；另一种是较详细的模块，模块名为 Detailed Thyristor，可设置的参数比较多，如图 2-11(b)所示。

(a) 简化模块(Thyristor)   (b) 详细模块(Detailed Thyristor)

图 2-11 Thyristor 模块

3）绝缘栅双极型晶体管(IGBT)模块

绝缘栅双极型晶体管模块是一种新型复合器件，其有栅极 g、集电极 C 和发射极 E。IGBT 模块如图 2-12 所示。其中，g 端为触发端，用于触发导通 IGBT；C、E 分别对应实际中 IGBT 的集电极和发射极；m 端是观测端，包含两个信号，可以用 Demux 模块将流过 IGBT 的电流和两端电压组成的向量分解成为单个变量，如果只使用其中一个信号，则可以使用 Selector 来选择信号，不使用的端口则接 Terminator(电气终止)模块，以消除来自未连接端的警告信息。

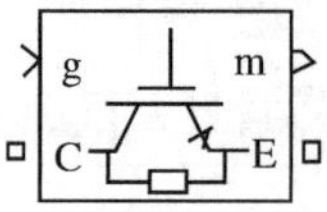

图 2-12 IGBT 模块

4）功率场效应晶体管(MOSFET)

功率场效应晶体管是一种功率集成器件，其模块如图 2-13 所示。其中，g 端是触发端，控制晶体管是断开还是闭合；m 端是输出端，包含晶体管电压和电流两路信号。

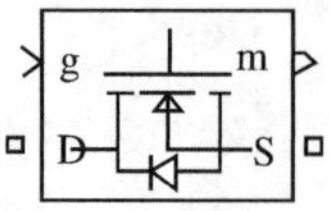

图 2-13 MOSFET 模块

2. 常用电力电子元件特性测试

【例 2-1】 将二极管 Diode 模块串联在电路中，测试系统模型图如图 2-14 所示。从示波器中观察二极管的电流 i_{VD}、电压 U_{VD} 以及电路中负载的电流 i_d 和电压 U_d 的波形。

（1）参考电路图建模。

该系统由交流电源、二极管、电阻负载等组成，根据电路图搭建的仿真模型如图 2-14 所示，各模块的提取路径如表 2-4 所示。

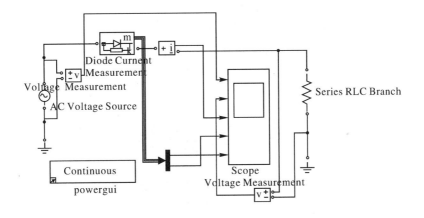

图 2-14　二极管测试系统模型图

表 2-4　二极管测试电路仿真模块的提取路径

元 件 名 称	提 取 路 径
交流电源	SimPowerSystems/Electrical Sources/AC Voltage Source
示波器	Simulink/Sinks/Scope
接地端子	SimPowerSystems/Elements/Ground
信号分解模块	Simulink/Signal Routing/Demux
电压表	SimPowerSystems/Measurements/Voltage Measurement
电流表	SimPowerSystems/Measurements/Current Measurement
负载 RLC	SimPowerSystems/Elements/Series RLC Branch
二极管	SimPowerSystems/Power Electronics/Diode
用户界面分析模块	powergui

（2）设置各模块参数。

① 电源 AC Voltage Source：电压设置为 220 V，频率设置为 50 Hz。

② 二极管：采用默认参数设置。

③ 电阻负载：负载为纯电阻，电阻值为 1 Ω。

④ 信号分解模块 Demux：Demux 模块将一路输入信号分解为多路输出信号，根据输出检测信号的个数将"Number of outputs"设置为 2。

⑤ 示波器：双击示波器模块，单击第二个图标"Parameters"，在弹出的对话框中选中"General"选项，设置"Number of axes"为 5。

⑥ 电压表与电流表：采用默认参数设置。

（3）仿真参数的设置。

由于电源频率是 50 Hz，因此设置仿真时间为 0.06 s，电力电子系统通常使用 ode23tb 算法。

（4）波形分析。

单击仿真运行图标，得到示波器显示的波形如图 2-15 所示，其中波形从上到下分别是 u_2、u_d、i_d、u_{VD} 和 i_{VD}，u_2 为电路输入电压，u_d 为负载电压，i_d 为负载电流，u_{VD} 为二极管电压，i_{VD} 为二极管电流。

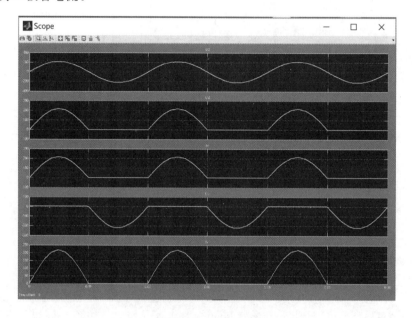

图 2-15　示波器显示的波形

从以上波形图可以看出，二极管是单向导电型器件，在正向电压时导通，电压施加在电阻上产生电流，二极管上的电压为零；当电压反向时二极管截止，电路断开，电阻上的电压为零，电流为零，此时二极管承受反向电压。

任务 2.3　认识单相可控整流电路

可控整流电路（Rectifier）是电力电子电路中最早出现的一种电路，它的作用是将交流电变为固定或可调的直流电供给直流用电设备，也称为 AC/DC 变换。实际生产中，许多设备需要电压可调的直流电源，如直流电动机的调速、同步电动机的励磁、电镀、电焊、通信系统的基础电源等，调光灯电路也属于典型的整流电路。

整流电路按交流输入相数的不同，可分为单相、三相和多相整流电路；按电路构成形式的不同，可分为半波、桥式（含全控桥式和半控桥式）整流电路；按组成器件的不同，又可分为不可控、半控、全控整流电路。

单相可控整流电路具有电路简单、投资少和制造、调试、维修方便等优点，一般用于容量在 4 kW 以下的可控整流装置中。单相可控整流电路输出的直流电压脉动大、脉动频率低，又因为其接在三相电网的一相上，当容量较大时易造成三相电网不平衡，因此只用在容量较小的场合中。

2.3.1　分析单相半波可控整流电路（电阻性负载）

实际生产中，有一些负载基本上是属于电阻性的，如电炉、电解、电镀、电焊、白炽灯及 LED 光源等。电阻性负载的特点是其电压与电流成正比，波形同相位，电流可以突变。另外，在分析单相半波可控整流电路的工作原理前，首先假设开关元件是理想的，开关元件（晶闸管）导通时，其通态压降为零，关断时其电阻为无穷大；变压器是理想的，变压器的漏抗为零，绕组的电阻为零、励磁电流为零。单相半波可控整流电路及波形如图 2-16 所示。

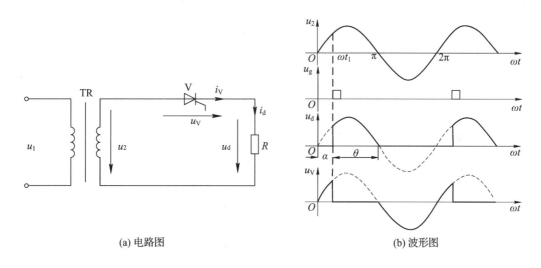

(a) 电路图　　　　　　　　　　　(b) 波形图

图 2-16　单相半波可控整流电路（电阻性负载）及波形

1. 电路结构

图 2-16(a)所示为单相半波可控整流电路，它是由晶闸管 V、负载电阻 R 及单相整流变压器 TR 组成的，图 2-16(b)所示为单相半波可控整流电路输出的波形图。变压器 TR 起变换电压和隔离的作用，将一次侧电网电压 u_1 变成与负载所需电压相适应的二次侧电压 u_2，u_2 为二次侧电压瞬时值；u_d、i_d 分别为整流输出电压瞬时值和负载电流瞬时值；u_V、i_V 分别为晶闸管两端电压瞬时值和流过的电流瞬时值。

2. 工作原理

1）电源电压正半周（0～ωt_1 区间）

晶闸管承受正向电压，由于没有触发脉冲，因此晶闸管不导通，电路不通，负载上电流电压为零，晶闸管上承受电压为 u_2。

2）电源电压正半周（ωt_1～π 区间）

脉冲 u_g 在 $\omega t_1=\alpha$ 处触发晶闸管，晶闸管开始导通，电路接通，负载上有输出电压 u_d（$u_d=u_2$），输出电流 i_d，晶闸管 V 承受电压为零。

3）电源电压负半周（π～2π 区间）

在 $\omega t=\alpha$ 时，$u_2=0$，电源电压自然过零，晶闸管电流小于维持电流而关断，该区间内晶闸管承受反向电压而处于关断状态，负载上没有输出电压，负载电流为零。

直到电源电压 u_2 的下一周期的正半周时，脉冲 u_g 在 $\omega t = 2\pi + \alpha$ 处又触发晶闸管使其再次导通，输出电压和电流再次加在负载上，不断重复。其输出波形如图 2-16(b) 所示。

3. 名词解释

在电路分析中涉及以下几个名词：

(1) 控制角 α。控制角 α 也叫触发角或移相角，是指从晶闸管开始承受正向电压，到加上触发脉冲的这一段时间所对应的电角度（$0 \sim \omega t_1$）。

(2) 导通角 θ。导通角 θ 是指晶闸管在一周期内处于导通状态所对应的电角度（$\omega t_1 \sim \pi$），即 $\theta = \pi - \alpha$。

(3) 移相。移相是指改变触发脉冲出现的时刻，即改变控制角 α 的大小。

(4) 移相范围。移相范围是指一个周期内触发脉冲的移动范围，它决定了输出电压的变化范围。理论上，单相半波可控整流电路的移相范围为 $0° \sim 180°$。

4. 计算相关参数

(1) 直流输出电压的平均值为

$$U_d = \frac{1}{2\pi} \int_{\alpha}^{\pi} \sqrt{2} U_2 \sin\omega t \, \mathrm{d}(\omega t) = \frac{\sqrt{2} U_2}{\pi} \frac{1 + \cos\alpha}{2}$$

$$= 0.45 U_2 \frac{1 + \cos\alpha}{2} \tag{2-5}$$

可见，通过改变 α 角的大小就可以达到调节 U_d 的目的。当 $\alpha = 0°$ 时，u_d 波形为一个完整的正弦半波波形，此时输出电压 U_d 为最大，为 $0.45 U_2$。随着 α 的增大，U_d 将减小，当 $\alpha = 180°$ 时，$U_d = 0$。

(2) 直流输出电流的平均值 I_d 为

$$I_d = \frac{U_d}{R} = 0.45 \frac{U_2}{R} \frac{1 + \cos\alpha}{2} \tag{2-6}$$

(3) 负载上得到的直流输出电压有效值 U 和电流有效值 I 分别为

$$U = \sqrt{\frac{1}{2\pi} \int_{\alpha}^{\pi} (\sqrt{2} U_2 \sin\omega t)^2 \, \mathrm{d}(\omega t)} = U_2 \sqrt{\frac{\pi - \alpha}{2\pi} + \frac{\sin 2\alpha}{4\pi}} \tag{2-7}$$

$$I = \frac{U}{R} = \frac{U_2}{R} \sqrt{\frac{\pi - \alpha}{2\pi} + \frac{\sin 2\alpha}{4\pi}} \tag{2-8}*$$

公式号后的 $*$ 表示在该公式中所有角度统一用弧度计算。

在单相半波可控整流电路中，晶闸管与负载电阻以及变压器二次侧绕组是串联的，故流过负载的电流平均值即是流过晶闸管的电流平均值 I_{dV}；流过负载的电流有效值 I 也是流过晶闸管的电流有效值 I_V，同时也是流过变压器二次侧绕组的电流有效值 I_2。

(4) 功率因数 $\cos\varphi$。对于整流电路而言，通常还要考虑功率因数 $\cos\varphi$ 和电源容量的要求。忽略元件损耗，变压器二次侧所供给的有功功率是 $P = I^2 R = UI$，变压器二次侧的视在功率为 $S = U_2 I_2$。因此，电路的功率因数为

$$\cos\varphi = \frac{P}{S} = \frac{UI}{U_2 I_2} = \frac{UI}{U_2 I} = \sqrt{\frac{\pi - \alpha}{2\pi} + \frac{\sin 2\alpha}{4\pi}} \tag{2-9}*$$

公式号后的 $*$ 表示在该公式中所有角度统一用弧度计算。

当 $\alpha=0°$ 时，$\cos\varphi$ 最大为 0.707。可见，在单相半波可控整流电路中，尽管带的是电阻性负载，但由于谐波的存在，功率因数很低，变压器的利用率最大也仅有 70% 左右。α 越大，$\cos\varphi$ 越小，设备的利用率就越差。

【例 2-2】 在如图 2-16(a)所示的单相半波可控整流电路(电阻性负载)中，电源电压 U_2 为 220 V，要求的直流输出平均电压为 50 V，直流输出平均电流为 20 A。

(1) 试计算晶闸管的控制角；

(2) 试计算输出电流的有效值；

(3) 试计算电路功率因数；

(4) 请选择晶闸管型号规格(安全裕量取 2 倍)。

解 (1) 由式(2-5)计算输出电压为 50 V 时的晶闸管控制角 α 为

$$\cos\alpha = \frac{2U_d}{0.45U_2} - 1 = \frac{2\times 50}{0.45\times 220} - 1 \approx 0$$

$$\alpha = 90°$$

(2) 负载电阻为

$$R = \frac{U_d}{I_d} = \frac{50}{20}\ \Omega = 2.5\ \Omega$$

当 $\alpha=90°$ 时，输出电流的有效值为

$$I = \frac{U}{R} = \frac{U_2}{R}\sqrt{\frac{\pi-\alpha}{2\pi} + \frac{\sin 2\alpha}{4\pi}} = 44\ A$$

(3) 电路功率因数为

$$\cos\varphi = \frac{P}{S} = \frac{UI}{U_2 I_2} = \frac{UI}{U_2 I} = \sqrt{\frac{\pi-\alpha}{2\pi} + \frac{\sin 2\alpha}{4\pi}} = 0.5$$

(4) 晶闸管的电流有效值 I_V 与输出电流有效值 I 相等，即

$$I_V = I$$

则 $I_{T(AV)} = (1.5\sim 2)\dfrac{I_V}{1.57}$，取 2 倍安全裕量，晶闸管的额定电流为

$$I_{T(AV)} = 56.05\ A$$

晶闸管承受的最高电压为

$$U_{TM} = \sqrt{2}U_2 = \sqrt{2}\times 220 = 311\ V$$

考虑 2 倍的安全裕量，晶闸管的额定电压为

$$U_{Tn} = 2U_{TM} = 2\times 311 = 622\ V$$

根据计算结果可知，可以选取满足要求的晶闸管型号为 KP100-7。

【例 2-3】 在某一单相半波可控整流电路(电阻性负载)中，要求输出的直流平均电压在 50~92 V 之间且连续可调，最大输出直流平均电流值为 30 A，由交流 220 V 供电。

(1) 计算晶闸管控制角应有的可调范围；

(2) 计算最大功率因数 $\cos\varphi$；

(3) 选择晶闸管的型号规格(安全裕量取 2 倍)。

解 (1) 由式(2-5)可得：

当 $U_d=50$ V 时，

$$\cos\alpha = \frac{2 \times 50}{0.45 \times 220} - 1 \approx 0$$

$$\alpha = 90°$$

当 $U_\text{d} = 92$ V 时，

$$\cos\alpha = \frac{2 \times 92}{0.45 \times 220} - 1 \approx 0.859$$

$$\alpha \approx 30°$$

（2）$\alpha = 30°$ 时，功率因数 $\cos\varphi$ 为该变化范围内最大，可以求得

$$\cos\varphi = \sqrt{\frac{\pi - \alpha}{2\pi} + \frac{\sin2\alpha}{4\pi}} \approx 0.697$$

（3）当 $\alpha = 30°$ 时，在该变化范围内流过负载的电流值最大，则根据最大输出直流，平均电流值为 30 A，可以得到

$$\begin{cases} I_\text{d} = 0.45\dfrac{U_2}{R}\dfrac{1 + \cos\alpha}{2} \\ I = \dfrac{U_2}{R}\sqrt{\dfrac{\pi - \alpha}{2\pi} + \dfrac{\sin2\alpha}{4\pi}} \end{cases} \approx 50 \text{ A}$$

因此，得到此时流过晶闸管的电流有效值最大为 50 A，则晶闸管的额定电流为

$$I_\text{T(AV)} = 2 \times \frac{I_\text{v}}{1.57} = 2 \times \frac{50}{1.57} = 64 \text{ A}$$

晶闸管的额定电压为

$$U_\text{Tn} = 2 \times \sqrt{2}U_2 = 2 \times \sqrt{2} \times 220 \approx 622 \text{ V}$$

故取额定电流为 100 A，额定电压为 700 V 的晶闸管，型号为 KP100-7。

2.3.2 分析单相半波可控整流电路（电感性负载）

工业应用中如直流电动机的励磁线圈、滑差电动机电磁离合器的励磁线圈以及输出串接平波电抗器的负载等，均属于电感性负载。为了便于分析，通常将电路中的感性负载等效为电阻与电感串联，如图 2-17(a) 所示。

电阻性负载的电压与电流均允许突变，但对于电感性负载而言，由于电感本身为储能元件，而能量的储存与释放是不能瞬时完成的，因而流过电感的电流是不能突变的。当电感中流过的电流变化时，在其两端就会产生自感电动势 e_L，以阻碍电流的变化。当电流增大时，e_L 的极性是阻碍电流增大的，为上正下负；反之，当电流减小时，e_L 为上负下正。

1. 无续流二极管时

图 2-17(b) 所示为单相半波可控整流电路带电感性负载在无续流二极管且控制角为 α 时输出电压、电流的理论波形。

1) 电源电压正半周（0～ωt_1 区间）

在此区间，晶闸管承受正向的阳极电压，由于没有触发脉冲，晶闸管不会导通。负载上的电压 u_d 和流过负载的电流 i_d 的值均为零，晶闸管承受电源电压 u_2。

2) 电源电压正半周（ωt_1～π 区间）

在 ωt_1 时刻，即控制角 α 处，由于触发脉冲的到来，晶闸管被触发导通，晶闸管上承受

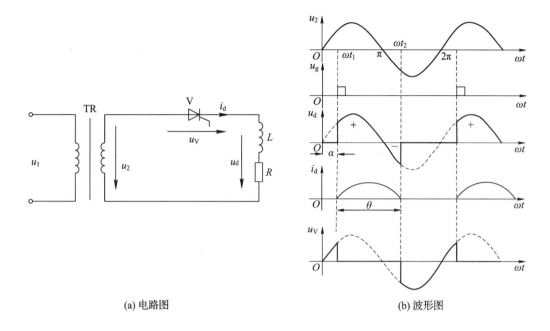

(a) 电路图   (b) 波形图

图 2-17 单相半波可控整流电路(阻感性负载)及其波形

电压为 0;电源电压 u_2 经晶闸管加载在负载上,但由于感性负载的电流不能突变,故 i_d 只能从零开始逐步增大。同时由于电流的增大,在电感两端产生了阻碍电流增大的自感电动势 e_L,方向为上正下负。此时,交流电源的能量一方面提供给电阻 R 被消耗掉,另一方面供给电感 L 作为磁场能量储存起来。

3)电源电压负半周($\pi \sim \omega t_2$ 区间)

在 π 时刻,即电源电压 u_2 过零变负时,电流 i_d 虽然处于减小的过程,但还没有降低为零,此时电感两端的自感电动势 e_L 是阻碍电流减小的,方向为上负下正。只要 e_L 比 u_2 大,晶闸管就仍然承受正压而处于导通状态。此时,电感释放磁场能量,其中一部分供给电阻被消耗掉,而另一部分供给电源,即被变压器二次侧绕组吸收。

4)电源电压负半周($\omega t_2 \sim 2\pi$ 区间)

在 ωt_2 时刻,电感中的磁场能量释放完毕,电流 i_d 降为零,晶闸管关断且立即承受反向的电源电压。直到下一个周期的正半周,即 $2\pi + \alpha$ 时刻,晶闸管再次被触发导通,如此循环。该电路的输出电压、电流波形如图 2-17(b)所示。

由电流波形图可见,由于电感的存在,使负载电压 u_d 的波形出现部分负值,其结果使负载电压平均值 U_d 减小。电感越大,u_d 波形的负值部分所占的比例就越大,U_d 的减小就越多。当电感 L 很大时,u_d 的波形中正、负面积近似相等,直流电压平均值 U_d 几乎为零。因此,单相半波可控整流电路用于大电感负载时,不管如何调节控制角 α,U_d 总是很小,电流平均值也很小,这种情况下的电路是没有实用价值的。

2. 接续流二极管时

为了使电源电压过零变负时能及时地关断晶闸管,使 U_d 波形不出现负值,又能给电感绕组 L 提供续流的旁路,可以在整流输出端并联一个二极管,如图 2-18(a)所示。由于该二极管的作用是为电感负载在晶闸管关断时提供续流回路,故称为续流二极管。

37

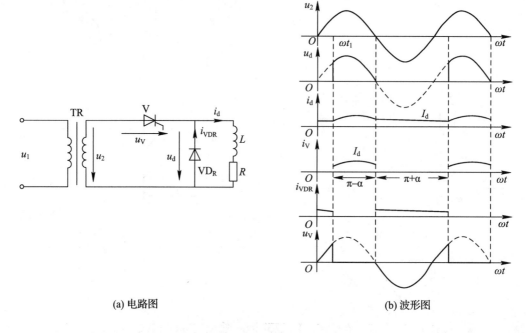

(a) 电路图　　　　　　　　　(b) 波形图

图 2-18　带续流二极管的单相半波可控整流电路

（1）在电源电压正半周（0～π 区间）时，晶闸管承受正向电压，触发脉冲在 α 时刻到来，晶闸管被触发导通，负载上有输出电压和电流通过。在此期间，续流二极管 VD_R 承受反向电压而关断。

（2）在电源电压负半周（π～2π 区间），当电源 u_2 过零变负时，续流二极管 VD_R 承受正向电压导通，此时晶闸管将由于 VD_R 的导通而承受反压关断。电感 L 的自感电动势 e_L 的方向为上负下正，经过续流二极管 VD_R 使负载电流 i_d 继续流通，而没有流经变压器二次侧。因此，若忽略 VD_R 的压降，此时输出电压 u_d 为零。如果电感足够大，续流二极管可以一直导通到下一周期晶闸管再次导通时，使电流 i_d 连续，且 i_d 波形近似为一条直线。其波形如图 2-18(b) 所示。

（3）由于输出电压 u_d 的波形与电阻性负载时输出电压的波形是一样的，所以电感性负载在加续流二极管之后的直流输出电压 U_d 仍为式（2-5），直流输出电流的平均值 I_d 为式（2-6）。但流过晶闸管电流的平均值和有效值分别为

$$I_{dV} = \frac{\pi - \alpha}{2\pi} I_d \tag{2-10}$$

$$I_V = \sqrt{\frac{1}{2\pi} \int_0^{\pi} I_d^2 \mathrm{d}(\omega t)} = I_d \sqrt{\frac{\pi - \alpha}{2\pi}} \tag{2-11}$$

流过续流二极管的电流平均值和有效值分别是

$$I_{dD} = \frac{\theta_{VDR}}{2\pi} = \frac{\pi + \alpha}{2\pi} I_d \tag{2-12}$$

$$I_D = \sqrt{\frac{1}{2\pi} \int_0^{\pi + \alpha} I_d^2 \mathrm{d}(\omega t)} = I_d \sqrt{\frac{\pi + \alpha}{2\pi}} \tag{2-13}$$

由晶闸管承受电压 u_V 的波形还可以看出，晶闸管承受的最大正反向电压 U_{TM} 仍为

$\sqrt{2}U_2$；而续流二极管承受的最大反向电压 U_{DM} 也为 $\sqrt{2}U_2$；晶闸管的最大移相范围仍为 $0°\sim180°$。

2.3.3 完成单相半波可控整流电路的 MATLAB 仿真分析

单相半波可控整流电路是晶闸管相控整流电路中最简单、最基本的电路，其电路图如图 2-16(a)所示。使用 Simulink 创建单相半波整流电路，并使用示波器观察晶闸管触发角与负载电路中的电流和电压波形。

1. 参考电路图建模

在 Simulink 中提取电路元件模块，组成单相半波可控整流电路的主要元器件有交流电源、晶闸管、脉冲触发器、电阻负载等。搭建的模型如图 2-19 所示，各模块的提取路径如表 2-5 所示。

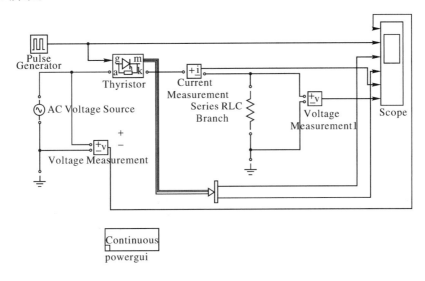

图 2-19 创建的 Simulink 单相半波可控整流电路

表 2-5 单相半波可控整流电路仿真模块的提取路径

元 件 名 称	提 取 路 径
脉冲触发器	Simulink/Sources/Pulse Generator
交流电源	SimPowerSystems/Electrical Sources/AC Voltage Source
示波器	Simulink/Sinks/Scope
接地端子	SimPowerSystems/Elements/Ground
信号分解模块	Simulink/Signal Routing/Demux
电压表	SimPowerSystems/Measurements/Voltage Measurement
电流表	SimPowerSystems/Measurements/Current Measurement
负载 RLC	SimPowerSystems/Elements/Series RLC Branch
晶闸管	SimPowerSystems/Power Electronics/Thyristor
用户界面分析模块	powergui

2. 设置各模块的参数

各模块的参数设置如下：

（1）电源 AC Voltage Source：交流电压源，电压为 220 V，频率为 50 Hz，初始相位为 0°。在电压设置中要输入的是电压峰值，在该栏中输入"220 * sqrt(2)"。如果在对话框最后的测量旋转选项中选中电压"voltage"，则电压的数据就可以送入多路测量器（Multimeter）中。这里使用了示波器观察波形，因此不用设置该项。

（2）脉冲触发器 Pulse Generator：模型中用到了触发脉冲，双击脉冲发生器，会弹出参数修改窗口，如图 2-20 所示。其中参数行中从第一个开始分别为振幅、周期、脉宽、控制角（延迟时间）。因为电源电压的频率为 50 Hz，故振幅设置为 5，周期设置为 0.02 s，脉宽可设置为 50。

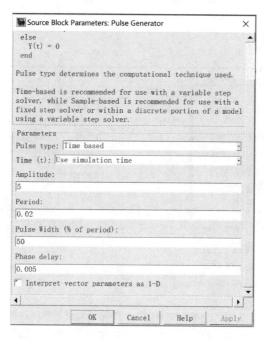

图 2-20　脉冲发生器的参数设置

控制角 α 的设置按照公式 $t=\alpha T/360°$ 完成。可求得当 $\alpha=0$ 时，延迟时间 $t=0$；当 $\alpha=30°$ 时，$t=0.001\ 67$；当 $\alpha=45°$ 时，$t=0.0025$；当 $\alpha=60°$ 时，$t=0.0033$；当 $\alpha=90°$ 时，$t=0.005$。

（3）晶闸管：采用默认参数设置。

（4）电阻负载：当负载是电阻负载时，$R=1$，$L=0$，$C=\inf$（无穷大）；当负载为阻感负载时，$R=1$，$L=0.01$，$C=\inf$。负载的参数没有固定的规定，可以根据需要修改。

（5）信号分解模块 Demux：Demux 模块将一路输入信号分解为多路输出信号，根据输出检测信号的个数将"Number of outputs"设置为 2。

（6）示波器：双击示波器模块，单击第二个图标"Parameters"，在弹出的对话框中选中"General"选项，设置"Number of axes"为 6。

3. 仿真参数的设置

仿真参数的设置步骤如下：首先选择菜单"Simulation"→"Configuration Parameters"，

打开设置窗口。由于电源频率是 50 Hz，因此设置仿真的终止时间为 0.06 s，算法为 ode23tb，其余参数不变。

4. 波形分析

设置好触发脉冲的延时时间后可以通过仿真得到不同控制角的仿真波形图，如图 2-21 所示。可以看出，单相半波可控整流电路的各个仿真波形与理论波形基本是一致的。

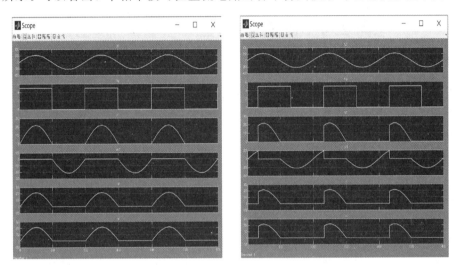

(a) 控制角为0°   (b) 控制角为60°

图 2-21　单相半波可控整流电路示波器显示的仿真波形（电阻性负载）

5. 带感性负载的仿真

带感性负载的仿真与带电阻性负载的仿真方法基本上是相同的，但是需要将 RLC 的串联分支设置为感性负载。在本例中，设置电阻 $R = 1\ \Omega$，$L = 0.01\ \text{H}$，电容为 inf。图 2-22 分别为控制角为 0°、60°时的仿真结果。

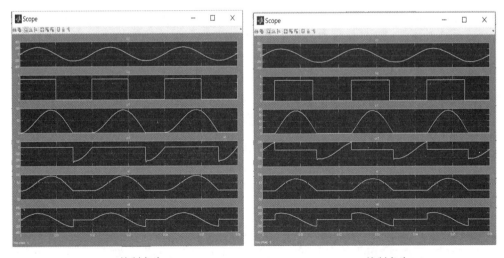

(a) 控制角为0°   (b) 控制角为60°

图 2-22　单相半波可控整流电路示波器显示的仿真波形（阻感性负载）

从以上波形图可以看出，当电路中的负载为阻感性负载时，晶闸管的导通时刻仍然和带电阻性负载时的一致，需要在承受正向电压下，并由脉冲触发时导通。但当输入电压由零转负时，由于电感开始放电，因此能够维持晶闸管再导通一段时间，直到电感能量耗尽为止。负载电路中的电压仍始终大于零，但由于电感的存在，负载电路中的电流出现了负值。

任务 2.4 认识单相桥式可控整流电路

单相半波可控整流电路具有电路简单、投资小及调试方便等优点，但其电源电压仅工作半个周期，整流输出直流电压脉动大，设备利用率也不高，一般仅适用于对整流指标要求低、容量小的可控整流装置。为了使交流电源电压的另一半周期也能向负载输出同方向的直流电压，同时减小输出电压波形波动，提高输出直流电压平均值，常采用单相桥式可控整流电路。

2.4.1 分析单相桥式全控整流电路（电阻性负载）

1. 电路结构

图 2-23(a)所示为带电阻负载的单相桥式全控整流电路，该电路由四只晶闸管 V_1、V_2、V_3、V_4 和电源变压器 TR 及负载电阻 R 组成。变压器二次电压 u_2 接在桥臂的中点 a、b 两端。

2. 工作原理

在图 2-23(a)所示电路图中，两只晶闸管是共阴极连接的，即使同时触发两只管子，也只能是阳极电位高的晶闸管导通；另两只晶闸管是共阳极连接的，则总是阴极电位低的晶闸管导通。

1）电源电压正半周（$0\sim\omega t_1$ 区间）

在电源电压正半周，a 端电位高于 b 端电位，晶闸管 V_1 与 V_4 同时承受正向电压，如果此时门极无触发信号，则两晶闸管均处于正向阻断状态。忽略晶闸管的正向漏电流，电源电压 u_2 将全部加在 V_1 与 V_4 上，假定两个晶闸管漏电阻相等，当晶闸管都处在未被触发导通期间时，每个晶闸管承受的电压等于 $\pm\sqrt{2}U_2/2$，如图 2-23(b)中波形的 $0\sim\alpha$ 区间所示。

2）电源电压正半周（$\omega t_1\sim\pi$ 区间）

当 $\omega t_1=\alpha$ 时触发晶闸管 V_1、V_4，电流流过 V_1、R、V_4、TR 二次侧形成回路，此期间 V_2、V_3 承受反压而截止。若忽略两晶闸管的正向导通压降，则负载上得到的直流输出电压就是电源电压 u_2，即 $u_d=u_2$；两个晶闸管导通，则承受电压为零。

当 u_2 过零时，i_d 下降至零，V_1、V_4 关断所示。

3）电源电压负半周（$\pi\sim\omega t_2$ 区间）

在电源电压负半波，b 端电位高于 a 端电位，晶闸管 V_2 与 V_3 承受正向电压，晶闸管 V_1 与 V_4 承受反向电压。由于还没有触发信号，因此晶闸管 V_2 与 V_3 处于正向阻断状态，晶闸管 V_1 与 V_4 处于反向截止状态。忽略晶闸管的正向漏电流，假定晶闸管漏电阻均相等，则每个晶闸管承受的电压等于 $\pm\sqrt{2}U_2/2$，如图 2-23(b)中波形的 $\pi\sim\omega t_2$ 区间所示。

4）电源电压负半周（$\omega t_2 \sim 2\pi$ 区间）

当 $\omega t_2 = \alpha + \pi$ 时，同时触发晶闸管 V_2、V_3 使其导通，电流通过 V_2、R、V_3、TR 二次侧形成回路，负载 R 两端获得与电源电压 u_2 正半周相同波形的整流电压和电流。假设晶闸管理想，则 V_2 与 V_3 处于正向导通状态，承受电压为零；晶闸管 V_1 与 V_4 处于反向截止状态，根据电路结构，承受电压为 u_2，如图 2-23(b)中波形的 $\omega t_2 \sim 2\pi$ 区间所示。

在 $\omega t = 2\pi$ 时刻，晶闸管 V_2 与 V_3 由于承受电压过零而关断。一个周期过后，又是 V_1、V_4 被触发导通，如此循环下去。输出整流电压 u_d、电流 i_d、晶闸管两端电压 u_V 以及变压器二次侧电流 i_2 的波形如图 2-23(b)所示。

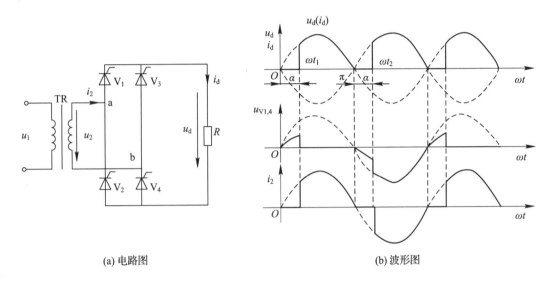

(a) 电路图　　　　　　　　　　　　(b) 波形图

图 2-23　单相桥式全控整流电路（电阻性负载）

由以上电路的工作原理可知，在交流电源电压 u_2 的正、负半周里，V_1、V_4 和 V_2、V_3 两组晶闸管轮流被触发导通，将交流电转变成脉动的直流电。改变 α 的大小，负载电压 u_d、负载电流 i_d 的波形及整流输出直流电压平均值均相应改变。晶闸管 V_1 两端承受的电压 u_{V1} 的波形如图 2-23(b)所示，晶闸管承受的最高反向电压为 $-\sqrt{2}U_2$。

3. 单相桥式全控整流电路（电阻性负载）的相关参数

单相桥式全控整流电路（电阻性负载）的基本数量关系如下：

（1）直流输出电压的平均值为

$$U_d = \frac{1}{\pi}\int_{\alpha}^{\pi}\sqrt{2}U_2\sin\omega t\,d(\omega t) = \frac{\sqrt{2}U_2}{\pi}(1+\cos\alpha)$$

$$= 0.9U_2\frac{1+\cos\alpha}{2} \tag{2-14}$$

由式(2-14)可知，直流平均电压 U_d 是控制角 α 的函数，是单相半波时的两倍。当 $\alpha = 0°$ 时，$U_d = 0.9U_2$ 为最大值；当 $\alpha = 180°$ 时，$U_d = 0$，α 的移相范围为 $0 \sim \pi$。

（2）直流输出电流的平均值 I_d 为

$$I_d = \frac{U_d}{R} = 0.9\frac{U_2}{R}\frac{1+\cos\alpha}{2} \tag{2-15}$$

（3）负载上得到的直流输出电压的有效值 U 是单相半波时的 $\sqrt{2}$ 倍，即

$$U = \sqrt{2}U_2\sqrt{\frac{1}{4\pi}\sin2\alpha + \frac{\pi-\alpha}{2\pi}} = U_2\sqrt{\frac{\pi-\alpha}{\pi} + \frac{\sin2\alpha}{2\pi}} \qquad (2-16)$$

（4）晶闸管的电流平均值 I_{dV} 和有效值 I_V：

由于两对晶闸管轮流导通，在一个正弦周期内每个导通 $180°$，故流过每个晶闸管上的电流平均值 I_{dV} 为

$$I_{dV} = \frac{1}{2}I_d = 0.45\frac{U_2}{R}\frac{1+\cos\alpha}{2} \qquad (2-17)$$

流过晶闸管的电流有效值为

$$I_V = \frac{1}{\sqrt{2}}I = \frac{1}{\sqrt{2}}\frac{U_2}{R}\sqrt{\frac{\sin2\alpha}{2\pi} + \frac{\pi-\alpha}{\pi}} \qquad (2-18)$$

（5）功率因数 $\cos\varphi$ 为

$$\cos\varphi = \frac{P}{S} = \frac{UI}{U_2 I} = \sqrt{\frac{\pi-\alpha}{\pi} + \frac{\sin2\alpha}{2\pi}} \qquad (2-19)$$

电路要求的移相范围为 $0\sim\pi$，与单相半波的相同；而触发脉冲间隔为 π，与单相半波的不同。

【例 2-4】 某电阻负载 $R=50\ \Omega$，要求输出电压在 $0\sim600\ V$ 范围内可调，试分别用单相半波电路和单相桥式电路两种方式供电，计算：

（1）晶闸管的额定电压、电流值（2 倍安全裕量）。

（2）负载电阻上消耗的最大功率。

解 （1）单相半波电路，当 $\alpha=0°$ 时：

$$U_2 = \frac{U_d}{0.45} = \frac{600}{0.45} \approx 1333\ V$$

流过晶闸管的电流有效值为

$$I = \frac{U}{R} = \frac{U_2}{R}\sqrt{\frac{\pi\alpha}{2\pi} + \frac{\sin2\alpha}{4\pi}} \approx 18.84\ A$$

晶闸管承受的最大反向电压为

$$U_{RM} \geqslant 2\sqrt{2}U_2 \approx 3769\ V$$

晶闸管的额定电流至少为

$$I_V \geqslant \frac{2\times I}{1.57} = 24\ A$$

所以，采用单相半波电路时晶闸管的额定电压至少应大于 $4000\ V$，晶闸管的额定电流至少应大于 $24\ A$。

此时，电阻消耗的功率为

$$P_R = I^2 R = 17.7\ kW$$

（2）单相桥式电路，当 $\alpha=0°$ 时

$$U_2 = \frac{U_d}{0.9} = \frac{600}{0.9} \approx 667\ V, \quad I_d = \frac{600}{50} = 12\ A$$

负载电流的有效值为

$$I = 1.11I_d = 13.3\ A$$

晶闸管承受的最大反向电压为

$$U_{RM} \geqslant 2\sqrt{2}U_2 = 1886 \text{ V}$$

晶闸管承受的额定电流至少为

$$I_{I(AV)} \geqslant \frac{2 \times I}{1.57} = \frac{1}{2}I_d = 6 \text{ A}$$

所以，采用单相桥式电路时晶闸管的额定电压至少应大于 2000 V，晶闸管的额定电流至少应大于 6 A。

此时，电阻消耗的功率为

$$P_R = I^2 R = (13.3)^2 \times 50 = 8.8 \text{ kW}$$

2.4.2 分析单相桥式全控整流电路（电感性负载）

1. 不接续流二极管

图 2-24(a)所示是单相桥式全控（带阻感性负载）整流电路不接续流二极管时的电路与输出电压、电流波形。

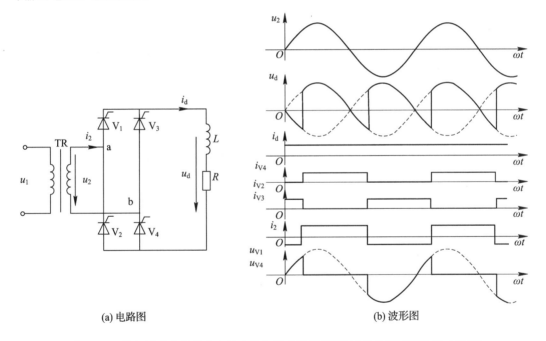

(a) 电路图   (b) 波形图

图 2-24　单相桥式全控整流电流电路与输出波形（带阻感性负载不接续流二极管）

在带大电感负载的单相半波可控整流电路中，如果不并接续流二极管，则无论如何调节控制角 α，输出整流电压 u_d 波形的正负面积都几乎相等，负载直流平均电压 U_d 均接近于零。带大电感负载的单相桥式全控整流电路的情况则截然不同，如图 2-24 所示，在 $0° \leqslant \alpha < 90°$ 范围内，虽然 u_d 的波形也会出现负面积，但其正面积总是大于负面积。当 $\alpha = 0$ 时，u_d 的波形不出现负面积，为单相桥式不可控整流电路输出电压波形，其平均值为 $0.9U_2$。在此区间输出电压平均值 U_d 与控制角 α 的关系为

$$U_d = \frac{1}{\pi}\int_{\alpha}^{\pi+\alpha}\sqrt{2}U_2\sin\omega t \,\mathrm{d}(\omega t) = \frac{2\sqrt{2}U_2}{\pi}\cos\alpha = 0.9U_2\cos\alpha \tag{2-20}$$

输出电流 i_d 为脉动很小的直流，其计算公式为

$$i_d \approx I_d = U_d / R$$

晶闸管的电流平均值等于有效值，其算式以及管子可能承受的最大电压分别为

$$I_{dV} = \frac{1}{2} I_d \quad I_V = \sqrt{\frac{1}{2}} I_d$$

$$U_{TM} = \pm \sqrt{2} U_2$$

当 $\alpha = 90°$ 时，晶闸管被触发导通，一直要持续到下半周接近于 $90°$ 时才被关断；负载两端 u_d 波形的正负面积几乎相等，平均电压 U_d 接近于零，其输出电流波形是一条幅度很小的脉动直流波。在 $\alpha > 90°$ 时，u_d 的波形和带大电感负载的单相半波可控整流电路的输出波形相似，无论如何调节 α，u_d 波形的正负面积都相等，且波形断续，此时输出电压平均值为零。可见，不接续流管时，α 的有效移相范围只能是 $0°\sim90°$。

2. 接入续流二极管

为了扩大移相范围，使 u_d 波形不出现负值以及使输出电流更加平稳，可在负载两端并接续流二极管，其电路及电压、电流波形如图 2-25 所示。

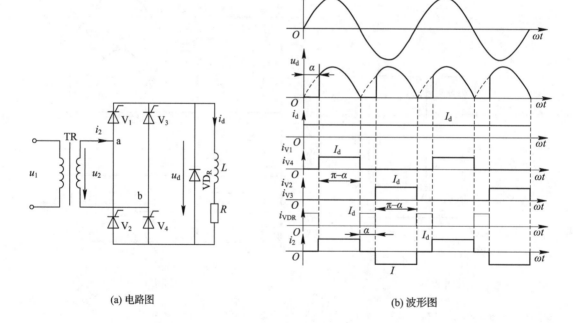

(a) 电路图　　　　　　　　　　(b) 波形图

图 2-25　单相桥式全控整流电路与输出波形（带阻感性负载并接续流二极管）

接入续流二极管 VD 后，α 的移相范围可扩大为 $0°\sim180°$。α 在该区间变化，只要电感量足够大，输出电流 i_d 就可以保持连续且平稳。在电源电压 u_2 过零变负时，续流二极管承受正向电压而导通，晶闸管承受反向电压被关断，这样 u_d 波形与电阻性负载的相同。负载电流 i_d 是由晶闸管 V_1 和 V_4、V_2 和 V_3、续流二极管相继轮流导通而形成的，u_V 波形与电阻性负载时的相同。带大电感负载并接续流二极管的单相桥式全控整流电路中各量的计算公式为

$$U_d = 0.9U_2 \frac{1+\cos\alpha}{2}$$

$$I_d = \frac{U_d}{R} = 0.9 \frac{U_2}{R} \frac{1+\cos\alpha}{2}$$

$$I_{dV} = \frac{\pi-\alpha}{2\pi} I_d \quad I_V = \sqrt{\frac{\pi-\alpha}{2\pi}} I_d$$

$$I_{dD} = \frac{\alpha}{\pi} I_d \quad I_D = \sqrt{\frac{\alpha}{\pi}} I_d$$

$$U_{TM} = U_{DM} = \sqrt{2}U_2$$

单相桥式全控整流电路具有输出电压脉动小、电压平均值大、整流变压器没有直流磁化现象以及利用率高等优点，但使用的晶闸管器件较多，工作时要求桥臂两管同时导通，脉冲变压器二次侧要求有 3～4 个绕组，绕组间要承受 u_2 耐压，绝缘要求较高。单相桥式全控整流电路较适合于在逆变电路中应用。

2.4.3　分析单相桥式半控整流电路

1. 电路结构

将单相桥式全控整流电路中的一对晶闸管换成两个整流二极管，就构成了单相桥式半控整流电路，如图 2-26(a)所示。它与单相桥式全控整流电路相比，较为经济，触发装置也相应简单些，主要应用于中小容量的可控整流装置中。

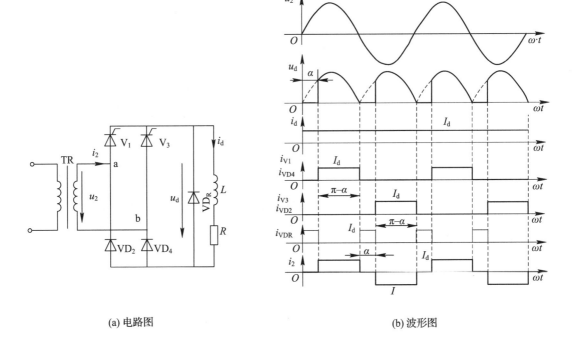

(a) 电路图　　　　　　　　　　　　　　　(b) 波形图

图 2-26　单相桥式半控整流电路与输出波形(带续流二极管)

单相桥式半控整流电路的工作特点是：晶闸管需触发才导通，而整流二极管则自然换相导通。在接电阻性负载时，其工作情况与单相桥式全控整流电路的相同，输出电压、电流的波形及元器件参数的计算公式也都一样。下面分析接感性负载整流电路的工作情况。

2. 工作原理

1）电源电压正半周

假设负载中电感量足够大，负载电流 i_d 波形近似为一条直线。在 u_2 的正半周，在触发角 α 处给晶闸管 V_1 加触发脉冲，则 V_1 和 VD_4 导通，负载两端整流电压 $u_d = u_2$。

2）电源电压负半周

当 u_2 过零变负时，电感上的感应电动势将使 V_1 承受正向电压继续保持导通，而此时由于 b 端电位较 a 端电位高，二极管 VD_2 承受正向电压而导通，VD_4 反偏截止，电流从 VD_4 转换至 VD_2，负载电流 i_d 经 VD_2、V_1 构成回路而继续导通，不经过变压器自然续流。

在续流期间，忽略 V_1 和 VD_2 的管压降，负载上的整流电压 $u_d = 0$；当 $\omega t = \pi + \alpha$ 时，触发 V_3 使其导通，V_1 承受反向电压而关断，电流从电源 b 端经 V_3、负载、VD_2 回到电源 a 端，负载上得到同样的整流电压 u_d。同样的，当 u_2 过 2π 变正时，VD_4 自然换相导通，VD_2 截止，V_3 和 VD_4 自然续流。

如此循环工作，整流输出电压 u_d、负载电流 i_d 及各元器件流过的电流波形如图 2-26(b)所示。α 的移相范围为 $0 \sim \pi$，晶闸管导通角 $\theta = \pi - \alpha$。

由于该电路输出波形与带大电感负载并接续流二极管全桥电路的输出波形相似，所以计算公式也相同。

3. 续流二极管的作用

从上述工作原理可知，共阴极连接的晶闸管 V_1、V_3 被触发后才导通；VD_2、VD_4 自然换相导通，改变触发延迟角 α 即可改变整流输出电压平均值 U_d 的大小，电路似乎可以不必接续流二极管就能正常工作。

但在实际运行中，该电路在接大电感负载的情况下，若触发脉冲突然丢失或增大 α 至 180°，在无续流二极管时，可能出现一个晶闸管持续导通而两个二极管轮流导通的失控现象，结果会使 u_d 成为正弦半波，即半周期 u_d 为正弦，另外半周期 u_d 为零，其平均值保持恒定，电路因此会失去控制。

为了防止失控现象的发生，在负载回路两端并接一个续流二极管 VD_R。续流二极管的作用是取代晶闸管和桥臂中整流二极管的续流作用。在 u_2 的正半周，VD_4 导通，VD_R 承受反向电压截止，在 u_2 过零变负时，在电感的感应电动势的作用下，VD_R 因承受正压而导通，负载电流 i_d 经电感性负载及续流二极管 VD_R 构成通路，电感释放能量，晶闸管 V_1 将随 u_2 过零而恢复到阻断状态，从而防止了失控现象的发生。接续流二极管后，输出整流电压 u_d 的波形与不接续流二极管时的相同，但流过晶闸管和整流二极管的波形则因两者导通角的不同而不一样。

与单相半波整流电路相比，桥式整流电路把电源电压的负半周也利用了起来，使输出电压在一个周期中由原来的只有一个脉波变成了有两个脉波，从而改善了波形，也提高了输出。

2.4.4　完成单相桥式全控整流电路的 MATLAB 仿真分析

单相桥式全控整流电路是使用四个晶闸管 V_1、V_2、V_3 和 V_4 实现控制的，使用 Simulink 创建单相桥式全控整流电路，使用示波器观察晶闸管触发角与负载电路中的电流和电压的波形。

1. 参考电路图建模

单相桥式全控整流电路模型如图 2－27 所示。在 Simulink 中提取电路元件模块，组成单相半波可控整流电路的主要元器件有交流电源、晶闸管、脉冲触发器、电阻负载等。各模块的提取路径如表 2－6 所示。

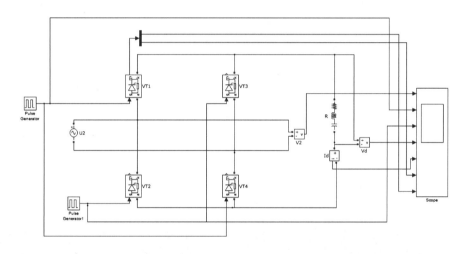

图 2－27　单相桥式全控整流电路模型

表 2－6　单相桥式全控整流电路仿真模块的提取路径

元 件 名 称	提 取 路 径
脉冲触发器	Simulink/Sources/Pulse Generator
交流电源	SimPowerSystems/Electrical Sources/AC Voltage Source
示波器	Simulink/Sinks/Scope
接地端子	SimPowerSystems/Elements/Ground
信号分解模块	Simulink/Signal Routing/Demux
电压表	SimPowerSystems/Measurements/Voltage Measurement
电流表	SimPowerSystems/Measurements/Current Measurement
负载 RLC	SimPowerSystems/Elements/Series RLC Branch
晶闸管	SimPowerSystems/Power Electronics/Thyristor
用户界面分析模块	powergui

2. 设置各模块的参数

各模块的参数设置如下：

（1）电源 AC Voltage Source：交流电压源，电压为 220 V，频率为 50 Hz，初始相位为 0°。

（2）脉冲触发器 Pulse Generator：互为对角的晶闸管用同一个触发器，振幅设置为 5，周期设置为 0.02 s，脉宽可设置为 50。延迟时间的设定参照晶闸管触发，当 $\alpha=0$ 时，V_2、V_3 的触发器的延时触发时间 t_2 应该是 V_1、V_4 的触发器的延时触发时间 t_1 加上半个周期的时间，即 $t_2=t_1+0.01$。

（3）晶闸管：采用默认参数设置。

（4）电阻负载：当负载是电阻性负载时，$R=1\ \Omega$，$L=0$，$C=\text{inf}$(无穷大)；当负载为阻感性负载时，$R=1\ \Omega$，$L=0.01$ H，$C=\text{inf}$，负载的参数可以根据需要修改。

（5）信号分解模块 Demux：Demux 模块将一路输入信号分解为多路输出信号，根据输出检测信号的个数将"Number of outputs"设置为 2。

（6）示波器：双击示波器模块，单击第二个图标"Parameters"，在弹出的对话框中选中"General"选项，设置"Number of axes"为 7。

3. 仿真参数的设置

设置仿真时间为 0.06 s，仿真算法采用 ode23tb。设置好后，开始仿真。仿真完成后就可以通过示波器来观察仿真的结果。

4. 波形分析

图 2-28 是控制角分别在 0°、60°时的仿真结果。

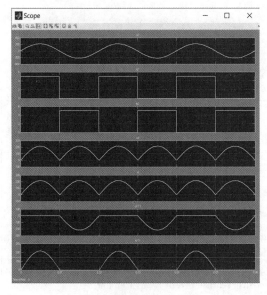
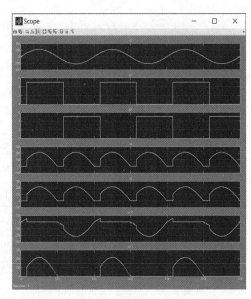

(a) 控制角为0°　　　　　　　　　　(b) 控制角为60°

图 2-28　单相桥式全控整流电路示波器显示的仿真波形（电阻性负载）

在图 2-28 所示的波形中，从上到下依次是输入电压、第一组触发脉冲、第二组触发脉冲、负载电压、负载电流、晶闸管电压、晶闸管电流的波形。从以上波形中可以看出，单相桥式可控整流电路比单相半波可控整流电路的效率更高，其输出电压的平均值是单相半波的两倍。

5. 带感性负载的仿真

带感性负载的仿真与带电阻性负载的仿真方法基本相同，但需将 RLC 的串联分支设置为电阻电感负载。这里设置电阻 $R=1\ \Omega$，$L=0.01$ H，电容为 inf。图 2-29 是控制角分别为 0°、60°时的仿真结果。

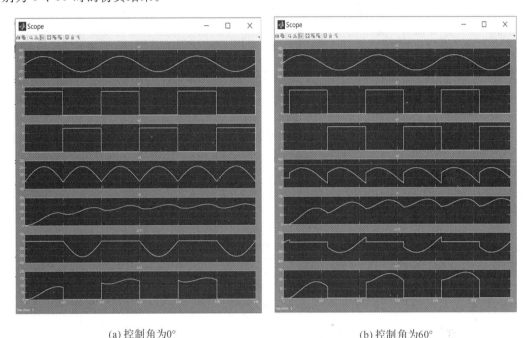

(a) 控制角为0°　　　　　　　　　(b) 控制角为60°

图 2-29　单相桥式全控整流电路示波器仿真波形(感性负载)

在图 2-29 所示波形中，从上到下依次是输入电压、第一组触发脉冲、第二组触发脉冲、负载电压、负载电流、晶闸管电压、晶闸管电流的波形。从以上波形中可以看出，在将电阻性负载变为带电感性负载后，由于电感储能的特点，晶闸管在输入电压变为负后仍导通，由于电路中没有接续流二极管，因此负载上电压出现负值时，负载电流开始趋于平缓。

任务 2.5　认识单结晶体管触发电路

要将晶闸管由阻断状态转入导通状态，在给晶闸管施加正向阳极电压的同时，还需要在晶闸管的门极加上适当的触发电压。我们将提供正向触发电压的电路称为触发电路。触发电路的种类很多，此处主要介绍单结晶体管触发电路，该电路具有结构简单、调试方便、脉冲前沿陡、抗干扰能力强等优点，广泛应用于 50 A 以下中、小容量晶闸管的单相可控整流装置中。

2.5.1　了解晶闸管触发电路的要求

触发电路的工作方式不同，对触发电路的要求也不完全相同，归纳起来有以下几点：

（1）触发信号应该具有足够的触发功率。晶闸管属于电流控制器件，为保证有足够的触发电流，一般实际触发电流需要取到所测触发电流的两倍左右，然后按照电流的大小决定电压，保证触发脉冲的电压和电流应大于晶闸管要求的数值，并留有一定裕量。

（2）触发脉冲应有一定的宽度，脉冲的前沿要陡。因为同一系列晶闸管的触发电压不尽相同，如果触发脉冲不陡，就会造成晶闸管不能被同时触发导通，使整流输出电压波形不对称。触发脉冲前沿足够陡能够稳定触发晶闸管，而其宽度应要求在触发脉冲消失前阳极电流已大于擎住电流，以保证晶闸管的顺利导通。

（3）触发脉冲与晶闸管阳极电压必须同步。两者的频率应该相同，而且要有固定的相位关系，使其在每一周期都能在相同的相位上触发。

（4）满足主电路移相范围要求。触发脉冲的移相范围与主电路形式、负载性质及变流装置的用途有关。

此外，还要求触发电路具有动态响应快、抗干扰能力强、温度稳定性好等性能。常见的触发脉冲电压波形如图 2-30 所示。

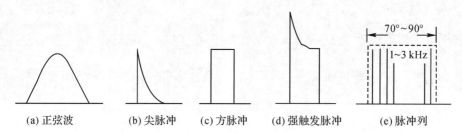

图 2-30　常见的触发脉冲电压波形

2.5.2　认识单结晶体管的结构

单结晶体管的结构、等效电路及符号如图 2-31 所示。单结晶体管又称为双基极管，其结构上只有一个 PN 结，但有三个电极。它是在一块高电阻率的 N 型硅片上用镀金陶瓷片制作两个接触电阻很小的极，称为第一基极（b_1）和第二基极（b_2），在硅片的靠近 b_2 处掺入 P 型杂质，形成 PN 结，并引出一个极，称为发射极（e），如图 2-31（a）所示。

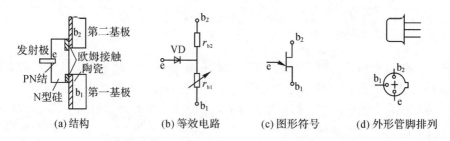

(a)结构　　　(b)等效电路　　　(c)图形符号　　　(d)外形管脚排列

图 2-31　单结晶体管的结构、等效电路及符号

单结晶体管的等效电路如图 2-31(b)所示，两个基极之间的电阻 $r_{bb}=r_{b1}+r_{b2}$。在正常工作时，r_{b1} 是随发射极电流大小而变化的，相当于一个可变电阻；PN 结可等效为二极管 VD，它的正向导通压降约为 0.7 V。单结晶体管的图形符号如图 2-31(c)所示。触发电路常用的国产单结晶体管的型号主要有 BT33 和 BT35 两种，B 表示半导体，T 表示特种管，第一个数字 3 表示有三个电极，第二个数字 3(或 5)表示耗散功率为 300 mW(或 500 mW)。

利用万用表可以很方便地判断单结晶体管的极性和好坏。根据 PN 结原理，选用 $R\times$ 1 kΩ 电阻挡进行测量。单结晶体管 e 和 b_1 极或 e 和 b_2 极之间的正向电阻小于反向电阻，一般 $r_{b1}>r_{b2}$，而 b_2 和 b_1 极之间的正反向电阻相等，为 3～10 kΩ。只要发射极判断正确，即使 b_2 和 b_1 极接反了，也不会烧坏管子，只是没有脉冲输出或输出的脉冲幅度很小，这时只需要把 b_2 和 b_1 极调换即可。

2.5.3 认识单结晶体管的伏安特性

单结晶体管的伏安特性是指两个基极 b_2 和 b_1 间加某一固定直流电压 U_{bb} 时，发射极电流 I_e 与发射极正向电压 U_e 之间的关系曲线 $I_e=f(U_e)$。单结晶体管的实验电路及伏安特性曲线如图 2-32 所示。

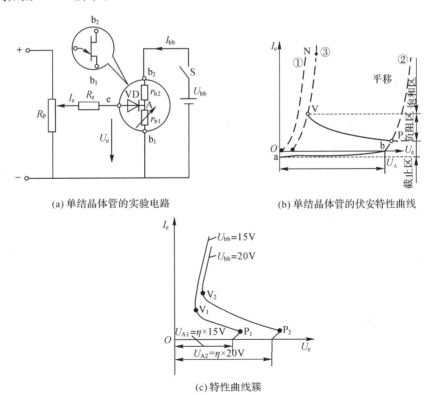

(a) 单结晶体管的实验电路　　　　　(b) 单结晶体管的伏安特性曲线

(c) 特性曲线簇

图 2-32　单结晶体管的实验电路及伏安特性曲线

当 $U_{bb}=0$ 时，得到如图 2-32(b)中①所示的伏安特性曲线，它与二极管的伏安特性曲线相似。

(1) 截止区——aP 段。当 U_{bb} 不为零时，U_{bb} 通过单结晶体管等效电路中的 r_{b2} 和 r_{b1} 分

压，得 A 点电位 U_A，其值为

$$U_A = \frac{r_{b1}}{r_{b1} + r_{b2}} U_{bb} = \eta U_{bb}$$

式中：η 为分压比，一般为 $0.3 \sim 0.9$。当 U_e 从零逐渐增加，但 $U_e < U_A$ 时，等效电路中的二极管反偏，仅有很小的反向漏电流；当 $U_e = U_A$ 时，等效二极管反偏，$I_e = 0$，电路此时工作在特性曲线与横坐标交点 b 处；进一步增加 U_e，直到 U_e 增加到高出 ηU_{bb} 一个 PN 结正向压降 U_D 时，即 $U_e = U_p = \eta U_{bb} + U_D$ 时，单结晶体管才导通。这个电压称为峰点电压 U_P，此时的电流称为峰点电流 I_P。

（2）负阻区——PV 段。等效二极管导通后大量的载流子注入 $e - b_1$ 区，使 r_{b1} 迅速减小，分压比 η 下降，U_A 下降，因而 U_e 也下降。U_A 的下降，使 PN 结承受更大的正偏，引起更多的载流子注入 $e - b_1$ 区，使 r_{b1} 进一步减小，I_e 更进一步增大，形成正反馈。当 I_e 增大到某一数值时，电压 U_e 下降到最低点。这个电压称为谷点电压 U_V，此时的电流称为谷点电流 I_V。此过程表明该单结晶体管已经进入到伏安特性的负阻区域。

（3）饱和区——VN 段。谷点以后，当 I_e 增大到一定程度时，载流子的浓度注入遇到阻力，欲使 I_e 继续增大，必须增大电压 U_e，这一现象称为饱和。

谷点电压是维持单结晶体管导通的最小电压，一旦 $U_e < U_V$，单结晶体管将由导通转化为截止。改变电压 U_{bb}，等效电路中的 U_A 和特性曲线中的 U_P 也随之改变，从而可以获得一簇单结晶体管的特性曲线，如图 2-32(c) 所示。

2.5.4　了解单结晶体管的自激振荡电路

利用单结晶体管的负阻特性和 RC 电路的充、放电特性，可以组成单结晶体管的自激振荡电路，用以触发晶闸管，电路如图 2-33(a) 所示。

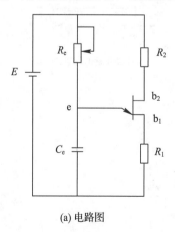

(a) 电路图

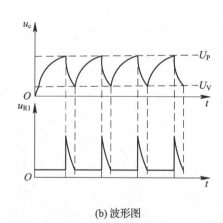

(b) 波形图

图 2-33　单结晶体管的自激振荡电路及其波形图

设电源未接通时，电容 C_e 上的电压为零。电源 E 接通后电源电压通过 R_2 和 R_1 加在单结晶体管的 b_2 和 b_1 极上，同时又通过 R_e 对电容 C_e 充电。当电容电压 u_C 达到单结晶体管的峰点电压 U_P 时，$e - b_1$ 导通，单结晶体管进入到负阻状态，电容 C_e 通过 r_{b1} 和 R_1 放电。R_1 选取一个较小的电阻，因此 C_e 放电很快，放电电流在 R_1 上输出一个脉冲去触发晶闸管。

当电容放电，u_C 下降到 U_V 时，单结晶体管关断，输出电压 u_{R1} 下降到零，完成一次振荡。放电一结束，电容重新开始充电，重复以上过程。电容 C 由于 $i_{放} < i_{充}$ 而得到锯齿波电压，R_1 上得到一个周期性的尖脉冲输出电压，如图 2-33(b)所示。

为了防止 R_e 取值过小导致电路不能振荡，一般取一个固定电阻 r 与另一个可调电阻 R_e 串联，以调整到满足振荡条件的合适频率。电路中 R_1 上脉冲电压的宽度取决于电容放电的时间常数。R_2 是温度补偿电阻，其作用是保持振荡频率的稳定。

欲使电路振荡，可变电阻 R_e 值的选择应满足下式，即

$$\frac{E - U_{\text{P}}}{I_{\text{P}}} \geqslant R_e \geqslant \frac{E - U_{\text{V}}}{I_{\text{V}}}$$

若忽略电容的放电时间，则上述自激振荡电路的频率近似为

$$f = \frac{1}{T} = \frac{1}{R_e C \ln\left(\dfrac{1}{1-\eta}\right)}$$

任务 2.6　制作简单调光灯电路

2.6.1　检测相关器件

1. 相关器件的检测

准备万用表一块，普通晶闸管一只。

1）判别各电极

根据普通晶闸管的结构特点，可以用万用表的 $R \times 100$ 或 $R \times 1\,\text{k}$ 挡测量普通晶闸管各引脚之间的电阻值来确定三个电极。

具体方法是：将万用表的黑表笔任接晶闸管某一极，红表笔依次去触碰另外两个电极。若测量结果有一次阻值为几千欧姆，而另一次阻值为几百欧姆，则可判定黑表笔接的是门极 G。在阻值为几百欧姆的测量中，红表笔接的是阴极 K；而在阻值为几千欧姆的那次测量中，红表笔接的是阳极 A；若两次测出的阻值均很大，则说明黑表笔接的不是门极 G，应用同样的方法改测其他电极，直到找出三个电极为止。

也可以测任意两脚之间的正、反向电阻，若正、反向电阻均接近无穷大，则两极即为阳极 A 和阴极 K，而另一脚即为门极 G。

2）检测其好坏

判别晶闸管好坏的检测电路如图 2-34 所示。用万用表 $R \times 1\,\text{k}$ 挡测量普通晶闸管阳极 A 与阴极 K 之间的正、反向电阻，正常时均应为无穷大(∞)；若测得 A、K 之间的正、反向电阻值为零或阻值均较小，则说明晶闸管内部击穿短路或漏电。

测量门极 G 与阴极 K 之间的正、反向电阻值，正常时应有类似二极管的正、反向电阻值，即正向电阻值较小，反向电阻值较大。若两次测量的电阻值均很大或均很小，则说明该晶闸管 G、K 极之间开路或短路；若正、反向电阻值均相等或接近，则说明该晶闸管已失效，其 G、K 极间 PN 结已失去单向导电作用。测量阳极 A 与门极 G 之间的正、反向电阻，正常时两个阻值均应为几百千欧姆或无穷大，若出现正、反向电阻值不一样(有类似二极管的单向导电)，则是 G、A 极之间反向串联的两个 PN 结中的一个已击穿短路。

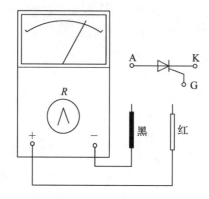

图 2 - 34　判别晶闸管好坏的检测电路

3）检测其触发能力

检测晶闸管的触发能力电路如图 2 - 35 所示。外接一个 4.5 V 电池组，将电压提高到 6～7.5 V（万用表内装电池不同）。将万用表置于 0.25～1 A 挡，为保护表头，可串入一只 $R=(4.5 \text{ V}/I 挡)\Omega$ 的电阻（I 挡为所选择万用表量程的电流值）。电路接好后，在 S 处于断开位置时，万用表指针不动；然后闭合 S（S 可用导线代替），使门极加上正向触发电压，此时万用表指针应明显向右偏，并停在某一电流位置，表明晶闸管已经导通；接着断开开关 S，万用表指针应不动，说明晶闸管触发性能良好。

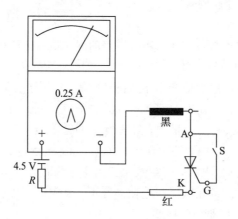

图 2 - 35　检测晶闸管的触发能力电路

2. 晶闸管的使用注意事项

使用时，应根据实际使用情况选用所需的晶闸管，在选用晶闸管的额定电压时，应参考实际工作条件下的峰值电压的大小，并留出一定的裕量。

（1）选用晶闸管的额定电流时，除了考虑通过元件的平均电流外，还应注意正常工作时导通角的大小、散热通风条件等因素。在工作中还应注意管壳温度不超过相应电流下的允许值。

（2）使用晶闸管之前，应该用万用表检查晶闸管是否良好。发现有短路或断路现象时，应立即更换。

（3）严禁用兆欧表(摇表)检查元件的绝缘情况。

（4）电流为 5 A 以上的晶闸管要装散热器，并且保证所规定的冷却条件。为保证散热器与晶闸管管芯接触良好，它们之间应涂上一薄层有机硅油或硅脂。

（5）按规定对主电路中的晶闸管采用过压及过流保护装置。

（6）要防止晶闸管门极的正向过载和反向击穿。

3. 测试晶闸管的导通和关断条件

晶闸管的导通与关断条件测试电路如图 2-36 所示。

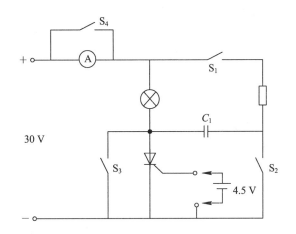

图 2-36　晶闸管的导通与关断条件测试电路

1）检测晶闸管的导通条件

（1）按图 2-36 接线，断开 $S_1 \sim S_3$，闭合 S_4，加上 30 V 正向阳极电压，然后使门极开路或给门极接入＋4.5 V 电压，观察晶闸管是否导通，灯泡是否亮。

（2）加 30 V 反向阳极电压，门极开路，接入－4.5 V 或接入＋4.5 V 电压，观察晶闸管是否导通，灯泡是否亮。

（3）阳极、门极都加正向电压，观察晶闸管是否导通，灯泡是否亮。

（4）灯亮后去掉门极电压，看灯泡是否亮；再加－4.5 V 反向门极电压，观察灯泡是否继续亮。

2）晶闸管关断条件实验

（1）接通正 30 V 电源，再接通 4.5 V 正向门极电压使晶闸管导通，灯泡亮，然后断开门极电压。

（2）去掉 30 V 阳极电压，观察灯泡是否亮。

（3）接通 30 V 正向阳极电压及正向门极电压使灯泡亮，然后闭合 S_1，断开门极电压，再接通 S_2，观察灯泡是否熄灭。

（4）再使晶闸管导通，断开门极电压，然后闭合 S_3，再立即打开 S_3，观察灯泡是否熄灭。

（5）断开 S_4，再使晶闸管导通，断开门极电压。逐渐减小阳极电压，当电流表指针由某值突然降到零时，该值就是被测晶闸管的维持电流。此时即使再升高阳极电压，灯泡也不再发亮，说明晶闸管已经关断。

3）注意事项

（1）用万用表测量晶闸管极间电阻时，特别在测量门极与阴极间的电阻时，不要使用 $R\times 10$ k挡以防损坏门极，一般应放在 $R\times 10$ 挡测量。

（2）测量维持电流时，晶闸管导通后，应去掉门极电压，再减小阳极电压。

（3）测量维持电流时，电流表换挡时，注意要先插入小挡插销，再拔出大挡插销。

4. 检测单结晶体管

准备万用表一块，单结晶体管一只，万用表用于判断单结晶体管的极性和好坏。

1）判断各电极

判断单结晶体管发射极e的方法是：把万用表置于 $R\times 100$ 或 $R\times 1$ k挡，黑表笔接假设的发射极，红表笔接另外两极，当出现两次低电阻时，黑表笔接的就是单结晶体管的发射极。

单结晶体管 b_1 和 b_2 的判断方法是：把万用表置于 $R\times 100$ 或 $R\times 1$ k挡，用黑表笔接发射极，红表笔分别接另外两极，两次测量中，电阻大的一次，红表笔接的就是 b_1 极。

2）判断单结晶体管的好坏

单结晶体管性能的好坏可以通过测量其各电极间的电阻值是否正常来判断。用万用表 $R\times 1$ k挡，将黑表笔接发射极e，红表笔依次接两个基极（b_1 和 b_2），正常时均应有几千欧姆至十几千欧姆的电阻值；再将红表笔接发射极e，黑表笔依次接两个基极，正常时阻值为无穷大。

单结晶体管两个基极（b_1 和 b_2）之间的正、反向电阻值均在 $2\sim 10$ kΩ 范围内，若测得某两极之间的电阻值与上述正常值相差较大，则说明该单结晶体管已损坏。

2.6.2 制作并调试简单调光灯电路

简单调光灯电路主要包括整流电路、单相半波整流电路和单结晶体管触发电路，其组成框图如图 2-37 所示。由四个二极管组成的整流电路将交流电变成单方向的脉动直流电；整流电路根据触发信号出现的时刻（即触发延迟角的大小），实现可控导通，改变触发信号到来的时刻，就可改变灯泡两端交流电压的大小，从而控制灯泡的亮度；单结晶体管触发电路产生需要的触发信号，实现灯泡亮度可调节。简单调光灯电路实物图如图 2-38 所示。

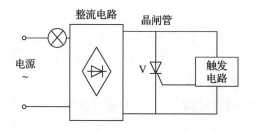

图 2-37 简单调光灯电路组成框图

图 2-38 简单调光灯电路实物示意图

1. 材料准备

调光灯所用到的电路元器件及设备如表 2-7 所示。

表 2-7 调光灯电路元件明细表

序 号	分 类	名 称	型号规格	数 量
1	$VD_1 \sim VD_4$	整流二极管	IN4007	4 个
2	VU	单结晶体管	BT33	1 个
3	V	晶闸管	3CT151	1 个
4	R_1、R_3	电阻	100 Ω	2 个
5	R_2	电阻	470 Ω	1 个
6	R_4	电阻	1 kΩ	1 个
7	HL	灯泡	220 V、25 W	1 个
8	C	电容器	0.1 μF	1 个
9	R_P	带开关电位器	100 kΩ	1 个
10		线路板		1 块
11		导线		若干
12		焊接工具		1 套
13		万用表		1 套
14		示波器		1 套

2. 安装电路

调光灯电路如图 2-39 所示，接通电源后，交流电经桥式整流后给单向晶闸管阳极提供正向电压，并经过 R_2、R_3 加在单结晶体管的基极上，同时经过电阻 R_1、R_P 和 R_4 给电容器 C 充电。当 C 两端的电压大于单结晶体管的导通电压时，单结晶体管导通。为晶闸管提供一个触发脉冲信号，同时调节电位器 R_P，就可以改变单向晶闸管的触发延迟角 α 的大小；改变单结晶体管触发电路输出的触发脉冲的周期，从而改变输出电压的大小，这样就可以改变灯泡的亮暗。

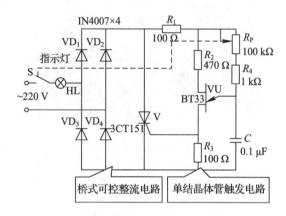

图 2-39 调光灯电路图

（1）根据表 2-7 认识晶闸管、单结晶体管等器件及其型号，并用万用表检测单向晶闸管、单结晶体管等器件；按照前面介绍的判断晶闸管和单结晶体管管脚及好坏的方法检测晶闸管和单结晶体管。检测二极管时，用万用表测量二极管的正反向电阻，若正向有数值、反向阻值为无穷大，则说明二极管良好；检测变压器时，首先检测初、次级之间的阻值，应为无穷大。

（2）按照图 2-39 所示的调光灯电路原理图，在线路板上合理设计电路，并连接电路；然后将各个器件焊接到线路板上，注意电源线的连接并做好绝缘处理。焊接好后，在通电以前，按原理图及工艺要求检查焊接情况，即是否存在反接、错焊、漏焊以及管脚搭线等情况，以及是否存在假焊和虚焊现象；检查输出线是否正确、可靠，重点检查晶闸管的管脚以及二极管的极性是否正确，焊点间是否有短路现象等。如果 A、G、K 这三个管脚连接错误，则会直接造成电源的短路，烧毁熔断器。整流电路主电路中任意一只二极管的极性接错也将造成电源短路，会导致电源侧的熔断器烧毁。如果整流电路主电路中任意一只二极管开路，则整流电路会变成半波整流，整流输出电压将下降，灯泡也会变暗。

3. 调试与检测电路

（1）通电后，对照电路原理图检查整流二极管、晶闸管、单结晶体管的连接极性及电路的连线。

（2）闭合开关，调节 R_P，观察电路的工作情况，如正常则进行下一环节检测。

（3）将 R_P 调到阻值为零的位置，用万用表测灯泡两端电压应在 220 V 以上，调节 R_P 的值，观察灯泡亮度的变化。

（4）用示波器观察并记录不同 R_P 值时灯泡两端的电压波形和晶闸管两端的电压波形。

（5）电阻 R_3 上产生的电压为脉冲电压，用示波器观察电容 C 上电压和 R_3 上电压。改变 R_P 的值，观察这两个波形发生的变化。

4. 故障检测

应根据故障现象，按照从主电路到从电路，由输入端到输出端的原则进行检测。

（1）通电后，若灯泡不亮，则：

① 应首先检查主电路中 220 V 电源电压是否已经接进来，即检查电源线是否连接，以及电源侧的熔断器是否完好。

② 若第一步没有问题，再检查触发电路部分，用万用表的 $R \times 200$ V 交流电压挡测变压器的二次侧电压，若没有读数，则说明变压器或变压器二次侧熔断器有问题。

③ 接下来，用万用表的 $R \times 100$ V 直流电压挡测四个二极管组成的整流电路输出端电压，正常值应为 20 V 左右。

④ 断电检测二极管电阻，用万用表的二极管挡测其阻值，正向有阻值，反向为无穷大。再通电检测二极管两端的电压，若没有读数，则说明二极管存在虚焊或假焊，应重新焊接。

⑤ 若前面没有问题，再检测稳压管两端的电压，若小于 18 V（例如零点几伏），则说明稳压管接反；若大于 18 V，则说明稳压管已坏或者是稳压管以及电阻 R_1 存在假焊或虚焊，此时若用示波器检测稳压管两端的电压波形，可以看到其波形已不再是梯形波，而变成了全波整流的输出波形。

⑥ 再用示波器检测电容两端的波形，若波形不是锯齿波（例如梯形波），则说明电容或单结晶体管的 e 极没有焊好。

⑦ 最后检测晶闸管的门、阴极之间或单结晶体管两个基极连接的电阻存在假焊或虚焊。

（2）通电后，若灯泡亮一下又突然熄灭，则说明触发电路没有问题，主电路中存在着短路现象，造成短路的原因是主电路中的二极管接反了。

（3）通电后，灯泡亮，但是通过调节电位器的旋钮不能将其调灭。此现象说明触发角 α 不能调大，可能有三个方面的原因：① 电容 C 的充电时间常数太小（例如 $C < 0.1$ μF）；② R_3 太大，造成门、阴极之间总是高电位；③ 稳压管已坏或未焊好，使得 α 提前。

（4）通电后，灯泡较暗，但是通过调节电位器的旋钮不能将其调得更亮。此现象说明触发角 α 不能调小，原因是电容 C 的充电时间常数太大（例如 $C > 0.1$ μF）或 R_3 阻值太大。

（5）晶闸管发生爆炸。晶闸管发生爆炸是电路故障中最为严重的一类问题，说明晶闸管的 AK 极反接。在焊接前必须严格仔细排查，以排除此类故障。

其他电力电子器件

电力电子的发展历史基本上是以电力电子器件的发展历史为主的。在晶闸管器件之后，又诞生了很多种新型的电力电子器件，现介绍如下。

1. 晶闸管的派生器件

晶闸管的派生器件按其导通与关断条件来进行区分，可分为快速晶闸管、双向晶闸管、逆导晶闸管、光控晶闸管、门极可关断晶闸管等。

1）快速晶闸管（Fast Switching Thyristor，FST）

快速晶闸管的开关时间以及 du/dt 和 di/dt 的耐量相较于普通晶闸管都有了明显的改善，它是可以工作在频率为 400 Hz 以上的晶闸管。对工作频率有明确标定的快速晶闸管称为高频晶闸管（中国型号为 KG）。例如 KG50(20 kHz)，表示该高频管的标称工作频率为 20 kHz，通态平均电流为 50 A(20 kHz 下正弦半波平均电流值)。

从关断时间来看，普通晶闸管一般为数百微秒，快速晶闸管为数十微秒，而高频晶闸管则为 10 μs 左右。高频晶闸管主要用于较高频率的整流、斩波、逆变和变频电路。

高频晶闸管的不足在于其电压和电流定额都不易做高。由于工作频率较高，选择快速晶闸管和高频晶闸管的通态平均电流时不能忽略其开关损耗的发热效应。

快速晶闸管的导通条件为阳极加正电压、阴极加负电压、门极和阴极之间加正向触发电压；关断条件为在阳极和阴极之间加上反向电压。

2）双向晶闸管(Triode AC Switch - TRIAC 或 Bidirectional Triode Thyristor)

双向晶闸管相当于两个普通晶闸管反并联，它具有触发电路简单、工作性能可靠的优点，主要用于交流控制电路，如温度控制、灯光控制、防爆交流开关以及直流电机调速和换相等电路。

双向晶闸管的外形与普通晶闸管的类似，有塑封式、螺栓式和平板式，是由 NPNPN 五层结构引出三个电极的器件，其图形符号如图 2-40(a)所示。双向晶闸管具有正反向对称的伏安特性曲线，其正向部分位于第 I 象限，反向部分位于第 III 象限，如图 2-40(b)所示。双向晶闸管通常用在交流电路中，因此不用平均值而用有效值来表示其额定电流值。

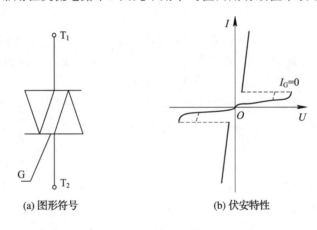

(a) 图形符号　　　　　(b) 伏安特性

图 2-40　双向晶闸管的图形符号和伏安特性

双向晶闸管的主要缺点是承受电压上升率的能力较低。其导通条件为在阳极和阴极之间加正电压或反电压，在门极上加触发电压，该触发电压不论正或者负都能将双向晶闸管导通；关断条件为阳极和阴极的电流小于维持电流。

3）逆导晶闸管(Reverse - Conducting Thyristor)

逆导晶闸管是将晶闸管和整流管制作在同一管芯上的集成元件，也称为反向导通晶闸管，是一种对负阳极电压没有开关作用，反向时能通过大电流的晶闸管。其特点是在晶闸管的阳极与阴极之间反向并联一只二极管，使阳极与阴极的发射结均呈短路状态，如图 2-41 所示。逆导晶闸管这种特殊的电路结构，使其具有耐高压、耐高温、关断时间短、通态电压低等优良性能。例如，逆导晶闸管的关断时间仅几微秒，工作频率达几十千赫兹，其性能优于快速晶闸管。该器件适用于开关电源、UPS 不间断电源中，一只逆导晶闸管可代替一只晶闸管和一只续流二极管，使用起来不仅方便，而且能简化电路设计。

逆导晶闸管的导通条件为阳极加正电压、阴极加负电压、门极和阴极之间加正向触发

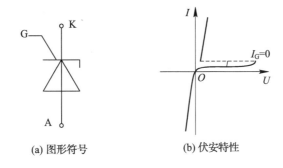

(a) 图形符号　　　(b) 伏安特性

图 2-41　逆导晶闸管的图形符号和伏安特性

电压，其因承受反向电压而导通；关断条件是阳极和阴极的电流小于维持电流。

　　4）光控晶闸管（Light Triggered Thyristor，LTT）

　　光控晶闸管是一种用光信号或光电信号进行触发的晶闸管，它的图形符号和伏安特性如图 2-42 所示。光控晶闸管的特点是门极区集成了一个光电二极管，触发信号源与主回路绝缘，该光电二极管的触发灵敏度很高。给光控晶闸管的阳极和阴极间加正压，门极区用一定波长的光照射，则该光控晶闸管就由关断状态转入导通状态。

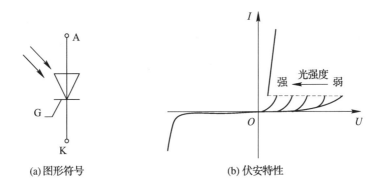

(a)图形符号　　　(b)伏安特性

图 2-42　光控晶闸管的图形符号和伏安特性

　　光控晶闸管除了触发信号不同以外，其他特性与普通晶闸管基本是相同的，因此在使用时可按照普通晶闸管来选择，只要注意它是光控的这个特点就可以了。光控晶闸管对光源的波长有一定的要求，即有选择性。波长在 $0.8\sim0.9\ \mu m$ 的红外线及波长在 $1\ \mu m$ 左右的激光，都是光控晶闸管较为理想的光源。

　　当光控晶闸管的阳极加正电压、阴极加负电压，且其光亮度达到能使二极管漏电流增加的程度，则此电流称为门极触发电流，此时光控晶闸管导通；关断条件为加在阳极和阴极之间的电压为零或反向电压。

　　小功率光控晶闸管常应用于电隔离，为较大的晶闸管提供控制极触发，也可用于继电器、自动控制等方面；大功率光控晶闸管主要用于高压直流输电。

　　5）门极可关断晶闸管（Gate Turn Off，GTO）

　　门极可关断晶闸管也称为门控晶闸管。当给该晶闸管的门极加负向触发信号时，其能自行关断，因而属于全控型器件。门极可关断晶闸管既保留了普通晶闸管耐压高、电流大等优点，又具有自关断能力，因而在使用上比普通晶闸管方便，是理想的高压、大电流开关器件，而大功率门极可关断晶闸管已广泛应用于斩波调速、变频调速、逆变电源等领域。

GTO 的结构与普通晶闸管的相似，是 PNPN 四层半导体结构、三端（阳极 A、阴极 K、门极 G）器件。与普通晶闸管的不同之处在于，GTO 是一种多元的功率集成器件，内部包含数十个甚至数百个共阳极的小 GTO 元，这些小 GTO 元的阴极和门极在器件内部并联在一起，如图 2-43 所示。

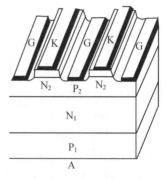

(a) 各单元的阴极、门极间隔排列的图形　　(b) 并联单元结构断面示意图　　(c) 图形符号

图 2-43　GTO 的内部结构和图形符号

GTO 的导通机理与普通晶闸管的是相同的。GTO 一旦导通，其门极信号可以撤除，但在制作时采用特殊的工艺使管子导通后处于临界饱和，以便用门极负脉冲电流破坏临界饱和状态使其关断，因此其导通时饱和程度较浅，而普通晶闸管则处于深饱和状态。

GTO 在关断机理上与普通晶闸管是不同的。普通晶闸管不能实现自关断，而 GTO 在门极加负脉冲时可以关断，这主要是因为门极加负脉冲时相当于从门极抽出电流（即抽取饱和导通时储存的大量载流子），GTO 导通时处于临界饱和状态，而 GTO 的多元集成结构也使每个 GTO 元阴极面积很小，门极和阴极距离短，使得可以用门极负电流使器件退出饱和而关断。

在使用 GTO 时必须注意：使 GTO 关断的门极反向电流比较大，为阳极电流的 1/5 左右；GTO 的通态管压降比较大，一般为 2～3 V；GTO 有能承受反压和不能承受反压两种类型；不少 GTO 都制造成逆导型，类似于逆导晶闸管，需承受反压时应和电力二极管串联。

对 GTO 门极控制信号的要求：导通控制的门极电流脉冲要前沿陡、幅度高、宽度大及后沿缓；关断控制的门极电流脉冲要前沿较陡、宽度足够、幅度较高、后沿平缓。

2. 电力场效应晶体管(功率 MOSFET)

电力场效应晶体管简称功率 MOSFET(Power MOS Field Effect Transistor)，它是对小功率场效应晶体管的工艺结构进行改进，在功率上有所突破的单极型半导体器件。它的特点是驱动电路简单，需要的驱动功率小；开关速度快，工作频率高；热稳定性优于 GTR；电流容量小，耐压低，多用于功率不超过 10 kW 的电力电子装置中。

电力场效应晶体管按导电沟道的不同可分为 P 沟道和 N 沟道，当栅极电压为零时漏源极之间就存在导电沟道的称为耗尽型；对于 N(P)沟道器件，栅极电压大于(小于)零时才存在导电沟道的称为增强型；在功率 MOSFET 中，主要以 N 沟道增强型居多。功率

MOSFET 的结构和图形符号如图 2-44 所示。

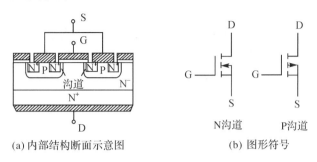

(a) 内部结构断面示意图   (b) 图形符号

图 2-44 功率 MOSFET 的结构和图形符号

电力场效应晶体管是单极型晶体管，其结构上与小功率 MOS 管有较大的区别，小功率 MOS 管是横向导电器件，而目前功率 MOSFET 大都采用了垂直导电结构，所以又称为 VMOSFET（Vertical MOSFET），这大大提高了 MOSFET 器件的耐压和耐电流能力。

电力场效应晶体管按垂直导电结构的差异，可分为利用 V 型槽实现垂直导电的 VVMOSFET（Vertical V-groove MOSFET）和具有垂直导电双扩散 MOS 结构的 VDMOSFET（Vertical Double-diffused MOSFET），是多元集成结构。

电力场效应晶体管当漏源极间接正电压，栅极和源极间电压为零时，其 P 基区与 N 漂移区之间形成的 PN 结 J_1 反偏，漏源极之间无电流流过，器件截止。

当在电力场效应晶体管的栅极和源极之间加一正电压 U_{GS} 时，该正电压会将其下面 P 区中的空穴推开，而将 P 区中的少子——电子吸引到栅极下面的 P 区表面。当 U_{GS} 大于某一电压值 U_T 时，P 型半导体反型成 N 型半导体，该反型层形成 N 沟道而使 PN 结 J_1 消失，漏极和源极导电，器件导通。此时 U_T 称为开启电压（或阈值电压），U_{GS} 超过 U_T 越多，电力场效应晶体管的导电能力越强，漏极电流 I_D 也越大。

电力场效应晶体管的转移特性是指栅源间电压 U_{GS} 和漏极电流 I_D 的关系，它反映了输入电压和输出电流的关系，如图 2-45 所示。

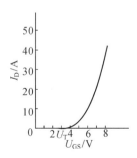

图 2-45 电力场效应晶体管的转移特性

由图 2-45 可见，当 $U_{GS} > U_T$ 时，随着 U_{GS} 的增大 I_D 也增大。当 I_D 较大时，I_D 与 U_{GS} 的关系近似线性，曲线的斜率被定义为 MOSFET 的跨导 G_{fs}，即

$$G_{fs} = \frac{dI_D}{dU_{GS}}$$

从图 2-45 可以看出，电力场效应晶体管是电压控制型器件，其输入阻抗极高，输入

电流非常小。

　　电力场效应晶体管的输出特性是指以栅源电压U_{GS}为参变量，漏极电流I_D与漏源电压U_{DS}之间关系的曲线簇，如图2-46所示。图2-46中的输出特性分为三个区域，即截止区（对应于GTR的截止区）、饱和区（对应于GTR的放大区）和非饱和区（对应于GTR的饱和区）。饱和是指漏源电压增加时漏极电流不再增加，非饱和是指漏源电压增加时漏极电流相应增加。

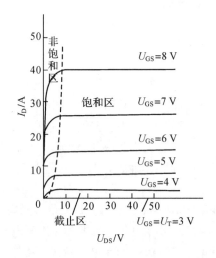

图2-46　电力场效应晶体管的输出特性

　　当电力场效应晶体管工作在开关状态时，则在截止区和非饱和区之间来回转换。

　　由于电力场效应晶体管本身结构所致，其漏极和源极之间相当于形成了一个与MOSFET反向并联的寄生二极管。此外，其通态电阻具有正温度系数，这对器件并联时的均流有利。

　　MOSFET的关断过程是非常迅速的。其开关时间在10～100 ns之间，工作频率可达100 kHz，是常用电力电子器件中工作频率最高的；还可以通过降低栅极驱动电路的内阻R_S减小栅极回路的充放电时间常数，从而进一步加快它的开关速度。MOSFET的开关频率越高，所需要的驱动功率越大。

3. 其他新型电力电子器件

1）MOS控制晶闸管MCT（MOS Controlled Thyristor）

　　MCT是将MOSFET与晶闸管组合而成的复合型器件，它结合了MOSFET的高输入阻抗、低驱动功率、快速的开关过程和晶闸管的高电压大电流、低导通压降的特点。

　　其静态特性与晶闸管的相似，它的输入端由MOS管控制。MCT属于场控型器件，其开关速度快，驱动电路比GTO的驱动电路要简单；MCT的输出端为晶闸管结构，其通态压降较低，与SCR的相当，比IGBT和GTR的都要低。

　　其内部结构由数以万计的MCT元组成，每个元由一个PNPN晶闸管、一个控制该晶闸管开通的MOSFET和一个控制该晶闸管关断的MOSFET组成。目前，该器件的关键技术问题没有大的突破，电压和电流容量都远未达到预期的数值，因此其未能大规模地投入到实际应用中。

2）静电感应晶体管（Static Induction Transistor，SIT）

SIT 是一种结型场效应晶体管，它是在普通结型场效应晶体管的基础上发展起来的单极型电压控制器件，有源、栅、漏三个电极，它的源漏电流受栅极上的外加垂直电场控制。SIT 是一种多子导电的器件，适用于高频大功率场合。

SIT 诞生于 1970 年，其工作频率与电力 MOSFET 的相当，甚至超过电力 MOSFET 的，功率容量也比电力 MOSFET 的大，因此它适用于高频大功率场合。目前，SIT 已在雷达通信设备、超声波功率放大、脉冲功率放大和高频感应加热等某些专业领域中获得了较多的应用。

SIT 在栅极不加任何信号时是导通的，栅极加负偏压时关断，这被称为正常导通型器件，这点使得 SIT 在使用时不太方便。此外，SIT 的通态电阻较大，使得通态损耗也大，因而 SIT 还未在大多数电力电子设备中得到广泛应用。

3）静电感应晶闸管（Static Induction Thyristor，SITH）

静电感应晶闸管又被称为场控晶闸管（Field Controlled Thyristor，FCT），可以看作是 SIT 与 GTO 复合而成。它是两种载流子导电的双极型器件，具有电导调制效应，其通态压降低、通流能力强。

SITH 的很多特性与 GTO 的类似，但其开关速度比 GTO 的高得多。它是大容量的快速器件，一般也是正常导通型，但也有正常关断型；其制造工艺比 GTO 复杂得多，电流关断增益也较小，因而其应用范围还有待拓展。

4）集成门极换流晶闸管（Integrated Gate Commutated Thyristors，IGCT）

IGCT 是 1996 年发明的用于巨型电力电子成套装置中的新型电力半导体器件。与 GTO 相似，IGCT 也是四层三端器件，是基于 GTO 结构、利用集成栅极结构进行栅极硬驱动、采用缓冲层结构及阳极透明发射极技术的新型大功率半导体开关器件。它结合了晶体管的稳定关断能力和晶闸管低通态损耗的优点，在导通阶段发挥晶闸管的性能，关断阶段呈现晶体管的特性。由于采用了缓冲结构以及浅层发射极技术，因而使其动态损耗降低了约 50%。另外，此类器件还在一个芯片上集成了具有良好动态特性的续流二极管，从而以其独特的方式实现了晶闸管的低通态压降、高阻断电压和晶体管稳定的开关特性的有机结合。

IGCT 使变流装置在功率、可靠性、开关速度、效率、成本、重量、体积等方面都取得了巨大进展，给电力电子成套装置带来了新的飞跃。IGCT 具有电流大、电压高、开关频率高、可靠性高、结构紧凑、损耗低等特点，而且其制造成本低、成品率高，有很好的应用前景。

采用晶闸管技术的 GTO 是常用的大功率开关器件，它相对于采用晶体管技术的 IGBT 在截止电压上有更高的性能。但由于其制造时广泛应用的标准 GTO 驱动技术造成器件具有不均匀的开通和关断过程，需要高成本的 du/dt 和 di/dt 吸收电路和较大功率的栅极驱动单元，因而该种 GTO 可靠性下降，价格较高，也不利于串联。但由于现今大功率 MCT 技术尚未成熟，因此 IGCT 已经成为高压大功率低频交流器的优选方案。

5）基于宽禁带半导体材料的电力电子器件

硅的禁带宽度为 1.12 电子伏特（eV），而宽禁带半导体材料是指禁带宽度在 3.0 电子伏特左右及以上的半导体材料，典型的是碳化硅（SiC）、氮化镓（GaN）、金刚石等材料。

基于宽禁带半导体材料（如碳化硅）的电力电子器件将具有比硅器件高得多的耐受高电压的能力、低得多的通态电阻、更好的导热性能和热稳定性，以及更强的耐受高温和射线辐射的能力，而且它在许多方面的性能都将呈数量级的提高。

由于材料的提炼和制造以及随后的半导体制造工艺的困难，宽禁带半导体器件的发展一直较慢。但随着 5G、汽车等新市场的出现，碳化硅（SiC）、氮化镓（GaN）不可替代的优势使得相关产品的研发与应用加速；随着制备技术的进步，基于宽禁带半导体材料的电力电子器件在成本上大幅度降低，已成为未来电力电子器件发展方案之一。

6）功率集成电路（Power Integrated Circuit，PIC）与集成电力电子模块

20 世纪 80 年代中后期开始，工业上出现模块化趋势，我们将同时应用到的多个器件封装在一个模块中，称为功率模块；将器件与逻辑、控制、保护、传感、检测、自诊断等信息的电子电路制作在同一芯片上，称为功率集成电路。

模块化可缩小装置的体积，降低成本，也可提高可靠性。对工作频率高的电路，模块化可大大减小线路电感，从而简化对保护和缓冲电路的要求。

实际应用的集成模块如下：

（1）高压集成电路（High Voltage IC，HVIC）：一般指横向高压器件与逻辑或模拟控制电路的单片集成。

（2）智能功率集成电路（Smart Power IC，SPIC）：一般指纵向功率器件与逻辑或模拟控制电路的单片集成。

（3）智能功率模块（Intelligent Power Module，IPM）：专指 IGBT 及其辅助器件与其保护和驱动电路的单片集成，也称为智能 IGBT（Intelligent IGBT）。

功率集成电路实现了电能和信息的集成，是机电一体化的理想接口。功率集成电路需要主要解决高低压电路之间的绝缘问题以及温升和散热的处理这两大问题。

习　题

1. 晶闸管导通的条件是什么？导通后流过晶闸管的电流由哪些因素决定？

2. 维持晶闸管导通的条件是什么？晶闸管的关断条件是什么？如何实现？晶闸管处于阻断状态时，其两端的电压大小由什么决定？

3. 晶闸管触发导通后，有时触发脉冲结束后它又关断了，这是什么原因导致的？

4. 某晶闸管测得 $U_{DRM}=840$ V，$U_{RRM}=980$ V，试确定此元件的额定电压是多少，属于哪个电压等级？

5. 晶闸管不能用门极负脉冲信号关断阳极电流，这是为什么？GTO 可以用门极负脉冲信号关断阳极电流，这又是什么因素导致的？

6. 限制功率 MOSFET 应用的主要原因是什么？实际使用时应如何提高 MOSFET 的功率容量？

7. 单相桥式半控整流电路与单相桥式全控整流电路从直流输出端或从交流输入端看基本是一致的，那么两者是否有区别呢？

8. 在单相桥式全控整流电路中，当负载分别为电阻性负载或电感性负载时，晶闸管的移相范围分别是多少？

9. 单结晶体管自激振荡电路是根据单结晶体管的什么特性工作的? 振荡频率的高低与什么因素有关?

10. 用分压比为 0.6 的单结晶体管组成的振荡电路, 若 $U_{bb}=20$ V, 则峰值电压 U_P 为多少? 若管子 b_1 脚虚焊, 则充电电容两端电压约为多少? 若管子 b_2 脚虚焊, b_1 脚正常, 则电容两端的电压又为多少?

11. 某单相半波可控整流电路(电阻性负载), 电源电压 U_2 为 220 V, 要求的直流输出平均电压为 90 V, 直流输出平均电流为 10 A。

(1) 计算晶闸管的控制角;

(2) 计算输出电流有效值;

(3) 计算电路功率因数;

(4) 给出应选择的晶闸管型号规格(安全裕量取 2 倍)。

12. 单相正弦交流电源, 其电压有效值为 220 V, 晶闸管和电阻串联相接, 试计算晶闸管实际承受的正、反向电压最大值是多少? 若考虑晶闸管的安全裕量为 2, 则其额定电压如何选取?

13. 一电热装置(电阻性负载), 要求其直流平均电压为 75 V, 负载电流为 20 A, 采用单相半波可控整流电路直接从 220 V 交流电网供电。试计算晶闸管的控制角 α、导通角 θ_V 及负载电流有效值并选择晶闸管元件。(考虑 2 倍的安全裕量)

14. 单相半波可控整流电路, 已知 $U_2=220$ V, $R_d=20$ Ω, 控制角 α 为 60°。

(1) 画出单相半波可控整流电路;

(2) 画出 u_d 的波形;

(3) 计算 U_d、I_d 的值。

15. 单相桥式全控整流电路接电阻性负载, 要求输出电压在 0~100 V 之间连续可调, 输出电压平均值为 30 V 时, 负载电流平均值为 20 A。系统采用 220 V 的交流电压通过降压变压器供电, 且晶闸管的最小控制角 $\alpha_{min}=30°$(设降压变压器为理想变压器)。试求:

(1) 变压器二次侧电流有效值 I_2;

(2) 考虑安全裕量, 选择晶闸管电压、电流定额;

(3) $\alpha=60°$时, 作出 u_d、i_d 和变压器二次侧电流 i_2 的波形。

16. 试作出单相桥式半控整流电路带大电感负载的电路图, 以及在 $\alpha=30°$时的 u_d、i_d、i_{V1}、i_{VD4} 的波形, 并计算此时输出电压和电流的平均值。

17. 某一大电感负载采用单相桥式半控整流接有续流二极管的电路, 负载电阻 $R=4$ Ω, 电源电压 $U_2=220$ V, $\alpha=\pi/3$, 求:

(1) 输出直流平均电压和输出直流平均电流;

(2) 流过晶闸管(整流二极管)的电流有效值;

(3) 流过续流二极管的电流有效值。

18. 具有续流二极管的单相半波可控整流电路, 带阻感性负载, 电阻为 5 Ω, 电感为 0.2 H, 电源电压的有效值为 220 V, 直流平均电流为 10 A。试计算晶闸管和续流二极管的电流有效值, 并指出晶闸管的电压定额(考虑电压 2 倍的安全裕量)。

19. 单相半波可控整流电路对电阻性负载供电, $U_2=100$ V, 求当 $\alpha=0°$和 $\alpha=60°$时的负载电流 I_d, 并画出 u_d 与 i_d 的波形。

20. 试作出单相桥式全控整流电路带电感性负载的电路图，以及在 $\alpha=0°$ 时的 u_d、i_d、i_{V1}、i_{V4} 的波形图，并计算此时输出电压和电流的平均值。

21. 某一大电感负载采用单相桥式半控整流接有续流二极管的电路，负载电阻 $R=4\ \Omega$，电源电压 $U_2=220\ \text{V}$，$\alpha=30°$，求：

（1）输出直流平均电压和输出直流平均电流；

（2）流过晶闸管（整流二极管）的电流有效值；

（3）流过续流二极管的电流有效值。

22. 电阻负载 $R=50\ \Omega$，要求输出电压在 $0\sim600\ \text{V}$ 之间可调。使用单相半波与单相桥式两种方式供电，分别计算：

（1）晶闸管额定电压、电流值。

（2）负载电阻上消耗的最大功率。

项目3

三相可控整流电路——安装三相全控整流电路

【学习目标】

知识目标：

（1）能说出三相半波整流电路的工作原理。

（2）能说出三相桥式全控整流电路的工作原理。

能力目标：

（1）能画出不同控制角情况下的三相半波可控整流电路各段电压、电流波形。

（2）能画出不同控制角情况下的三相桥式全控整流电路各段电压、电流波形。

（3）会用 MATLAB 仿真和分析三相半波可控整流电路、三相桥式全控整流电路的输出波形。

素养目标：

（1）培养耐心、细致的工匠精神。

（2）培养分析问题、解决问题的能力。

【项目引入】

单相可控整流电路的元件少，线路简单且调整方便，同时其输出电压脉动大。当所带负载功率较大时，该电路会因为单相供电而引起三相电网不平衡，故只适用于小容量的设备中。当容量较大、输出电压脉动要求较小、对控制的快速性也有要求时，则多采用三相可控整流电路。

三相可控整流电路广泛应用于电力供应、工业控制等领域。它可以用于电压稳定器、直流电源、逆变器等应用场合。在工业控制领域，还可以用于伺服电机、直流电机等设备的驱动。可以说，三相可控整流电路为我国的经济发展起到了极其重要的作用。

请查找资料，向同学们介绍我国整流电路的应用领域。

图 3-1 所示为应用于电解铝的一套大功率三相桥式同相逆并联可控硅整流装置。该设备的型号为 KHS-13500 A/220 V，硅片是直径为 77 mm 的大功率晶闸管（$I_F=3000$ A，$U_{RRM}=1400$ V）。该装置具有整体结构设计合理、损耗少、效率高、操作方便、观测直观、安全可靠、保护齐全等特点，主要用于化学工业、冶金工业及石墨化炉等需要强大电流的场所。

图 3-1　三相桥式同相逆并联可控硅整流装置

本装置型号的含义如下：

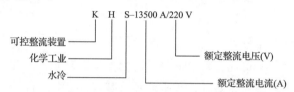

任务 3.1　认识三相半波可控整流电路

三相整流电路的交流侧由三相对称电源供电，可以带较大的负载容量，对电网的影响较小，并且输出的功率比较大。在三相可控整流电路中，有多种类型的电路，如三相半波、三相全控桥、三相半控桥、双反星形可控整流电路以及适合较大功率应用的十二相可控整流电路等。其中最基本、应用最为广泛的是三相半波可控整流电路，其他结构的电路都是在此结构上演变而来的。

3.1.1　分析三相半波可控整流电路（电阻性负载）

1. 电路结构

带电阻性负载的三相半波可控整流电路的电路图如图 3-2(a)所示。三相交流电源首先要经三相变压器变换，变压器二次侧接到三个晶闸管的阳极，阴极连接在一起，因此这种电路结构被称为共阴极接法。共阴极接法便于安排有公共点的触发电路，其接线方便，应用也较为广泛。

2. 工作原理

整流变压器二次侧相电压的有效值为 U_2，三相电压波形如图 3-2(b)所示，可表示为

$$\begin{cases} u_A = \sqrt{2}U_2\sin\omega t \\ u_B = \sqrt{2}U_2\sin\left(\omega t - \dfrac{2}{3}\pi\right) \\ u_C = \sqrt{2}U_2\sin\left(\omega t + \dfrac{2}{3}\pi\right) \end{cases}$$

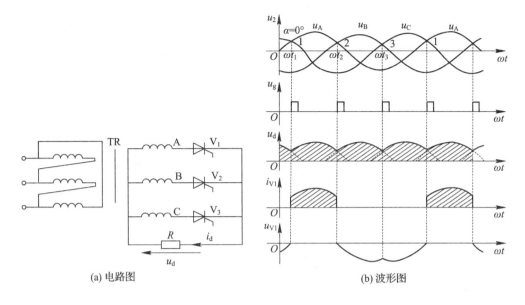

(a) 电路图　　　　　　　　　　　　　(b) 波形图

图 3 - 2　三相半波可控整流电路及波形图(电阻性负载)

依据晶闸管单相导电的原则，三只晶闸管各自所接的 u_A、u_B、u_C 中哪一相电压瞬时值最高，则该相所接晶闸管可被触发导通，而另外两相则因承受反向电压而阻断。

三相可控整流电路的运行特性、各波形、基本数量关系不仅与负载性质有关，而且与控制角 α 也有很大的关系，在分析电路时应以不同的 α 进行分析。

1) 控制角 $\alpha = 0°$ 时

在三相可控整流电路中，如图 3 - 2(b)所示的 ωt_1、ωt_2、ωt_3 所对应的 1、2、3 三个点称为自然换相点，它们是各相电压的交点，也是各相所接晶闸管可能被触发导通的最早时刻。一般把自然换相点作为计算控制角 α 的起点，即该点 $\alpha = 0°$，对应于 $\omega t = 30°$。触发角 $\alpha = 0°$ 即为在 ωt_1 处给晶闸管 V_1 加门极触发脉冲 u_{g_1}，在 ωt_2 处给晶闸管 V_2 加门极触发脉冲 u_{g_2}，在 ωt_3 处给晶闸管 V_3 加门极触发脉冲 u_{g_3}，后面各周期也如此。以此循环，每管导通 120°，三相电源轮流向负载供电，负载电压 u_d 为三相电源电压正半周包络线，输出脉动频率为 150 Hz 的脉动电压。

在 $\omega t_1 \sim \omega t_2$ 期间，A 相电压最高，根据晶闸管的导通原则即与电压最高相相连的晶闸管优先导通，所以 V_1 导通，$u_d = u_a$，负载电压即为 A 相电压。在 $\omega t_2 \sim \omega t_3$ 期间，B 相电压最高，在 ωt_2 时刻，门极触发脉冲 u_{g_2} 加在 V_2 上，V_2 导通。此时，共阴极点电位高于 V_1 的阳极电位，所以 V_1 关断，由 V_1 导通到 V_2 导通同时 V_1 关断的过程称为换流。V_3 的导通到 V_2 的关断过程也是如此。

当 $\alpha = 0°$ 时，i_{V1} 为变压器二次侧 A 相绕组和晶闸管 V_1 的电流波形。另两相电流波形形状相同，相位依次滞后 120°，负载电流是连续的，并且变压器二次侧绕组电流有直流分量。

当 $\alpha = 0°$ 时，u_{V1} 为晶闸管 V_1 两端的电压波形。可将此电压波形分成三段：V_1 导通期间，管压降近似为零，$u_{V1} = 0$；V_2 导通期间，晶闸管 V_1 承受反相关断电压，大小为电源 A 相与 B 相的电压差 u_{ab}；V_3 导通期间，V_1 同样承受反相关断电压，大小为电源 A 相与 C 相

73

的电压差 u_{ac}。可见当 $\alpha=0°$ 时，晶闸管 V_1 承受的两段线电压均为负值，随着 α 的增大，晶闸管承受的正向电压增加。其他两管上承受的电压波形形状相同，相位依次相差 120°。

逐渐增加 α 值，将触发脉冲后移，则输出的整流电压相应减小，各段波形也有变化。

2）控制角 $\alpha=30°$ 时

$\alpha=30°$ 时，带电阻性负载的三相半波可控整流电路各电流、电压波形如图 3-3 所示。$\alpha=30°$ 即 ωt_1 时刻，给晶闸管 V_1 加门极触发脉冲，V_1 导通，负载电压 $u_d=u_a$，V_1 导通至 120° 电角度。ωt_2 时刻，给 V_2 加门极触发脉冲，V_1 因承受反相阳极电压而关断，发生 V_1 至 V_2 的换流。类似地，在 ωt_3 时刻，发生 V_2 至 V_3 的换流，后面各周期三只晶闸管轮流导通。输出电压为每相导通 120° 电角度的包络线，输出电流波形相同。可以看出，输出电流出现过零点，出现连续与断续的临界状态；若再增加 α 值，负载电流将处于断续状态。

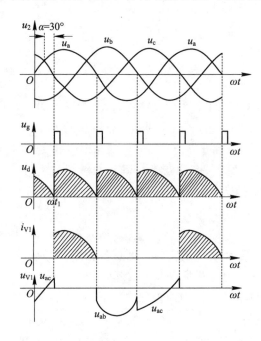

图 3-3　三相半波可控整流电路在 $\alpha=30°$ 时各电流、电压波形（电阻性负载）

3）控制角 $\alpha=60°$ 时

图 3-4 所示为 $\alpha=60°$ 时各电流、电压波形图。当导通的一相相电压过零变负时，该相的晶闸管关断。此时下一相的晶闸管虽然承受正向电压，但门极未加触发脉冲不能导通，所以电路的输出电压、电流均为零，直到触发脉冲加到门极上，开始有输出电压和电流。因此，负载电流是断续的，各晶闸管的导通时间都小于 120°。当 $\alpha=150°$ 时，由于晶闸管已不再承受正向电压而无法导通，整流输出电压为零。因此，三相半波可控整流电路带电阻性负载时，其移相角 α 的可调范围是 0～150°。

3. 计算相关参数

（1）根据电路的工作原理，u_d 的波形在 $0°\leqslant\alpha\leqslant30°$ 区间是连续的，而在 $30°<\alpha\leqslant150°$ 区间是断续的。因此，求电路的输出直流电压值要分连续和断续两种情况计算。

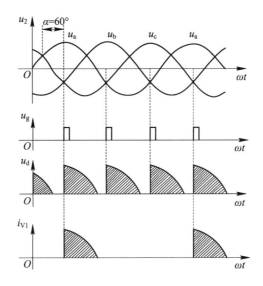

图 3-4　三相半波可控整流电路在 $\alpha=60°$ 时各电流、电压波形（电阻性负载）

当 $0°\leqslant\alpha\leqslant30°$ 时，负载电流连续，U_d 的计算为

$$U_d = \frac{3}{2\pi}\int_{\frac{\pi}{6}+\alpha}^{\frac{5\pi}{6}+\alpha}\sqrt{2}U_2\sin\omega t\,\mathrm{d}(\omega t) = \frac{3\sqrt{2}}{2\pi}\sqrt{3}U_2\cos\alpha = 1.17U_2\cos\alpha \tag{3-1}$$

在 $\alpha=0°$ 时，输出直流平均电压 $U_d=1.17U_2$。

当 $30°<\alpha\leqslant150°$ 时，负载电流断续，晶闸管导通角减小，U_d 的计算为

$$U_d \doteq \frac{3}{2\pi}\int_{\frac{\pi}{6}+\alpha}^{\pi}\sqrt{2}U_2\sin\omega t\,\mathrm{d}(\omega t) = \frac{3\sqrt{2}}{2\pi}U_2\left[1+\cos\left(\frac{\pi}{6}+\alpha\right)\right]$$

$$= 0.675U_2\left[1+\cos\left(\frac{\pi}{6}+\alpha\right)\right] \tag{3-2}$$

晶闸管承受的最大反向电压 U_{RM} 为变压器二次线电压峰值 $\sqrt{6}U_2$，晶闸管阳极与阴极的最大正向电压 U_{FM} 等于变压器二次相电压的峰值 $\sqrt{2}U_2$。

（2）负载电流的平均值为

$$I_d = \frac{U_d}{R_d} \tag{3-3}$$

（3）由于三个晶闸管在每个周期中是轮流导通的，每个导通 1/3 周期的时间，因此流过晶闸管的电流平均值为

$$I_{dV} = \frac{1}{3}I_d \tag{3-4}$$

（4）晶闸管承受的最高电压为

$$U_{TM} = \sqrt{6}U_2 \tag{3-5}$$

3.1.2 分析三相半波可控整流电路（电感性负载）

1. 电路结构

带电感性负载时的三相半波可控整流电路的电路图如图 3-5(a)所示。为便于分析，

假设负载处直流电感足够大，输出的直流电流连续，所以只要输出电压平均值不为零，则晶闸管的导通角均为120°，与控制角无关。此时晶闸管中流通的电流波形近似为方波，类似电阻性负载电路的电流波形，如图3-5(b)所示。

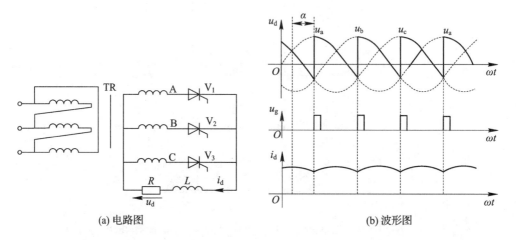

(a) 电路图   (b) 波形图

图 3-5 三相半波可控整流电路及波形（电感性负载）

2. 工作原理

根据导通角的大小对该电路分别进行分析。

(1) 当 $\alpha \leqslant 30°$ 时，电路的工作情况与带电阻性负载时的工作情况相似，输出电压 u_d、晶闸管上电压 u_V 的波形也相同。由于负载电感具有储能作用，因此输出电流近似于直流。

(2) 当 $\alpha > 30°$ 时，由于电感 L 的作用，输出电压 u_d 的波形开始出现负值。当负载电流从大变小时，即使电源电压过零变负，在感应动电势的作用下，晶闸管仍承受正向电压而维持导通。只要电感量足够大，晶闸管导通就可以维持到下一相晶闸管被触发导通为止，最后会因其承受反向线电压而被强迫关断。尽管 $\alpha > 30°$ 后 u_d 的波形出现负面积，但只要正面积大于负面积，其整流输出电压平均值就总是大于零的，电流 i_d 可连续平稳。

假设 $\alpha = 60°$，V_1 已经导通，在 A 相交流电压过零变负后，由于未到 V_2 的触发时刻，因此 V_2 未导通，V_1 在负载电感产生的感应电动势的作用下继续导通，输出电压 $u_d < 0$，直到 V_2 被触发导通，V_1 因承受反向电压而被关断，输出电压 $u_d = u_A$，然后重复 A 相的过程。

(3) 当触发脉冲后移至 $\alpha \geqslant 90°$ 时，u_d 波形的正负面积相等，其输出电压平均值 U_d 为零。所以大电感负载不接续流管时，其有效的移相范围只能为 $\alpha = 0° \sim 90°$。晶闸管两端的电压波形与带电阻性负载的整流电路中晶闸管两端电压波形的分析方法相同。

3. 计算相关参数

(1) 输出电压平均值 U_d 在计算时以输出电压的面积除以周期 $2\pi/3$，并且输出电压连续。输出电压平均值 U_d 的计算公式如下：

$$U_d = \frac{3}{2\pi}\int_{\frac{\pi}{6}+\alpha}^{\frac{5\pi}{6}+\alpha} \sqrt{2}U_2\sin\omega t\,\mathrm{d}(\omega t) = 1.17U_2\cos\alpha \tag{3-6}$$

由式(3-6)可知，带电感性负载时 U_d 的计算公式与带电阻性负载且在 $0° \leqslant \alpha \leqslant 30°$ 时 U_d 的计算公式相同。$\alpha = 0°$ 时，U_d 取得最大值；$\alpha = 90°$ 时，$U_d = 0$。所以带电感性负载的三相半波可控整流电路的移相范围为 $0° \sim 90°$。

（2）输出电流平均值的计算方法为直流输出电压平均值除以负载电阻，计算公式如下：

$$I_d = \frac{U_d}{R} = 1.17\frac{U_2}{R}\cos\alpha \qquad (3-7)$$

（3）带大电感负载时，电流波形近似于水平线，晶闸管上的电流平均值 I_d 为负载平均电流的 1/3，计算公式如下：

$$I_{dV} = \frac{1}{3}I_d \qquad (3-8)$$

（4）输出电流连续时，晶闸管上电流的有效值计算如下：

$$I_V = \sqrt{\frac{1}{2\pi}\int_{\frac{\pi}{6}+\alpha}^{\frac{5\pi}{6}+\alpha} I_d^2 \mathrm{d}(\omega t)} = \frac{1}{\sqrt{3}}I_d \qquad (3-9)$$

（5）晶闸管承受的最大正、反向电压是变压器二次侧线电压的峰值，为

$$U_{TM} = U_{FM} = U_{RM} = \sqrt{2}\times\sqrt{3}U_2 = \sqrt{6}U_2 \qquad (3-10)$$

4. 共阳极接法

除了共阴极接法外，还有一种电路结构是将三相半波整流电路三只晶闸管的阳极短接在一起，其他元件接法不变，这种接法称为三相半波整流电路的共阳极接法。由于三只晶闸管 V_1、V_2、V_3 的阳极连接在一起，所以可以把三只晶闸管的阳极固定在同一块大散热板上，这样散热效果好，安装也方便。但是，共阳极接法的三相触发电路不能引出公共的一条接阴极的线，而且输出脉冲变压器二次侧绕组也不能有公共线，这给调试和使用带来了不便。

在共阳极接法时，工作在整流状态的晶闸管只有在电源相电压负半周才能被触发导通。共阳极接法和共阴极接法的工作原理、电路波形和数量关系相似，只是输出极性相反。共阳极接法的三相半波可控整流电路的电路原理图及波形图如图 3-6 所示。

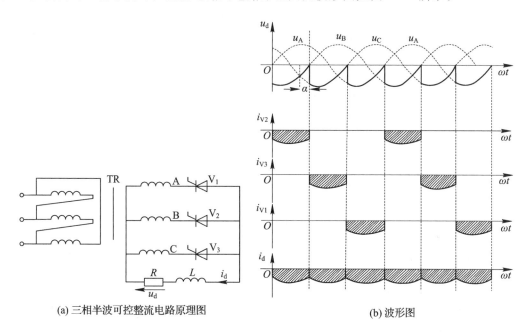

(a) 三相半波可控整流电路原理图　　　　　　　　(b) 波形图

图 3-6　共阳极接法的三相半波可控整流电路的电路图及波形图（电感性负载）

3.1.3 完成三相半波可控整流电路的 MATLAB 仿真分析

使用 Simulink 创建三相半波可控整流电路，并用示波器观察电路输出电流、电压以及晶闸管的电压波形。

1. 参考电路图建模

三相半波可控整流电路系统由交流电源、晶闸管、脉冲触发器、电阻负载等组成，根据电路图搭建的仿真模型如图 3-7 所示，各模块的提取路径如表 3-1 所示。

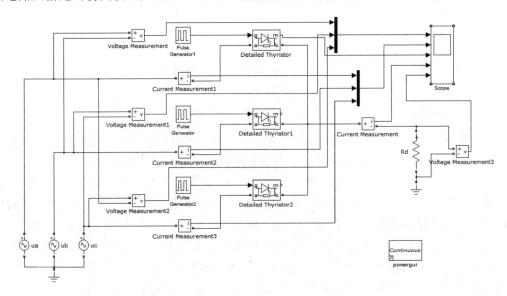

图 3-7 三相半波可控整流电路的仿真模型（电阻性负载）

表 3-1 三相半波可控整流电路仿真模块的提取路径

元 件 名 称	提 取 路 径
脉冲触发器	Simulink/Sources/Pulse Generator
交流电源	SimPowerSystems/Electrical Sources/AC Voltage Source
示波器	Simulink/Sinks/Scope
接地端子	SimPowerSystems/Elements/Ground
信号组合模块	Simulink/Signal Routing/Mux
电压表	SimPowerSystems/Measurements/Voltage Measurement
电流表	SimPowerSystems/Measurements/Current Measurement
负载 RLC	SimPowerSystems/Elements/Series RLC Branch
晶闸管	SimPowerSystems/Power Electronics/Detailed Thyristor
用户界面分析模块	powergui

2. 设置各模块的参数

（1）电源 AC Voltage Source：电压设置为 100 V，频率设置为 50 Hz。要注意初相角的设置，A 相的电压源设置为 0，B 相的电压源设置为 −120，C 相的电压源设置为 −240。

（2）脉冲触发器 Pulse Generator：模型中用到三个触发脉冲，根据电路原理可知触发角依次相差 120°。因为电源电压频率为 50 Hz，故周期设置为 0.02 s，脉宽可设置为 50，以确保触发成功，振幅设置为 5。

延迟角的设置要特别注意，在三相电路中，触发延时时间并不是直接从 α 换算过来的。由于 α 角的零位定在自然换相角，所以在计算相位延时时间时要增加 30° 相位。因此当 $\alpha=0$° 时，延时时间应设为 0.0033。其可按以下公式计算：

$$t = (\alpha + 30)\frac{T}{360}$$

$\alpha=0$° 时，延时时间依次设置为 0.001 67，0.008 33，0.015；

$\alpha=30$° 时，延时时间依次设置为 0.0033，0.01，0.0167；

$\alpha=60$° 时，延时时间依次设置为 0.005，0.0117，0.0183；

$\alpha=90$° 时，延时时间依次设置为 0.0067，0.0133，0.02；

$\alpha=120$° 时，延时时间依次设置为 0.0083，0.015，0.0217；

$\alpha=150$° 时，延时时间依次设置为 0.01，0.0167，0.0233。

（3）晶闸管：采用默认参数设置。

（4）电阻负载：将负载设置为纯电阻负载，电阻值为 100 Ω。

（5）信号组合模块 Mux：Mux 模块将多路信号集成一束，这一束信号在模型的传递和处理中都看作是一个整体。根据输入信号的个数将"Number of inputs"设置为 3。

（6）示波器：双击示波器模块，单击第二个图标"Parameters"，在弹出的对话框中选中"General"选项，设置"Number of axes"为 4。

3. 仿真参数的设置

选择菜单"Simulation"→"Configuration Parameters"，打开设置窗口，然后设置"Start time"为 0.0，"Stop time"为 0.08，算法"Solver"选择 ode23tb，相对误差"Relative tolerance"设置为 le − 3。

4. 波形分析

设置好仿真参数后就可以分别对不同的控制角情况进行仿真，仿真结果如图 3 − 8 所示。

在该仿真图像中，从上到下依次是三相输入电压、三相输入电流、晶闸管上电压、输出电流、输出电压的波形图。将仿真结果和理论分析所得的波形进行对比，可以看出基本是一致的，并且当 α 增大到 150° 时，晶闸管在整个周期中都不能导通。所以，三相半波可控整流电路带电阻性负载时，晶闸管的导通范围是 0°～150°。

5. 带感性负载的仿真

将电阻性负载改为感性负载即得到带感性负载的三相半波可控整流电路，根据电路图搭建的仿真模型如图 3 − 9 所示。

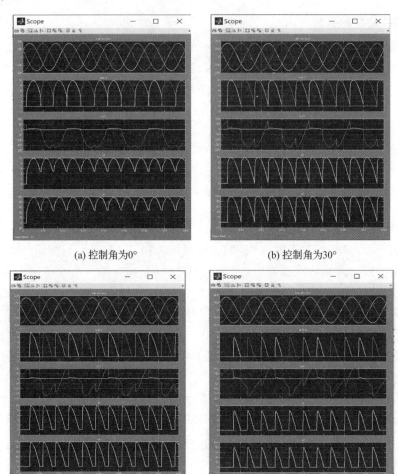

(a) 控制角为0°   (b) 控制角为30°

(c) 控制角为60°   (b) 控制角为90°

图 3-8   带电阻性负载的三相半波可控整流电路的仿真结果

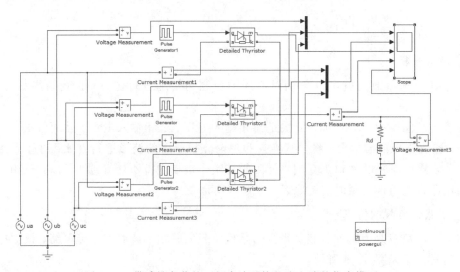

图 3-9   带感性负载的三相半波可控整流电路的仿真模型

各模块的提取路径参考表 3 - 1。

与带电阻性负载时相比，改变图 3 - 9 仿真模型中的负载参数，将电阻设置为 7 Ω，电感值设置为 0.1 H，其他参数不变。

仿真参数的设置和电阻负载时的相同，分别设置不同的脉冲触发器的延时时间，得到控制角 α 在 0°、30°、60° 和 90° 时的仿真结果，如图 3 - 10 所示。

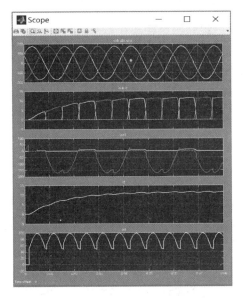

(a) 控制角为 0°　　　　　　　　(b) 控制角为 30°

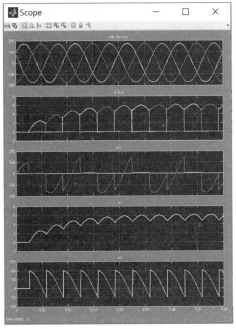　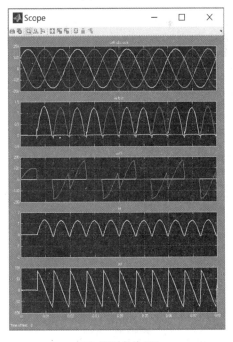

(c) 控制角为 60°　　　　　　　　(d) 控制角为 90°

图 3 - 10　三相半波可控整流电路(带感性负载)的仿真结果

可以看出，仿真结果和理论分析基本一致。当 $\alpha \leqslant 30°$ 时，由于电感负载具有储能作用，使得输出电流 i_d 的波形近似为一条水平线；随着 α 的增大，由于电感的作用，使得输出电压出现负值，从而使得其平均值减小，输出电流减小。当 $\alpha = 90°$ 时，输出电压平均值为零。

任务 3.2　认识三相桥式可控整流电路

三相桥式全控整流电路在结构上可以看作是一组共阴极接法和另一组共阳极接法的三相半波可控整流电路的串联。三相桥式全控整流电路输出电压的脉动小，输出电压平均值比三相半波整流电路的高一倍。在相同脉动的要求下，三相桥式全控整流电路中的平波电抗器的电感值可以小一些。采用三相桥式全控整流电路时，晶闸管的额定电压值也比较低。因此，该电路适用于大功率变流装置中。

3.2.1　分析三相桥式全控整流电路（电阻性负载）

1. 电路结构

带电阻性负载的三相桥式全控整流电路的电路图如图 3-11(a)所示。该电路由变压器电源、晶闸管和电阻负载组成；六只晶闸管分为两组，其中三个晶闸管 V_1、V_3、V_5 的阴极连接在一起，称为共阴极组；另外三个晶闸管 V_2、V_4、V_6 的阳极连接在一起称为共阳极组。

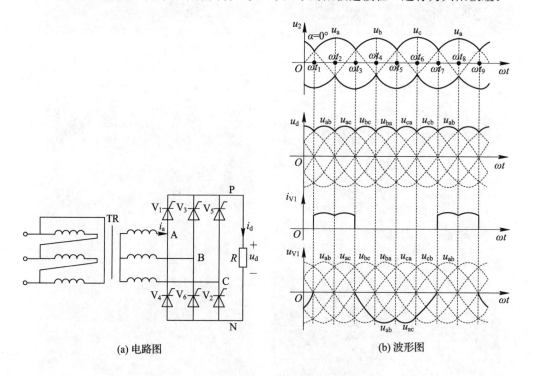

(a) 电路图　　　　　　　　　(b) 波形图

图 3-11　三相桥式全控整流电路（电阻性负载）

共阴极组在电源正半周导电，流经变压器的是正向电流；而共阳极组在电源负半周导电，流经变压器的是反向电流。所以变压器绕组中无直流磁通，且每相绕组正、负半周都有电流流过，从而提高了变压器的利用率。

2. 工作原理

对于带电阻性负载的三相桥式全控整流电路，可以从触发角 $\alpha = 0°$、$30°$、$60°$、$90°$ 这几种情况分别进行分析。

1) $\alpha = 0°$

输出电压和晶闸管上的电压、电流波形如图 3-11(b) 所示。此时触发电路先后向各自所控制的六只晶闸管的门极（对应自然换相点）送出触发脉冲，即在三相电源正半周向共阴极组晶闸管 V_1、V_3、V_5 输出触发脉冲；在三相电源负半周向共阳极组晶闸管 V_2、V_4、V_6 输出触发脉冲。负载上得到的整流输出电压 u_d 的波形为三相电源相电压波形正负半周包络线，或是由三相电源线电压的正半波所组成的包络线，如图 3-11(b) 所示。

将输入电压相电压的一个周期分成六个区间分别讨论：

在 $\omega t_1 \sim \omega t_2$ 区间：A 相电压最高，共阴极组的 V_1 触发导通，B 相电压最低，共阳极组的 V_6 触发导通，电流由 A 相经 V_1 流过负载，再经过 V_6 流入 B 相，加在负载上的输出电压为 $u_d = u_a - u_b = u_{ab}$。V_1 导通，则承受电压为零。

在 $\omega t_2 \sim \omega t_3$ 区间：A 相电压仍为最高，V_1 保持导通，C 相电压最低，在自然换相点触发 C 相的 V_2 触发导通。电流由 B 相换到 C 相，V_6 承受反相电压而关断，加在负载上的输出电压为 $u_d = u_a - u_c = u_{ac}$。V_1 承受电压为零。

在 $\omega t_3 \sim \omega t_4$ 区间：这时 B 相电压为最高，共阴极组的 V_3 触发导通，电流从 A 相换到 B 相，共阳极组的 V_2 保持导通，加在负载上的输出电压为 $u_d = u_b - u_c = u_{bc}$。V_1 承受电压为线电压 u_{ab}。

在 $\omega t_4 \sim \omega t_5$ 区间：B 相电压仍为最高，共阴极组的 V_3 触发导通，A 相电压最低，V_4 触发导通，加在负载上的输出电压为 $u_d = u_b - u_a = u_{ba}$。V_1 承受电压为线电压 u_{ab}。

在 $\omega t_5 \sim \omega t_6$ 区间：C 相电压最高，共阴极组的 V_5 触发导通，A 相电压仍为最低，V_4 保持导通。电流从 B 相换到 C 相，加在负载上的输出电压为 $u_d = u_c - u_a = u_{ca}$。V_1 承受电压为线电压 u_{ac}。

在 $\omega t_6 \sim \omega t_7$ 区间：C 相电压最高，V_5 触发保持导通，B 相电压最低，V_6 被触发导通，加在负载上的输出电压为 $u_d = u_c - u_b = u_{cb}$。V_1 承受电压为线电压 u_{ac}。

若 $\alpha > 0°$，则晶闸管从自然换相点后移 α 角度开始换流，其工作过程与 $\alpha = 0°$ 时的相似。

2) $\alpha = 30°$

当 $\alpha = 30°$ 时，带电阻性负载的三相桥式全控整流电路的波形如图 3-12 所示，可见输出电压和电流波形连续。

3) $\alpha = 60°$

当 $\alpha = 60°$ 时，带电阻性负载的三相桥式全控整流电路的波形如图 3-13 所示。可见，输出电压 u_d 出现零点，输出电流 i_d 也处于连续与断续的临界状态。当 $\alpha > 60°$ 时，u_d 和 i_d 的波形断续。

4) $\alpha = 90°$

当 $\alpha = 90°$ 时，带电阻性负载的三相桥式全控整流电路的波形如图 3-14 所示。可以看出，输出电压 u_d 每 $60°$ 有一半为零，晶闸管截止，i_d 的波形和 u_d 的波形一致。

若 α 继续增大到 $120°$，则输出电压 u_d 全部为零，其平均值也为零。因此，带电阻性负载时，三相桥式全控整流电路的移相范围为 $0° \sim 120°$。

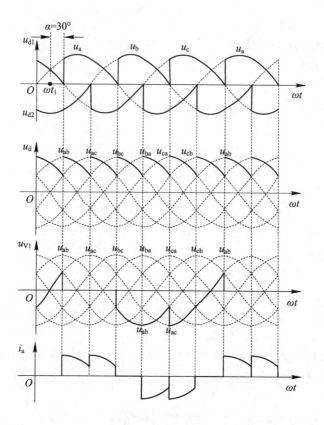

图 3-12　$\alpha = 30°$ 时三相桥式全控整流电路（电阻性负载）的波形

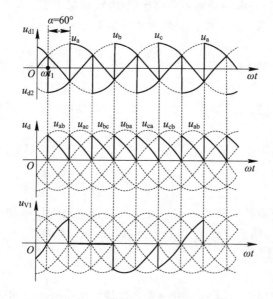

图 3-13　$\alpha = 60°$ 时三相桥式全控整流电路（电阻性负载）的波形

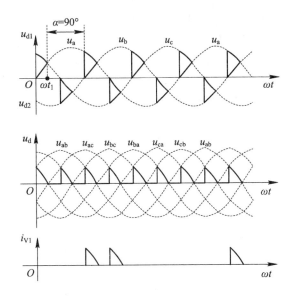

图 3-14　$\alpha = 90°$ 时三相桥式全控整流电路(电阻性负载)的波形

3. 计算三相桥式全控整流电路的相关参数

由于 $\alpha \le 60°$ 时，输出电压 u_d 的波形连续；$\alpha > 60°$ 时，u_d 的波形断续。因此，$\alpha = 60°$ 是 u_d 波形连续和断续的分界点，所以输出电压平均值 U_d 的计算应分两种情况分析。

(1) $\alpha \le 60°$ 时，按周期计算，每个周期为 2π，其中有六个相同的波形，计算公式如下：

$$U_d = \frac{6}{2\pi} \int_{\frac{\pi}{3}+\alpha}^{\frac{2\pi}{3}+\alpha} \sqrt{3} \times \sqrt{2} U_2 \sin\omega t \, \mathrm{d}(\omega t) = \frac{1}{\pi/3} \int_{\frac{\pi}{3}+\alpha}^{\frac{2\pi}{3}+\alpha} \sqrt{3} \times \sqrt{2} U_2 \sin\omega t \, \mathrm{d}(\omega t)$$

$$= 2.34 U_2 \cos\alpha = 1.35 U_{2L} \cos\alpha \tag{3-11}$$

式中：U_2 为相电压；U_{2L} 为线电压。

(2) $\alpha > 60°$ 时，波形在 π 处结束，计算公式如下：

$$U_d = \frac{1}{\pi/3} \int_{\frac{\pi}{3}+\alpha}^{\pi} \sqrt{3} \times \sqrt{2} U_2 \sin\omega t \, \mathrm{d}(\omega t) = 2.34 U_2 [1 + \cos(\pi/3 + \alpha)] \tag{3-12}$$

(3) 晶闸管承受的最大正反向电压 U_{TM} 是变压器二次线电压的峰值，即

$$U_{TM} = U_{FM} = U_{RM} = \sqrt{2} \times \sqrt{3} U_2 = \sqrt{6} U_2 = 2.45 U_2 \tag{3-13}$$

4. 电路的工作特点

可以看出，三相桥式全控整流电路有如下工作特点：

(1) 电路工作时共阴极组和共阳极组各有一只晶闸管导通形成通路，且每个晶闸管的导通角度为 $120°$。

(2) 共阴极组晶闸管 V_1、V_3、V_5 按相序依次触发导通，相位相差 $120°$；共阳极组晶闸管 V_2、V_4、V_6 相位相差 $120°$，也按相序依次触发导通；接在同一相的晶闸管如 V_1、V_4 相位相差 $180°$。

(3) 每个周期内的输出电压 u_d 每周期脉动六次。

5. 对触发电路的要求

为保证整流电路工作时共阴极组和共阳极组各有一个晶闸管导通，必须对应导通的晶

闸管同时给触发脉冲，触发方式主要有如下两种：

（1）使每个触发脉冲的宽度大于60°而小于120°，称为宽脉冲触发。在相隔60°要换相时且当后一个脉冲出现的时刻，因为前一个脉冲还没有消失，因此在任何换相点均能同时触发相邻的两只晶闸管。

（2）触发某一晶闸管的同时，给前一晶闸管补发一个脉冲，相当于用两个窄脉冲等效代替大于60°的宽脉冲，称为双窄脉冲触发。用双窄脉冲触发，一个周期内要对每个晶闸管连续触发两次，两次脉冲间隔60°。双窄脉冲触发电路比较复杂，但使用它可以减小触发装置的输出功率，也可以减小脉冲变压器的体积。宽脉冲触发电路的输出功率大，脉冲变压器的体积也较大，脉冲前沿不够陡，因此通常采用双窄脉冲触发。

3.2.2 分析三相桥式全控整流电路（电感性负载）

对于带电感性负载的三相桥式可控整流电路，分析中通常假定负载电感足够大，可以使负载电流变得连续平直。

1. 电路结构

带电感性负载的三相桥式全控整流电路的电路图如图 3-15(a)所示。同电阻性负载时的电路结构，该电路的六只晶闸管中上面一组为共阴极接法，下面一组为共阳极接法，所以输出直流电压的极性为上正下负。共阴极组晶闸管在所接电压最高时导通，共阳极组晶闸管在所接电压最低时导通。晶闸管的导通顺序仍为 V_1、V_2、V_3、V_4、V_5、V_6。

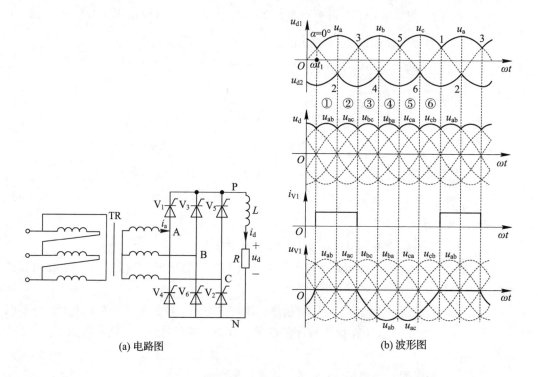

(a) 电路图　　　　　　　　(b) 波形图

图 3-15　三相桥式全控整流电路（电感性负载）及 $\alpha=0°$ 时的波形图

2. 工作原理

该电路的工作情况同电阻性负载时的类似，分析时按照以下几种情况分别讨论。

1) $\alpha = 0°$

晶闸管的换相点同电阻性负载时的情况，一个周期内按照自然换相点分六个区间分别进行分析，如图 3-15(b)所示。

区间①内：加在负载上的输出电压 $u_d = u_a - u_b = u_{ab}$，即为 A、B 相间的线电压；

区间②内：$u_d = u_a - u_c = u_{ac}$，即 A、C 相间的线电压；

区间③内：$u_d = u_b - u_c = u_{bc}$，即 B、C 相间的线电压；

区间④内：$u_d = u_b - u_a = u_{ba}$，即 B、A 相间的线电压；

区间⑤内：$u_d = u_c - u_a = u_{ca}$，即 C、A 相间的线电压；

区间⑥内：$u_d = u_c - u_b = u_{cb}$，即 C、B 相间的线电压。

后面周期循环以上六个区间的过程。

以 V_1 为例来分析晶闸管上的电流、电压波形。在电流连续的情况下，i_{V1} 为 120°宽的矩形波。u_{V1} 由三部分组成，V_1 为导通时，其上的压降为管压降，接近零；V_1 关断 V_3 导通时，元件上承受线电压 u_{ab}；V_1 关断 V_5 导通时，元件上承受线电压 u_{ac}。当 $\alpha = 0°$时，V_1 上不承受正向阳极压降。其他晶闸管上的电流、电压波形与 V_1 上的只是相位有差异，形状却相同。

2) $0° < \alpha \leqslant 60°$

随着控制角 α 的增大，晶闸管的触发脉冲将随着向后延迟，晶闸管的换流也将延迟至距离自然换相点 α 角度处。图 3-16 所示为 $\alpha = 30°$时的整流电路各处电压、电流波形。

当 $\alpha = 60°$时，输出电压 u_d 瞬时值出现零分界点，以此为临界点，若 α 再增加，u_d 波形中负的部分的面积将逐渐加大。图 3-17 所示为 $\alpha = 60°$时整流电路的电压波形。

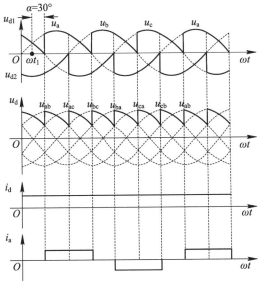

图 3-16 $\alpha = 30°$时的波形图

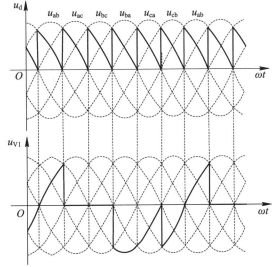

图 3-17 $\alpha = 60°$时的波形图

3）$\alpha > 60°$

由于电感性负载的感应电动势使得输出电压 u_d 的波形出现负的部分，但是从波形面积上看，正的部分大于负的部分，所以平均电压 U_d 仍为正值。

$\alpha = 90°$ 时，输出电压 u_d 正负面积相等，平均电压 U_d 为零，如图 3-18 所示。可知，带电感性负载的三相桥式全控整流电路的导通角 α 的移相范围为 $0° \sim 90°$。

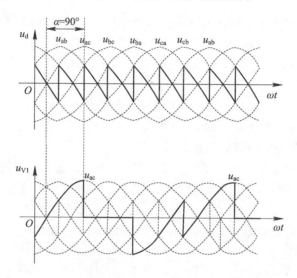

图 3-18　三相桥式全控整流电路（电感性负载）$\alpha = 90°$ 时的波形图

3.2.3　认识电路的换流重叠现象

在前述章节对三相可控整流电路的分析中，统一忽略换相时间，认为晶闸管的换流过程是瞬间完成的。比如带大电感负载的三相半波可控整流电路，负载电流是连续、平直的，大小为 I_d，分析中认为导通元件中的电流瞬时地增加到 I_d，关断元件中的电流瞬时地从 I_d 下降到零。

实际上，整流电路中各晶闸管支路总存在着各种电感，其中主要是变压器漏感及线路中的杂散等效电感，这些电感可等效成变压器二次侧回路中的集中电感 L_B，如图 3-19（a）所示。可以看出，每相支路中 L_B 的存在总是要阻止电流的快速变化，使得实际整流电路中晶闸管的换流不能瞬时完成。即导通元件中的电流不是由零瞬时增大到 I_d，关断元件中的电流也不是由 I_d 瞬时下降到零，这些过程都需要一定的时间来完成。这样，流经每个晶闸管的电流波形将为梯形波，如图 3-19（b）所示。在换流所需要的这段时间内，正在导通的管子中的电流在增加，正在关断的管子中的电流在衰减，两管处于重叠导通状态，故称换流重叠现象。

以 A 相晶闸管 V_1 至 B 相晶闸管 V_2 的换流过程来分析，其输出电压、输出电流波形如图 3-19（b）所示。设 ωt_1 时刻，V_2 开始被触发导通，B 相电流 i_b 开始从零增加，A 相电流 i_a 开始从 I_d 下降。ωt_2 时刻，i_b 增加至 I_d，i_a 下降为零。这段时间两晶闸管同时导通即为换流重叠时间，折算成电角度 $\mu = \omega t_2 - \omega t_1$，称为换流重叠角。

在换流重叠角 μ 内，晶闸管 V_1、V_2 同时导通，可以看作 A、B 两相间发生短路。相间

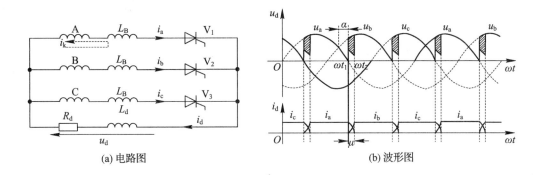

图 3-19　三相半波可控整流电路换流重叠现象的电路图及波形图

电压差值 $u_b - u_a$ 将在两相漏抗回路中产生假想的短路电流 i_k，如图 3-19(a) 所示。i_k 与换流前每个晶闸管初始电流之和就是流过该晶闸管的实际电流。由于电感 L_B 的阻碍作用，i_k 是逐渐增大的。这样，A 相电流 $i_a = I_d - i_k$ 逐渐减小，B 相电流 $i_b = i_k$ 将逐渐增加。当 i_b 增加到 I_d，i_a 减小到零时，V_1 被阻断，完成了 V_1 至 V_2 的换流。所以换流重叠过程，也就是换流电流 i_k 从零增加到 I_d 的过程。

在换流期间，短路电流的增加会在电感 L_B 上感应出电动势 $L_B di_k/dt$。对于 A 相而言，感应电动势 $L_B di_k/dt$ 左负右正，B 相感应电动势 $L_B di_k/dt$ 左正右负。如果忽略变压器二次侧绕组中的电阻压降，则 A、B 两相的电压差 $u_b - u_a$ 为两相漏感 L_B 的自感电动势所平衡，即

$$u_b - u_a = 2L_B \frac{di_k}{dt} \tag{3-14}$$

而输出直流电压为

$$u_d = u_b - L_B \frac{di_k}{dt} = u_b - \frac{u_b - u_a}{2} = \frac{u_a + u_b}{2} \tag{3-15}$$

上式说明换流重叠期间，直流电压既不是 A 相电压 u_a，也不是 B 相电压 u_b，而是两相电压的平均值。这样与不计算换流重叠角($\mu = 0$)时相比，u_d 波形少了一块如图3-19(b)所示的阴影面积，使直流平均电压 U_d 有所减小。这块面积是由负载电流 I_d 换流引起的，其在一个晶闸管导通期间内的平均值就是 I_d 引起的压降，称换流压降 ΔU_d。为了进行计算，设整流电路在一个工作周期内换流 m 次，则每个重复部分的持续时间为 $2\pi/m$。阴影面积可以用电压差 $u_b - u_d = L_B di_k/dt$ 在 α 至 $\alpha + \mu$ 范围内积分求得，即

$$
\begin{aligned}
\Delta U_d &= \frac{1}{2\pi/m} \int_{\alpha}^{\alpha+\mu} (u_b - u_d) \mathrm{d}(\omega t) = \frac{m}{2\pi} \int_{\alpha}^{\alpha+\mu} L_B \frac{di_k}{dt} \mathrm{d}(\omega t) \\
&- \frac{m}{2\pi} \int_{\alpha}^{\alpha+\mu} L_B \omega \frac{di_k}{\mathrm{d}(\omega t)} \mathrm{d}(\omega t) = \frac{m}{2\pi} \int_{0}^{I_d} \omega L_B di_k = \frac{m}{2\pi} \omega L_B I_d \\
&= \frac{m X_B}{2\pi} I_d \tag{3-16}
\end{aligned}
$$

式中：m 为一个周期内整流电路的换流次数，对于三相半波，$m = 3$；对于三相桥式，$m = 6$。$X_B = \omega L_B$ 为电感量为 L_B 的变压器每相折算到二次侧绕组的漏抗，它可以根据变压器的铭牌数据求出。

3.2.4 完成三相桥式全控整流电路的 MATLAB 仿真分析

1. 参考电路图建模

三相桥式全控整流电路系统由三相交流电源、三相全控桥、脉冲触发器、电阻负载等组成。根据电路图搭建的仿真模型如图 3-20 所示，各模块的提取路径如表 3-2 所示。

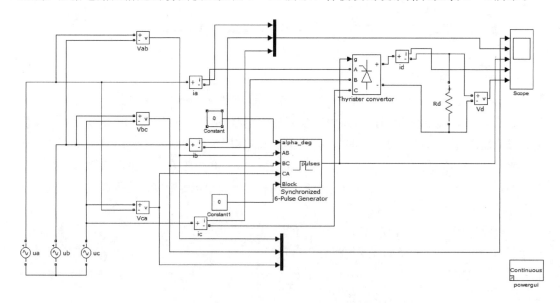

图 3-20 带电阻性负载的三相桥式全控整流电路模型

表 3-2 三相桥式全控整流电路仿真模块的提取路径

元 件 名 称	提 取 路 径
同步六脉冲触发器	Simulink/Extra Library/Control Blocks/Synchronized 6-Pulse Generator
交流电源	SimPowerSystems/Electrical Sources/AC Voltage Source
示波器	Simulink/Sinks/Scope
信号组合模块	Simulink/Signal Routing/Mux
电压表	SimPowerSystems/Measurements/Voltage Measurement
电流表	SimPowerSystems/Measurements/Current Measurement
负载 RLC	SimPowerSystems/Elements/Series RLC Branch
通用变换器桥	SimPowerSystems/Power Electronics/Universal Bridge
用户界面分析模块	powergui

2. 设置各模块的参数

（1）同步六脉冲触发器 Synchronized 6 - Pulse Generator：参数设置如图 3 - 21 所示。该模块有五个输入端和一个输出端，介绍如下。

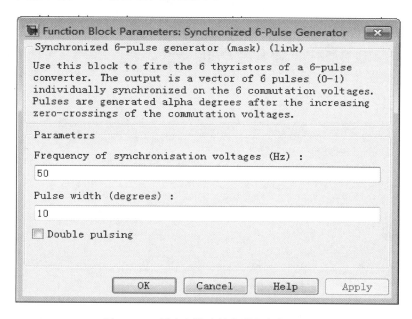

图 3 - 21　同步六脉冲触发器的参数设置

输入端 alpha - deg 是移相控制角信号输入端，单位为°。该输入端可与"常数"模块相连，也可与控制系统中控制器的输出端相连，从而对触发脉冲进行移相控制。移相控制角的起始点为同步电压的零点。

输入端 AB、BC、CA 是同步电压 U_{AB}、U_{BC} 和 U_{CA} 的输入端。同步电压就是连接到整流器桥的三相交流电压的线电压。

输入端 Block 为触发器模块的使能端，用于对触发器模块的开通和封锁操作。当施加大于 0 的信号时，触发脉冲被封锁；当施加等于 0 的信号时，触发脉冲开通。

输出端输出一个六维脉冲向量，它包含六个触发脉冲。

（2）交流电源 AC Voltage Source：交流电源 U_{AB} 设置为 220 V，50 Hz，U_{BC} 和 U_{CA} 的相位角依次向后 120°。

（3）示波器 Scope：示波器参数选择有五路信号输入。

（4）电阻负载：电阻负载参数类型选择 R，电阻值设定为 1 Ω。

（5）通用变换器桥 Universal Bridge：该模块的输入端和输出端取决于所选择的变换器桥的结构：当 ABC 被选择为输入端时，则直流 dc（＋ －）端就是输出端；当 ABC 被选择为输出端时，则直流 dc（＋ －）端就是输入端。除二极管桥外，其他桥的"Pulses"输入端可接受来自外部模块用于触发变换器桥内功率开关的触发信号。通用变换器桥的参数设置如图 3 - 22 所示，具体介绍如下：

① Number of bridge arms（桥臂数量）：三相全控桥的桥臂数量设定为 3。

② Snubber resistance Rs(缓冲电阻 Rs)：单位为 Ω，设定为 1e5。

③ Snubber capacitance Cs(缓冲电容 Cs)：单位为 F。为了消除模块中的缓冲电路，可将 Cs 参数设定为 0；为了得到纯电阻缓冲电路，可将缓冲电容 Cs 参数设定为 inf。

④ Power Electronic device(电力电子器件类型的选择)：选择通用变换器桥中使用的电力电子器件的类型为晶闸管。

⑤ Ron：单位为 Ω，通用变换器桥中使用的功率元件的内电阻。

⑥ Lon：单位为 H，变换器桥中使用的二极管、晶闸管、MOSFET 等功率元件的内电感。

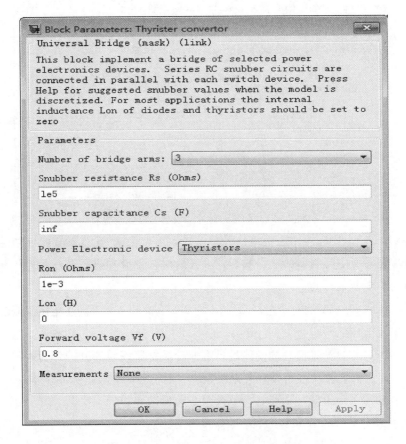

图 3 - 22　通用变换器桥的参数设置

3. 仿真参数的设置

选择菜单"Simulation"→"Configuration Parameters"，打开设置窗口。设置"Start time"为 0.0、"Stop time"为 0.08，算法"Solver"选择 ode23tb，相对误差"Relative tolerance"设置为 1e - 3。

将同步六脉冲触发器的控制角分别调整到 0°、30°、60°，分别代表对应的控制角度数，仿真得到的结果如图 3 - 23 所示。

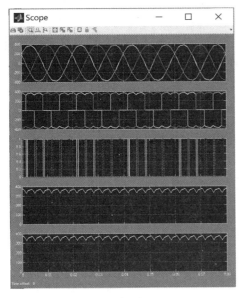

(a) 控制角为0°

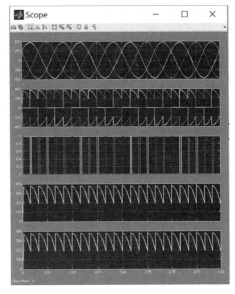

(b) 控制角为30°

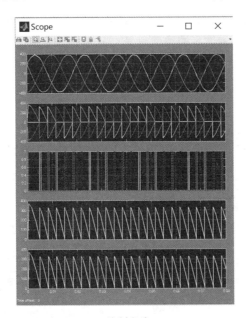

(c) 控制角为60°

图 3-23 带电阻性负载的三相桥式全控整流电路的仿真结果

4. 波形分析

在该仿真图像中，从上到下依次是三相输入电压、三相输入电流、晶闸管上电压、输出电流、输出电压的波形图。从波形图可以看出，仿真波形和理论波形基本一致。带电阻性负载的三相桥式全控整流电路的效率比三相半波全控整流电路的效率高了一倍，而且其输出电压波形的脉动更小。

5．带电感性负载的仿真

带电感性负载的三相桥式全控整流电路模型的搭建方式与带电阻性负载的电路模型的搭建方式一致，如图 3-24 所示。

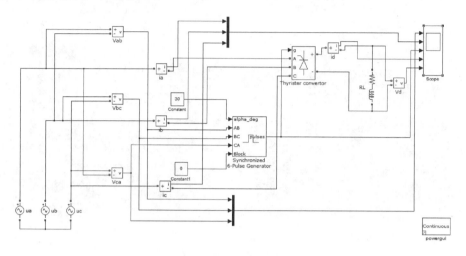

图 3-24　带电感性负载的三相桥式全控整流电路的仿真模型

在该电路中需要选择负载的参数类型为 RL，电阻值设定为 1 Ω，电感值设定为 0.02 H。

仿真参数设置"Start time"为 0.0、"Stop time"为 0.08，算法"Solver"选择 ode23tb，相对误差"Relative tolerance"设置为 le-3，得到的仿真结果如图 3-25 所示。

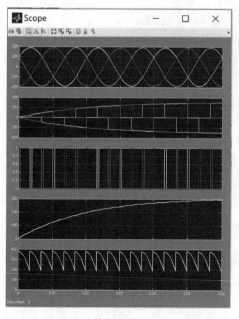

(a) 控制角为30°

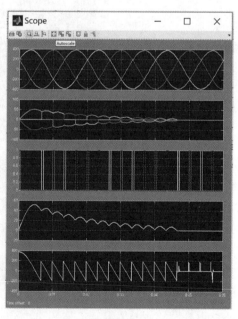

(b) 控制角为90°

图 3-25　带电感性负载的三相桥式全控整流电路的仿真结果

通过以上波形可以看出，当 $\alpha=90°$ 时输出电压正负半周基本相等，所以输出电压的平均值为 0。

任务 3.3 安装三相可控整流电路

3.3.1 安装三相半波可控整流电路

三相半波可控整流电路采用的器件与单相半波可控整流电路采用的器件相同，都采用晶闸管搭建主电路。本实验中采用三相触发板提供三相触发脉冲。

1. 材料准备

三相半波可控整流电路所用到的电路元件明细表如表 3-3 所示。

表 3-3 三相半波可控整流电路元件明细表

序 号	分 类	名 称	型 号 规 格	数 量
1	交流电源	三相电源	380 V/220 V	1 台
2	V_1、V_2、V_3	晶闸管	KP5-10	3 个
3	L_d	电感器	700 mH	1 个
4	R	可调电阻器	0~900 Ω	1 个
5	触发电路	触发电路	锯齿波同步触发电路	1 套
6	变压器模块	变压器模块	包括三相不控整流、三相电源输出	1 套
7		导线		若干
8		焊接工具		1 套
9		万用表	指针或数字	1 套
10		示波器	慢扫描或数字式存储示波器	1 套

2. 实验电路及原理

图 3-26(a)为三相半波可控整流电路主电路的连接原理图，电阻 R 为可调电阻，L_d 电感值为 700 mH，其三相触发信号由触发电路和功放电路组成，需外加一个给定电压后接到 U_{ct} 端，如图 3-26(b)所示。

3. 调试与检测电路

三相半波可控整流电路用了三只晶闸管，与单相电路相比，其输出电压脉动小，输出功率大；不足之处是晶闸管电流即变压器的二次侧电流在一个周期内只有 1/3 的时间有电流流过，变压器的利用率较低。

1）电阻性负载

将电子元器件按照图 3-26(a)接线，将电阻器放在最大阻值处，启动电源按钮，从零开始，逐渐增加移相电压，使控制角 α 能在 30°～180°的范围内调节，用示波器观察并记录三相电路中 α=30°、60°、90°、120°、150°时整流输出电压 U_d 和晶闸管两端电压 U_V 的波形，并记录相应的电源电压 U_2 及 U_d 的值。

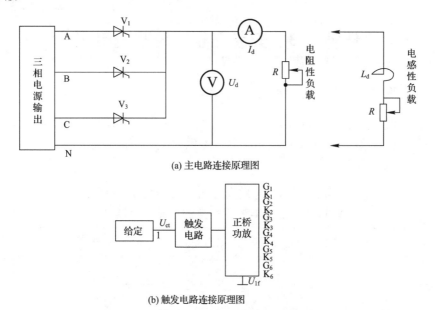

图 3-26 三相半波可控整流电路的原理图

2）电感性负载

将 700 mH 的电抗器与负载电阻 R 串联后接入主电路，观察移相角 α 不同时 U_d、I_d 的输出波形，并记录相应的电源电压 U_2 及 U_d、I_d 的值。

3.3.2 安装三相桥式全控整流电路

1. 材料准备

三相桥式全控整流电路所用到的电路元件明细表如表 3-4 所示。

表 3-4 三相桥式全控整流电路元件明细表

序 号	分 类	名 称	型号规格	数量
1	交流电源	三相电源	380 V/220 V	1 台
2	$V_1 \sim V_6$	晶闸管	KP5-10	6 个
3	L	电感器	700 mH	1 个
4	R	可调电阻器	0～900 Ω	1 个
5		直流电动机-发电机组		1 组
6	触发电路	触发电路	KC04 触发电路	1 套
7	变压器模块	变压器模块	包括三相不控整流、三相电源输出	1 套
8		导线		若干
9		焊接工具		1 套
10		万用表	指针或数字	1 套
11		示波器	慢扫描或数字式存储示波器	1 套

2. 实验电路及原理

实验电路图如图 3-27 和图 3-28 所示。主电路为三相桥式全控整流电路，采用三相变压器供电；触发电路由三片 KC04 集成芯片组成，其结构如图 3-27(c)所示，可输出经高频调制后的双窄脉冲链。

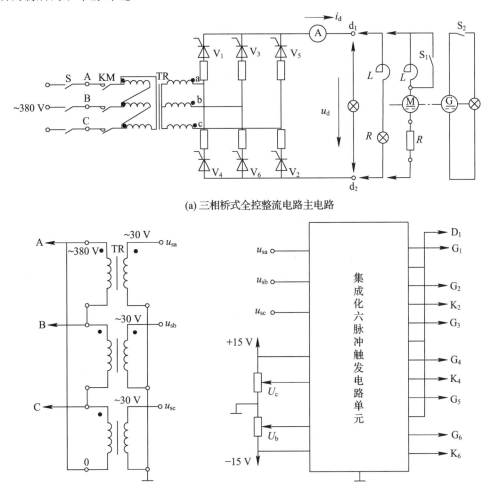

(a) 三相桥式全控整流电路主电路

(b) 变压器输入电压

(c) KC04 触发电路

图 3-27　用 KC04 触发的三相桥式全控整流电路

3. 调试与检测电路

首先检查三相电源的相序，然后按图 3-27、图 3-28 把主电路和触发电路接好。

接通触发电路的电源，用示波器观察 1A～1E、2A～2E、3A～3E、－A、＋A、－B、＋B、－C、＋C 各点及输出脉冲 u_g 的波形。如果锯齿波斜率不一致，可通过调节斜率电位器 $R_{P1}～R_{P3}$ 使其一致，并记录 A 相各点波形。

1）电阻负载

接上电阻负载。电路无误后，按启动按钮，主电路接通电源，观察输出电压 u_d 的波形是否整齐。若不整齐，可调 $R_{P1}～R_{P3}$ 使其整齐。

把移相控制电位器调到零，观察输出电压是否为零。若不为零，可调节偏置电位器使

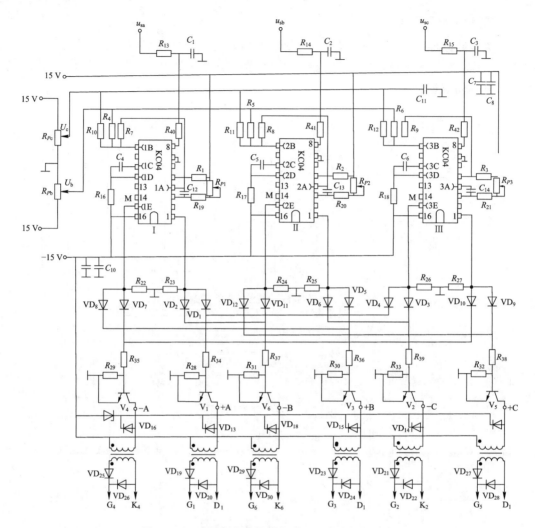

图 3-28 采用集成移相触发器的六脉冲触发电路

其为零。

调节移相控制电位器，观察输出电压波形的变化，并记录 $\alpha=30°$、$60°$、$90°$时的输出电压波形。

2）感性负载

按停止按钮，断开主电路。在 d_1、d_2 端换接上感性负载。电路接好后，按启动按钮，观察并记录 $\alpha=30°$、$60°$、$90°$时的 u_d、i_d 波形及 U_d 和 U_2 数值，验证电流连续时 $U_d=f(\alpha)$ 的关系。

改变 R_d 的数值，观察输出电流 i_d 波形的变化，在设备允许的条件下，记录 $\alpha=30°$时 R_{max} 与 R_{min} 时 i_d 的波形。

晶闸管的串并联保护及应用

很多变流装置中要流过大电流或者工作在高电压状态，这时就需要将一些整流元件或者晶闸管串联或并联起来使用。但是每个元件的性能参数不一致，所以在串、并联使用时为了防止损坏元件，必须采取一定的保护措施。

1. 晶闸管串联保护措施

（1）尽可能选择静态特性和动态特性一致的元件，如正反向漏电流、开通时间、关闭时间、温度特性。

（2）在设计触发电路时，必须使所有串联元件同时导通和关闭；最好用同一触发信号源经隔离变压器加至串联各元件；触发脉冲要有足够的幅度和前沿陡度。

（3）在晶闸管上分别并联均压电阻，如图3-29所示。

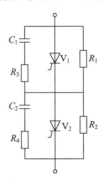

图 3-29 加均压电阻的晶闸管串联保护

2. 晶闸管并联保护措施

（1）选择静态特性和动态特性近似的元件，如挑选正向压降之差小于 0.5 V 的晶闸管。

（2）对晶闸管所在的主回路布线时要注意晶闸管的散热，并联的管子尽量处于相同的散热条件下。

（3）在晶闸管上串联均流电阻，如图3-30(a)所示。串联均流电阻时会增加电路的损耗，所以该方法只适合用在小功率的场合。在大功率电路中，要将串联的电阻换成熔断器，既可以起到过流保护，又具有一定的均流作用。

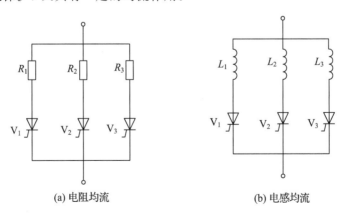

(a) 电阻均流　　　　　　　　　　(b) 电感均流

图 3-30 晶闸管并联保护

（4）在晶闸管上串联均流电感，如图3-30(b)所示。该方法通常用在晶闸管中流过脉冲电流的情况。均流电感 L 的电感值由电路情况决定，一般因晶闸管回路的自感、互感和各晶闸管触发导通时间的不同而不同，其取值范围一般为 $10\sim100~\mu H$。均流电感一般为空芯电抗器，若用铁芯电抗器，则气隙要留得尽可能大，以防止铁芯饱和。

3. 晶闸管过电压保护

变流装置在换相时会产生过电压，为了防止晶闸管在换相时过压损坏，在晶闸管的 K、A 极之间可以并联 RC 阻容保护电路，如图 3-31 所示。该电路可以吸收晶闸管关断时的过电压，其中电容 C 起主要的吸收尖峰过电压能量的作用，电阻 R 用于降低回路电流。过电压的 RC 吸收回路在交流侧的不同接法如图 3-32 所示。RC 吸收回路也可用于整流桥的直流侧，这时采用单个电解电容即可。

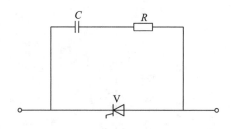

图 3-31　晶闸管并联保护

4. 交流侧过电压保护

由降压变压器直接供电的变流装置一般在高压侧加装阀型避雷器或火花间隙，以限制雷击过电压。同时，为防止变压器在电源合闸瞬间产生的静电感应过电压，可在变压器中加屏蔽绕组并接地，或在变压器 Y 绕组零点与大地之间接约 $0.5~\mu F$ 的电容（耐压等级高于变压器电源侧绕组的耐压等级）。此外，为抑制晶闸管过电压，还可以采取如下措施。

1）阻容保护

交流侧阻容保护接法如图 3-32 所示。

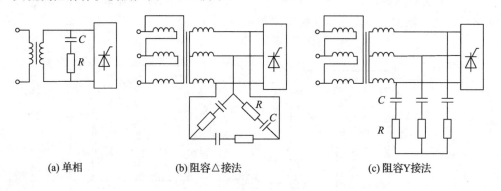

(a)单相　　　(b)阻容△接法　　　(c)阻容Y接法

图 3-32　交流侧阻容保护接法

2）压敏电阻保护

压敏电阻是一种对电压非常敏感的非线性电阻，其非线性特性与稳压管的很相似，可作为过电压保护，用来抑制交直流侧的过电压。压敏电阻具有体积小、损耗少、耐冲击、能量（浪涌电流）大、快速响应等优点；缺点是平均持续功率较小（仅数瓦），如外加电压超过它的标称电压，就会使内部过热而爆裂，造成电源或线路短路。因此，压敏电阻接入电路时，应串联熔断器，熔断电流为 5~20 A。

压敏电阻保护接法如图 3-33 所示。

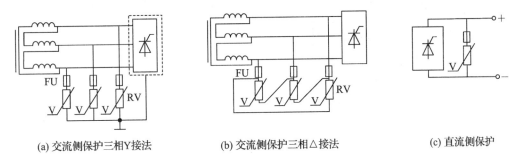

(a) 交流侧保护三相Y接法　　　　　(b) 交流侧保护三相△接法　　　　　(c) 直流侧保护

图 3-33　压敏电阻保护接法

5．直流侧过电压保护

直流侧过电压保护主要有阻容保护、压敏电阻保护等。

6．其他过电压保护措施

1) 雪崩二极管吸收电路

利用雪崩二极管的反向特性，将电压限制在雪崩电压以下，从而起到过电压保护的作用，其接线如图 3-34 所示。

由于雪崩元件本身可以瞬时通过较大的反向电流，可以把造成过电压的电能耗散掉，因此雪崩元件不必装设阻容保护。

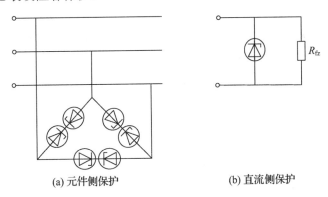

(a) 元件侧保护　　　　　　　　(b) 直流侧保护

图 3-34　雪崩二极管吸收电路

2) 晶闸管吸收电路

晶闸管用于交直流侧过电压保护的接线如图 3-35 所示。其原理是，当出现过电压时，稳压管先被击穿，保护晶闸管立即触发导通，从而抑制了过电压。

3) 晶闸管反向电压保护电路

当晶闸管承受的反向电压较高时，可为晶闸管串联一只反向耐压高的硅二极管。同时，在每个元件上并联一只与反向电压成比例的电阻 R，这样可降低晶闸管的耐压等级和价格，也可用一小容量硅二极管代替电阻 R。其具体接线如图 3-36 所示。

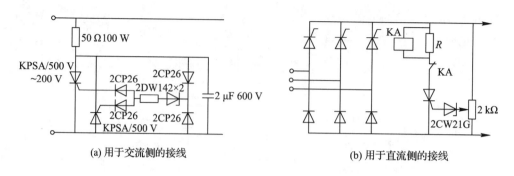

(a) 用于交流侧的接线　　　　　　　　(b) 用于直流侧的接线

图 3-35　晶闸管过电压保护

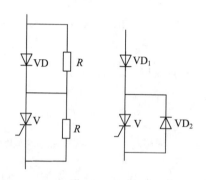

图 3-36　晶闸管反向电压保护的两种接法

4）过电压保护的选择

若变流装置本身有变压器，只需要在变压器二次侧设置保护；若直流侧有开关或熔断器，应在直流侧设置保护；对于中小容量（十几千伏安以下）的变流装置，应设置相应的阻容保护；如采用压敏电阻，则能承受更大的浪涌电流，体积和损耗都可大大减少；对于直接与大电网连接的大容量变流装置（数百千伏安以上），应考虑采用晶闸管作过压保护；若直流侧负载为大电感时（如同步电动机励磁绕组），可能产生较大的过电压，应考虑在直流侧采用晶闸管保护。

7. 晶闸管过电流保护

变流装置如发生过负荷、负载短路、元件本身损坏而引起不对称的短路、误触发引起的逆变失败等，都有可能造成过电流。其中，直流侧短路最为严重。如果过电流超过晶闸管的过载能力，元件结温急剧上升，便会导致晶闸管的损坏。

过电流保护主要有以下措施。

1）快速熔断器保护

快速熔断器简称快熔，可装在交流侧或直流侧。只要选择得当，在同样的过电流下，快熔会在元件损坏之前就熔断，断开电路，从而起到保护作用，这是目前过电流保护的主要措施。常用的快熔有 RLS 和 RS3 系列。

快速熔断器保护的接法如图 3-37 所示。

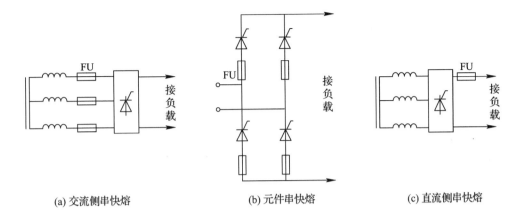

(a) 交流侧串快熔　　　　　　(b) 元件串快熔　　　　　　(c) 直流侧串快熔

图 3-37　快速熔断器保护的接法

2）过电流继电器保护

过电流继电器保护是在交流进线侧或直流负载侧采用交流或直流过电流继电器，并用热继电器作为负载电动机的过载保护。作为过电流保护，过电流继电器虽然简单，但它的动作有一定的迟滞，有时不能有效地保护晶闸管免受损坏，因此它只在短路电流不大的情况下才能起到保护作用。

3）直流快速开关保护

直流快速开关保护是在直流侧采用直流快速开关作直流侧的过载和短路保护。快速开关机构动作时间只有 2 ms，全部断弧时间为 25～30 ms，是较好的直流侧过电流保护装置。

4）运算放大器保护

运算放大器保护是由运算放大器组成的过电流保护。

5）采用过电流截止保护

电流信号通过设置在主电路中的电流互感器或其他感应装置取出，利用该信号（电流正反馈信号）去控制触发电路。平时它不起作用，一旦主电路过电流时，它便立即对控制触发电路发出信号，使触发脉冲后移，于是晶闸管的导通角迅速减小或完全截止，从而起到保护作用。这种方法不会造成设备停机，对于限制电动机启动电流或电焊机焊接时的短路电流很有效，适用于过载或短路电流上升率不大的整流或变流调速装置。

6）限制电流上升率 $\mathrm{d}i/\mathrm{d}t$ 的保护

晶闸管导通瞬间，电流上升率 $\mathrm{d}i/\mathrm{d}t$ 很大，当电流还来不及扩大到晶闸管内部结的全部面积时，控制极附近已出现局部过热而造成损坏。电路中的电容量越大，$\mathrm{d}i/\mathrm{d}t$ 也就越大。为此，在整流或逆变电路中都要考虑限制 $\mathrm{d}i/\mathrm{d}t$ 的问题。

整流电路中如有变压器，其漏感虽对 $\mathrm{d}i/\mathrm{d}t$ 有一定的限制作用，但若变压器二次侧所接的 RC 吸收电路阻抗值过小或元件相并联时，晶闸管仍有可能在换流期间因 $\mathrm{d}i/\mathrm{d}t$ 过大而损坏。为此可在每只晶闸管元件上串入电感 L，如图 3-38 所示，以限

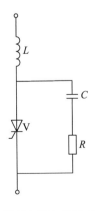

图 3-38　限制电流上升率 $\mathrm{d}i/\mathrm{d}t$ 的保护

制 $di/dt < 10$ A/μs。

习 题

1. 三相半波可控整流电路和三相桥式全控整流电路输出平均电压的脉动频率分别为多少？

2. 三相半波可控整流电路和三相桥式全控整流电路的移相范围分别是多少？

3. 三相半波可控整流电路的共阴极接法和共阳极接法，A、B 两相的自然换相点是同一点吗？如果不是，它们在相位上差多少度？试作出共阳极接法的三相半波可控整流电路在 $\alpha = 30°$ 时 u_d、i_{V1}、u_{V1} 的波形。

4. 带电阻性负载的三相半波可控整流电路，如在自然换流点之前加入窄触发脉冲，会出现什么现象？画出 u_d 的波形图。

5. 有两组三相半波可控整流电路，一组是共阴极接法，另一组是共阳极接法。如果它们的触发角都是 α，那么对同一相来说（例如都是 A 相），共阴极组的触发脉冲与共阳极组的触发脉冲，在相位上差多少度？

6. 在三相半波可控整流电路中，如果 A 相的触发脉冲消失，试画出电阻性负载和电感性负载下直流电压 u_d 的波形。

7. 现有单相半波、单相桥式、三相半波三种整流电路，直流电流平均值 I_d 都是 40 A，串在晶闸管中的保护用熔断器的电流是否一样大？为什么？

8. 在带电阻性负载的三相桥式全控整流电路中，如果有一个晶闸管不能导通，则此时的整流电压 u_d 的波形如何？如果有一个晶闸管被击穿而短路，则其他晶闸管受什么影响？

9. 在单相桥式全控整流电路、三相桥式全控整流电路中，当负载分别为电阻负载和电感负载时，要求晶闸管的移相范围分别是多少？

10. 在三相桥式可控整流电路中，为什么三相电压的六个交点就是六个桥臂主元件的自然换流点？说明各交点所对应的换流元件。

11. 在三相桥式全控整流电路中，晶闸管的触发方法有哪两种？

12. 在带电阻性负载的三相桥式全控整流电路中，如果有一个晶闸管不能导通，则此时整流电压 u_d 的波形如何？如果有一个晶闸管被击穿而短路，则其他晶闸管会受到什么影响？

13. 晶闸管的串联保护和并联保护方法分别有哪些？

14. 在三相半波可控整流电路中，$U_2 = 100$ V，带电感性负载，$R = 5$ Ω，L 值足够大，当 $\alpha = 60°$ 时，要求：

（1）作出 u_d、i_d 和 i_{V1} 的波形；

（2）计算整流输出电压平均值 U_d、电流 I_d，以及流过晶闸管电流的平均值 I_{dV} 和有效值 I_V；

（3）求电源侧的功率因数；

（4）估算晶闸管的电压、电流定额。

15. 在三相桥式全控整流电路中，$U_2 = 100$ V，带电阻性负载，$R = 4$ Ω，当 $\alpha = 60°$ 时，要求：

（1）作出 u_d、i_d 和 i_2 的波形；

（2）计算负载平均电流 I_d 和流过晶闸管的平均电流 I_{dV}。

16. 三相半波可控整流电路带大电感负载，$\alpha = \pi/3$，$R = 2\ \Omega$，$U_2 = 220\ V$，试计算负载电流 I_d，并按安全裕量系数 2 确定晶闸管的额定电流和电压。

17. 三相半波可控整流电路带电阻性负载，晶闸管 V_1 无触发脉冲，试画出 $\alpha = 15°$、$\alpha = 60°$ 两种情况下输出电压和 V_2 两端电压的波形。

18. 三相半波可控整流电路带大电感负载，画出 $\alpha = 90°$ 时晶闸管 V_1 两端电压的波形。从波形上看晶闸管承受的最大正反向电压为多少？

19. 三相桥式全控整流电路带电阻性负载工作，设交流电压有效值 $U_2 = 400\ V$，负载电阻 $R_d = 10\ \Omega$，控制角 $\alpha = 90°$，试求：

（1）输出电压平均值 U_d；

（2）输出电流平均值 I_d。

项目 4

逆变电路——调试小型光伏发电系统

【学习目标】

知识目标：

（1）能说出有源逆变电路、无源逆变电路的基本原理及工作过程。

（2）能说出 PWM 控制电路的基本原理及控制方法。

（3）能说出有源逆变电路和无源逆变电路的实际应用。

能力目标：

（1）能画出有源逆变电路、无源逆变电路的 MATLAB 仿真并进行简单分析。

（2）能对小型光伏发电系统进行简单的分析和调试。

素养目标：

（1）培养对新技术的向往和专业情怀，激发投身未来技术进步的热情。

（2）培养有效沟通及团队合作意识。

【项目引入】

在生产实践中，除了将交流电转变为大小可调的直流电外，还需将直流电转为交流电，这种对应于整流的逆过程称为逆变。交流电动机调速用变频器、不间断电源、感应加热电源等电力电子装置，其电路的核心部分都是逆变电路。

我国新能源产业发展蓬勃，目前已经成为新的经济增长点。在新能源产业中，逆变电路应用极多。在新能源发电中，太阳能电池是直流电源，而风力发电等也采用蓄电池储存产生的电量，当采用这些电源向交流负荷供电时，就需要逆变电路；而当新能源汽车采用蓄电池向电机供电时，也需要采用逆变电路。

请查找资料，向同学们介绍我国新能源产业的发展情况。

光伏发电系统能够利用太阳能光伏电池及其控制器将太阳能直接转化为电能，其中也少不了逆变电路。一般不与电网相连而独立向负载供电的光伏发电系统被称为离网型光伏发电系统，与电网相连并向电网输送电能的被称为并网型光伏发电系统。

1. 离网型光伏发电系统

离网型光伏发电系统的组成部件有光伏电池阵列、蓄电池（组）、光伏控制器和逆变器，如图 4-1 所示。工作时，太阳光照射在光伏电池阵列上，通过半导体元件的光电效应，将太阳能直接转化为不稳定的电能；通过光伏控制器实时跟踪太阳能的最大功率点，同时保证输出电压的稳定；为了保证系统供电的稳定与可靠，必须配备蓄电池对电能进行储存和调配，当晚上或阳光较弱时蓄电池可为负载提供电能；系统中的逆变器是为了将发出的直流电转换成交流电以供交流负载使用的。

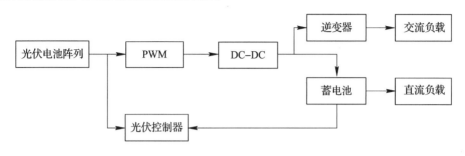

图 4-1　离网型光伏发电系统

2. 并网型光伏发电系统

并网型光伏发电系统通过并网逆变器与电网相连接，可以向电网输送电能，其结构图如图 4-2 所示。

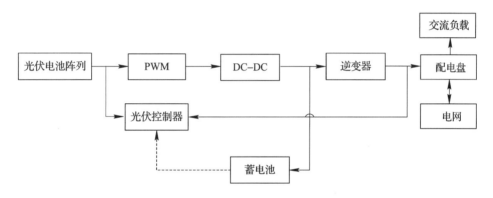

图 4-2　并网型光伏发电系统

并网型光伏发电系统的工作更加稳定，其中的蓄电池能起到稳定系统电压并充当不间断电源的作用。

任务 4.1　认识有源逆变电路

4.1.1　了解有源逆变电路的工作原理

如果将逆变器的交流侧接到交流电源上，把直流电逆变为同频率的交流电（我国为 50 Hz）反送到电网去，则称为有源逆变；如果逆变器的交流侧不与电网连接，而直接接到负载上，即把直流电逆变为某一频率或可调频率的交流电供给负载，则称为无源逆变。

有源逆变电路中主要涉及两个电源的功率传递问题，为了分析方便，先从两个直流电源开始分析。两个直流电源 E_1 和 E_2 可有三种相连的电路形式，如图 4-3 所示。

（1）图 4-3(a)表示直流电源 E_1 和 E_2 同极性相连。当 $E_1 > E_2$ 时，回路中的电流为

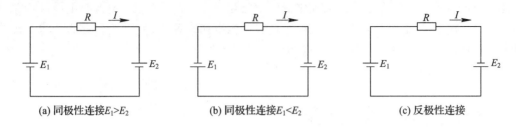

图 4-3　两个电源间能量的传送

$$I = \frac{E_1 - E_2}{R} \tag{4-1}$$

式中：R 为回路中的总电阻。此时电源 E_1 输出电能 $E_1 I$，其中一部分为 R 所消耗，即 $I^2 R$；其余部分则为电源 E_2 所吸收，即 $E_2 I$。注意在这种情况中，输出电能的电源其电势方向与电流方向一致，而吸收电能的电源其电势方向与电流方向相反。

（2）在图 4-3(b)中，两个电源的极性均与图 4-3(a)中的相反，但还是属于两个电源同极性相连的形式。如果电源 $E_1 < E_2$，则电流方向如图 4-3(b)所示，回路中的电流 I 为

$$I = \frac{E_2 - E_1}{R} \tag{4-2}$$

此时，电源 E_2 输出电能，电源 E_1 吸收电能。

（3）在图 4-3(c)中，两个电源反极性相连，则电路中的电流 I 为

$$I = \frac{E_1 + E_2}{R} \tag{4-3}$$

此时，电源 E_1 和 E_2 均输出电能，输出的电能全部消耗在电阻 R 上。如果电阻值很小，则电路中的电流必然很大；若 $R = 0$，则形成两个电源短路的情况。

综上所述，可得出以下结论：

（1）两电源同极性相连，电流总是从高电势电源流向低电势电源，其电流的大小取决于两个电势之差与回路总电阻的比值。如果回路总电阻很小，则很小的电势差也足以形成较大的电流，两电源之间发生较大能量的交换。

（2）两电源产生能量交换时，电流从电源的正极流出，则该电源输出电能；电流从电源的正极流入，则该电源吸收电能。电源输出或吸收功率的大小由电势与电流的乘积来决定，若电势或者电流方向改变，则电能的传送方向也随之改变。

（3）两个电源反极性相连，如果电路的总电阻很小，则将形成电源间的短路，实际应用中应当避免发生这种情况。

4.1.2　了解单相桥式有源逆变电路

1. 工作原理

图 4-4(a)所示为两组单相桥式全控电路，通过开关 S 与直流电机负载相接。

1）开关处于 1 位置

当开关 S 掷向 1 位置时，I 组晶闸管的控制角 $\alpha_\mathrm{I} < 90°$，电路工作在整流状态，输出波形如图 4-4(b)所示。输出电压 U_d 上正下负，电动机作电动运行，流过电枢的电流为 i_1，

电动机的反电动势 E 上正下负。这时,交流电源通过晶闸管装置输出功率,电动机吸收功率。

2)开关处于2位置

当开关快速掷向2位置时,由于电动机的机械惯性,其电动势 E 不变,仍为上正下负。同时,给Ⅱ组晶闸管加触发脉冲,使 $\alpha_{\mathrm{II}} < 90°$,输出电压 U_d 下正上负,则形成两电源顺极性相连,因回路的电阻很小,将产生很大的电流,相当于短路事故,这是不允许的。

因此,当开关掷向2时,应同时使单相桥式全控电路的控制角 α 调整到大于 $90°$,由于电机为感性负载,且 $\alpha_{\mathrm{II}} > 90°$,故输出波形如图 4-4(c)所示。$U_\mathrm{d}$ 为负值,极性为上正下负,且使 $|U_\mathrm{d}| < |E|$,仍假设电动机转速暂不变,因而 E 也不变,晶闸管在 E 和 U_d 的作用下导通,产生电流 I_2。此时电动机输出能量,其运行在发电制动状态,晶闸管装置吸收能量送回电网,这就是有源逆变,与图 4-4(b)所示情况一样。

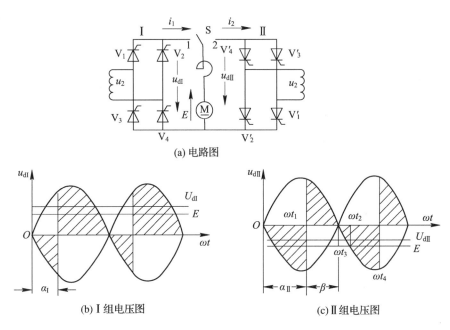

(a) 电路图

(b) Ⅰ组电压图

(c) Ⅱ组电压图

图 4-4 单相桥式全控电路的整流与逆变原理

3)逆变角选取

由图 4-4(c)中波形可见,单相桥式全控电路工作在逆变时输出电压的控制原理与整流时的相同,只是控制角 α 大于 $90°$,表示为

$$U_\mathrm{d} = 0.9U_2\cos\alpha$$

为计算方便起见,引入逆变角 β,令 $\alpha = \pi - \beta$,用电角度表示时为 $\alpha = 180° - \beta$,所以

$$U_\mathrm{d} = 0.9U_2\cos\alpha = 0.9U_2\cos(180° - \beta) = -0.9U_2\cos\beta \tag{4-4}$$

逆变角为 β 时触发脉冲的位置可从 $\alpha = 180°$ 时刻向左移 β 来确定。

4)总结

由以上分析可见,在有源逆变时,晶闸管在交流电源的负半周导通的时间较长,即输出电压 u_d 的波形的负面积大于正面积,电压平均值 $U_\mathrm{d} < 0$,直流平均功率的传递方向是由电动机返送到交流电源上;当装置工作在整流时,Ⅱ为正面积大于负面积,平均电压 $U_\mathrm{d} > 0$,

直流平均功率的传递方向是交流电源经变流器送往直流负载。所以同一套变流装置，当 $\alpha<90°$ 时，工作在整流状态；当 $\alpha>90°$ 时，工作在逆变状态；当 $\alpha=\beta=90°$ 时，输出电压平均值 $U_d=0$，电流平均值 I_d 也为零，交直流两侧无能量交换。

对于半控桥式晶闸管电路或直流侧并接有续流二极管的电路，不可能输出负电压，所以不能实现有源逆变。

2. 实现条件

实现有源逆变的条件可归纳如下：

（1）变流装置的直流侧必须外接有电压极性与晶闸管导通方向一致的直流电源 E，且 E 的数值要大于 U_d。

（2）变流装置必须工作在 $\beta<90°$（即 $\alpha>90°$）区间，使 $U_d<0$，才能将直流功率逆变为交流功率返送到电网上。

（3）为了保证变流装置回路中的电流连续，逆变电路中一定要串接大电抗。

3. 逆变失败与逆变角限制

变流装置工作在有源逆变状态时，若出现输出电压平均值与直流电源 E 顺极性串联，必然会形成很大的短路电流流过晶闸管和负载，造成事故。这种现象称为逆变失败。

造成逆变失败的主要原因有：晶闸管突然损坏或误触发、触发脉冲丢失或快速熔断造成电源缺相以及逆变角 β 调节得过小等。防止逆变失败的措施是：多用晶闸管参数和性能对逆变装置进行合理的选择，并设置过电压和过电流保护环节；触发电路工作一定要安全可靠，输出的触发脉冲逆变角最小值要严格加以限制。

确定逆变角最小值 β_{min} 应考虑以下因素：

1）换相重叠角 γ

换相重叠角 γ 是指由于晶闸管电路的不理想化导致换相过程持续时间的电角度，该值与整流变压器的漏抗、变流器的接线形式以及工作电流都有关系。若逆变角 β 小于换相重叠角 γ，就会造成逆变失败。现以如图 4-5(a)所示的三相半波有源逆变电路为例进行分析。

如图 4-5(b)所示波形图，触发脉冲在 ωt_1 处发出后，使 u_A 和 u_B 两相所接的晶闸管 V_1、V_3 导通，即出现换相过程，到 u_A 和 u_B 两相电压交点 ωt_2 处，换相没有结束，一直延续到 ωt_3，此时 $u_A<u_B$，晶闸管 V_1 不能关断，V_3 不能导通，逆变失败。γ 角一般应考虑为 $15°\sim25°$ 的电角度。

2）晶闸管关断时间 t_g 所对应的角度 δ_0

t_g 的大小由管子参数决定，一般为 $200\sim300~\mu s$，对应的电角度为 $4°\sim6°$。

3）安全裕量角 θ_a

考虑触发脉冲间隔不均匀、电网波动、畸变与温度的影响，还必须留有一个安全裕量角，一般取 θ_a 为 $10°$ 左右。

综合以上因素，最小逆变角为

$$\beta_{min}\geqslant\gamma+\delta_0+\theta_a\approx30°\sim35°$$

为了防止触发脉冲进入 β_{min} 区内，可在触发电路中加一保护电路，使得调整 β 角时，触发脉冲不能进入 β_{min} 区内；也可以在 β_{min} 处设置产生附加安全脉冲的装置，此安全脉冲位置

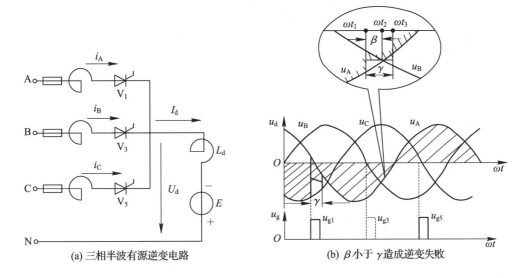

(a) 三相半波有源逆变电路　　　　(b) β 小于 γ 造成逆变失败

图 4-5　有源逆变换流失败波形

固定,一旦工作脉冲移入 β_{min} 区内,则此安全脉冲保证在 β_{min} 处发出以触发晶闸管,从而防止逆变失败。

4.1.3　完成单相桥式有源逆变电路的 MATLAB 仿真分析

1. 参考电路图建模

根据电路图搭建的单相桥式有源逆变电路的仿真模型如图 4-6 所示,图中的模型主要由直流电源 DC、交流电源 AC、IGBT、信号发生器和 RLC 负载等构成,信号发生器(Pulse Generator)用于产生四个 IGBT 的触发脉冲。各模块的提取路径如表 4-1 所示。

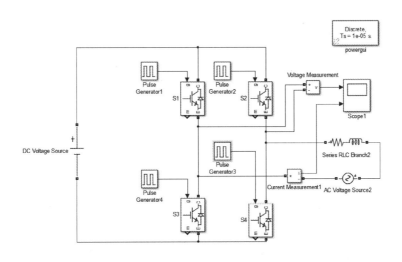

图 4-6　单相桥式有源逆变电路的仿真模型

表 4 - 1 单相桥式有源逆变电路仿真模块的提取路径

元 件 名 称	提 取 路 径
脉冲触发器	Simulink/Sources/Pulse Generator
交流电源	SimPowerSystems/Electrical Sources/AC Voltage Source
示波器	Simulink/Sinks/Scope
直流电源	SimPowerSystems/Electrical Sources/DC Voltage Source
信号组合模块	Simulink/Signal Routing/Mux
电压表	SimPowerSystems/Measurements/Voltage Measurement
电流表	SimPowerSystems/Measurements/Current Measurement
负载 RLC	SimPowerSystems/Elements/Series RLC Branch
IGBT	SimPowerSystems/Power Electronics /IGBT
用户界面分析模块	powergui

2. 设置各模块的参数

（1）交流电源 AC Voltage Source：电压设置为 300 V，频率设置为 50 Hz。

（2）直流电源 DC Voltage Source：电压设置为 300 V。

（3）脉冲触发器 Pulse Generator：仿真模型中用到的触发模型有四路，其参数设置如图 4-7 所示。

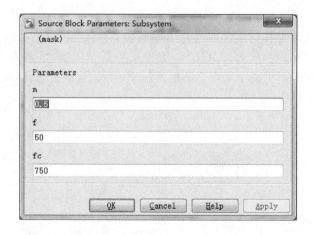

图 4-7 触发脉冲参数设置

（4）IGBT：采用默认的参数设置。

（5）负载：负载为阻感负载，电阻 R 为 1 Ω，电感为 2 H。

（6）信号组合模块 Mux：Mux 模块将多路信号集成一束，这一束信号在模型中传递和处理时都看作是一个整体。根据输入信号的个数将"Number of inputs"设置为 4。

（7）示波器：双击示波器模块，单击第二个图标"Parameters"，在弹出的对话框中选中"General"选项，设置"Number of axes"为 2。

3. 仿真参数的设置

首先选择菜单"Simulation"→"Configuration Parameters",打开设置窗口;然后设置
"Start time"为 0.0、"Stop time"为 0.07,算法"Solver"选择 ode23tb,相对误差"Relative
tolerance"设置为 le-3。

4. 波形分析

设置好仿真参数后就可以进行仿真了,仿真结果如图 4-8 所示。

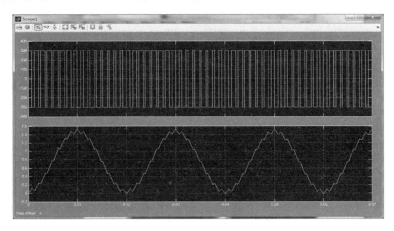

图 4-8 单相桥式逆变电路的仿真结果

该波形图从上到下分别是单相桥式有源逆变电路的输出电压与电流。可以看出,该电
路输出电压的大小与输入直流电的电压保持一致。采用控制晶闸管导通时刻的方式改变电
路结构,使输出的电压出现正负两种情况;控制晶闸管导通时间来调节输出的电压时间。
输出电压在施加到感性负载之后,输出的电流趋近于正弦电流。

4.1.4 了解三相桥式有源逆变电路

常用的有源逆变电路除单相全控桥电路外,还有三相半波和三相全控桥电路等。由于
有源逆变是将直流电变为交流电返送给电网的,因此电路中既有直流电,又有交流电,控
制逆变工作的开关元件受两种电压的叠加作用。

1. 三相半波有源逆变电路

图 4-9(a)为三相半波有源逆变电路,电动机的电动势 E 的极性下正上负,晶闸管
V_1、V_3、V_5 的控制角必须大于 90°,即 $\beta < 90°$。当 $|E| > |U_d|$ 时,由于电路中接有大电感,
符合有源逆变的条件,故电路可工作在有源逆变状态,变流器输出的直流电压为

$$U_d = -1.17U_2\cos\beta \qquad (4-5)$$

式中:输出电压为负,说明电压的极性与整流时的相反。输出直流电流平均值的计算公式为

$$I_d = \frac{E - U_d}{R_\Sigma} \qquad (4-6)$$

式中:R_Σ 为回路的总电阻。

下面以 $\beta = 30°$ 为例分析其工作过程。当 $\beta = 30°$ 时,给 V_1 触发脉冲,如图 4-9(b)所示,
此时 U 相电压为零。但从整个电路结构来看,V_1 承受正向电压 E,V_1 导通。此时,由 E 提

供能量，有电流 i_d 流过晶闸管 V_1，输出电压波形 $u_d = u_U$。由于有相互间隔 120°的脉冲轮流触发相应的晶闸管，因此得到了图 4-9(b)中有阴影部分的电压 u_d 的波形，其直流平均电压 U_d 为负值。由于接有大电感 L_d，因而 i_d 为平直连续的直流电流 I_d，如图 4-9(b)所示。

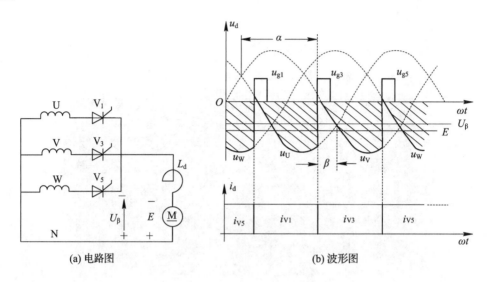

(a) 电路图   (b) 波形图

图 4-9 三相半波有源逆变电路原理

逆变电路与整流电路一样，晶闸管的关断是靠承受反压或电压过零来实现的。当 $\beta = 30°$时，触发 V_1，因此时 V_5 已导通，V_1 承受 u_{UW} 正向电压，故 V_1 具备了导通条件。一旦 V_1 导通后，若不考虑换相重叠角的影响，则 V_5 承受反向电压 u_{WU} 而被迫关断，这就完成了由 V_5 向 V_1 的换相过程。其他晶闸管的换相过程可以以此类推。

逆变时晶闸管两端电压的波形与整流时的一致。在一个周期内导通 120°，紧接着后面的 120°内 V_3 导通，V_1 关断，V_1 承受电压 u_{UV}，最后 120°内 V_5 导通，V_1 承受电压 u_{UW}。由波形可见，逆变时总是正面积大于负面积，当 $\beta = 0°$时正面积最大；而整流时晶闸管两端的电压波形总是负面积大于正面积；只有当 $\beta = \alpha$ 时，正负面积才相等。此外，晶闸管可能承受的最大正反向电压也为 $\sqrt{6}U_2$。

2. 三相全控桥有源逆变电路

图 4-10(a)为三相全控桥带电动机负载的电路，当 $\alpha < 90°$时，电路工作在整流状态；当 $\alpha > 90°$时，电路工作在逆变状态。该电路晶闸管的控制过程与三相全控桥整流电路晶闸管的控制过程相同，只是控制角 α 的移相范围为 0°～180°，输出直流电压的计算公式分别为

整流时：

$$U_d = 2.34 U_2 \cos\alpha（当 \alpha < 90° 时）\tag{4-7}$$

逆变时：

$$U_d = 2.34 U_2 \cos\alpha = -2.34 U_2 \cos\beta（当 \alpha > 90° 时）\tag{4-8}$$

下面以 $\beta = 60°$为例来分析电路有源逆变的工作过程。图 4-10(b)中，在 ωt_1 处触发晶闸管 V_1 与 V_6。此时电压 $u_{AB} = 0$，但由于 E 的存在，使 V_1、V_6 承受正向电压而导通，有电流 i_d 流通回路，在 V_1、V_6 导通期间 $u_d = u_{AB}$，是电压 u_{AB} 的负半波。

经 60°后，到达 ωt_2 时刻，触发电路的双窄脉冲触发 V_2、V_1，晶闸管 V_1 可继续导通。而 V_2 在触发之前，由于 V_6 处于导通状态已使它承受正向电压 u_{BC}，所以一旦触发，V_2 即可导通。若不考虑换相重叠角的影响，当 V_2 导通之后，V_6 就会因承受反向电压而关断，这就完成了由 V_6 到 V_2 的换相。在 ωt_2 至 ωt_3 期间，$u_d = u_{AC}$，由 ωt_2 经 60°后到 ωt_3 处，触发 V_2、V_3，V_2 仍旧导通，V_3 因承受正向电压一触即通，而 V_1 此时却因承受反向电压 u_{AC} 被关断，则由此又进行了一次由 V_1 到 V_3 的换相。

按照三相全控桥每隔 60°依次触发的顺序进行循环，晶闸管 V_1、V_2、V_3、V_4、V_5、V_6 依次导通，且每瞬时保持共阴极组和共阳极组各有一个元件导通，电动机的直流能量经三相桥式逆变电路转换为交流能量送到电网上，从而实现了有源逆变。图 4 – 10(b) 给出了 $\beta = 60°$ 时的 U_d 波形。

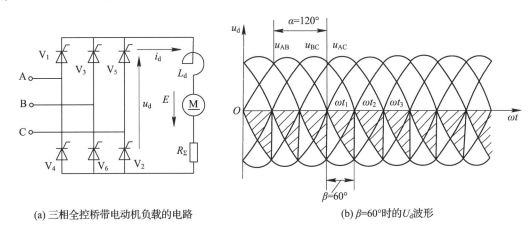

(a) 三相全控桥带电动机负载的电路   (b) $\beta = 60°$ 时的 U_d 波形

图 4 – 10　三相全控桥有源逆变电路及相关波形

4.1.5　完成三相桥式有源逆变电路的 MATLAB 仿真分析

1. 参考电路图建模

三相桥式有源逆变电路在 MATLAB/Simulink 中的仿真模型如图 4 – 11 所示，该仿真模型主要由直流电源 DC、交流电源 AC、IGBT、信号发生器和 RLC 负载等构成，其中信号发生器(Discrete PWM Generator)用来产生六个 IGBT 的触发脉冲。各仿真模块的提取路径如表 4 – 2 所示。

表 4 – 2　三相桥式有源逆变电路仿真模块的提取路径

元 件 名 称	提 取 路 径
信号发生器	Simulink/Sources/Discrete PWM Generator
交流电源	SimPowerSystems/Electrical Sources/AC Voltage Source
示波器	Simulink/Sinks/Scope
直流电源	SimPowerSystems/Electrical Sources/DC Voltage Source
信号组合模块	Simulink/Signal Routing/Mux
电压表	SimPowerSystems/Measurements/Voltage Measurement

元 件 名 称	提 取 路 径
电流表	SimPowerSystems/Measurements/Current Measurement
负载 RLC	SimPowerSystems/Elements/Series RLC Branch
IGBT	SimPowerSystems/Power Electronics/IGBT
用户界面分析模块	powergui
接地端子	SimPowerSystems/Elements/Ground

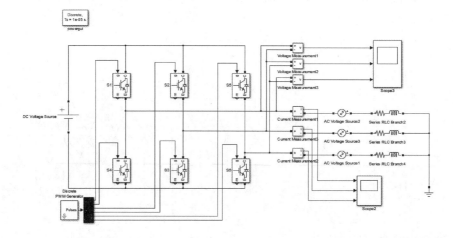

图 4-11　三相桥式有源逆变电路的仿真模型

2. 设置各模块的参数

（1）电源 AC Voltage Source：电压设置为 300 V，频率设置为 50 Hz。要注意初相角的设置，A 相的电压源设置为 0，B 相的电压源设置为 120 V，C 相的电压源设置为 −120 V。

（2）直流电源 DC Voltage Source：电压设置为 100 V。

（3）脉冲触发器 Discrete PWM Generator：该项的设置需要采用较高的载波频率，以使信号频率较高时仍能保持较大的载波比，输出波形更可能接近正弦波，因此将载波频率设置为 1000 Hz。各项参数中占空比是指一个脉冲周期内高电

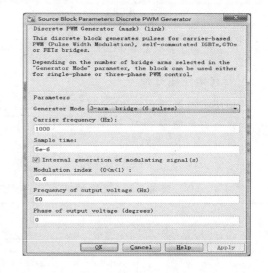

图 4-12　脉冲触发器参数设置

平在整个周期占的比例。占空比的大小能够影响输出电压的大小，其大小一般在 0～1 之间，这里设置为 0.6。输出电压频率设置为 50 Hz。脉冲触发器的参数设置如图 4-12 所示。

（4）IGBT：采用默认参数。

（5）负载：负载为阻感性负载，电阻 R 为 1 Ω，电感为 0.5 H。

（6）信号组合模块 Mux：Mux 模块将多路信号集成一束，这一束信号在模型中传递和处理时都看作是一个整体。根据输入信号的个数将"Number of inputs"设置为 6。

（7）示波器：双击示波器模块，单击第二个图标"Parameters"，在弹出的对话框中选中"General"选项，设置"Number of axes"为 3。

3. 仿真参数的设置

首先选择菜单"Simulation"→"Configuration Parameters"，打开设置窗口；然后设置"Start time"为 0.0、"Stop time"为 0.5，算法"Solver"选择 ode23tb，相对误差"Relative tolerance"设置为 le-3。

4. 波形分析

设置好仿真参数后就可以进行仿真了，仿真波形如图 4-13 所示。

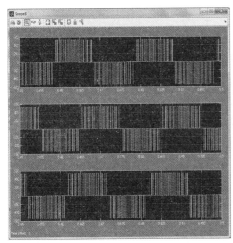
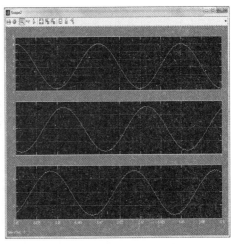

(a) 电压波形图　　　　　　　　　　　(b) 电流波形图

图 4-13　三相桥式有源逆变电路的 MATLAB 仿真波形

从输出的电流、电压波形中可以看出，负载中存在的电感起到了平滑电流波形的作用，输出电流的波形近似正弦波，与前面的理论分析一致。

任务 4.2　认识无源逆变电路

变流电路的交流侧不与电网连接，而直接接到负载，即把直流电逆变为某一频率或可调频率的交流电供给负载的电路，称为无源逆变电路。

逆变电路的应用范围很广，在已有的各种电源中，蓄电池、干电池、太阳能电池等都是直流电源，当需要这些电源向交流负载供电时，就需要逆变电路。另外，交流电动机调速用的变频器、不间断电源、感应加热电源等电力电子装置的核心部分也都是逆变电路。

4.2.1　了解无源逆变电路的工作原理

1. 工作原理

图 4-14(a)所示为单相桥式逆变电路原理图，四个开关 S_1、S_2、S_3、S_4，作为电力电子

器件的一种理想模型，构成桥式电路的四个臂。逆变电路中常用到的开关器件有快速晶闸管、可关断晶闸管(GTO)、功率晶体管(GTR)、功率场效应晶体管(MOSFET)、绝缘栅晶体管(IGBT)等。

在图 4-14(a)所示的电路原理图中，输入直流电压 E，当将开关 S_1、S_4 闭合，S_2、S_3 断开时，负载上得到左正右负的电压；间隔一段时间后将开关 S_1、S_4 打开，S_2、S_3 闭合，负载上得到右正左负的电压。若以频率 f 交替切换 S_1、S_4 和 S_2、S_3，在负载上就可以得到如图 4-14(b)所示的电压波形。电阻性负载时，负载电流 i_o 和 u_o 的波形相同，相位也相同；电感性负载时，i_o 相位滞后于 u_o，两者波形也不同。

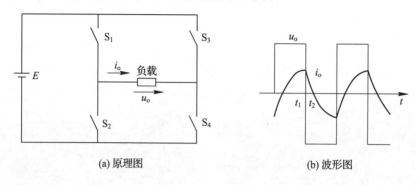

(a) 原理图　　　　　　　　　　(b) 波形图

图 4-14　单相桥式逆变电路的原理图及其波形

2. 换流

在该电路中随着电压的变化，电流也从一个支路转移到另一个支路，通常将这一过程称为换相或换流。对逆变器来说，关键的问题就是换流，而研究换流方式主要就是研究如何使器件关断。

换流方式主要分为以下几种。

1）器件换流(Device Commutation)

器件换流是指利用全控型器件的自关断能力进行换流。逆变器电路中采用 IGBT、电力 MOSFET、GTO、GTR 等全控型器件的换流方式就是器件换流。

2）电网换流(Line Commutation)

电网换流是指电网提供换流电压的换流方式。将负的电网电压施加在欲关断的晶闸管上即可使其关断。此电路不需要器件具有门极可关断能力，但它不适用于没有交流电网的无源逆变电路中。

3）负载换流(Load Commutation)

负载换流是指将负载与其他换流元件接成并联或串联谐振电路，使负载电流的相位超前负载电压的相位，且超前时间大于器件的关断时间，就能保证器件完全恢复阻断，从而实现可靠换流。

4）强迫换流(Forced Commutation)

在逆变器中设置附加的换流电路，给欲关断的晶闸管强迫施加反压或反电流的换流方式称为强迫换流。该换流方式通常利用附加电容上所储存的能量来实现，因此也称为电容换流。

各种换流方式中，器件换流只适用于全控型器件，其余三种方式主要是针对晶闸管而言的。器件换流和强迫换流属于自换流,电网换流和负载换流属于外部换流。

4.2.2 了解单相桥式无源逆变电路

单相桥式无源逆变电路包括半桥逆变电路和全桥逆变电路两种。

1. 半桥逆变电路

1) 电路结构

图 4-15(a)为半桥逆变电路的原理图,在直流电压 E 侧接有两个相互串联的足够大的电容,两个电容的连接点是直流电源的中点,即每个电容上的电压为 $E/2$。由两个导电臂交替工作使负载得到交变电压和电流,每个导电臂由一个电力晶体管与一个反并联二极管组成,负载连接在直流电源中点和两个桥臂连接点之间。

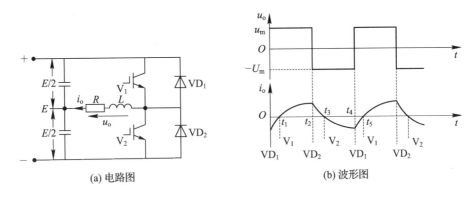

(a) 电路图　　　　　　(b) 波形图

图 4-15　半桥逆变电路

2) 工作原理

该电路在工作时,设开关器件 V_1 和 V_2 的栅极信号在一个周期内各有半周正偏,半周反偏,且二者互补。输出电压 u_o 为矩形波,其幅值为 $U_m = E/2$。电路带电感性负载,在 t_2 时刻给 V_1 关断信号,给 V_2 开通信号,则 V_1 关断,但感性负载中的电流 i_o 不能立即改变方向,于是 VD_2 导通续流。当 t_3 时刻 i_o 降为零时,VD_2 截止,V_2 开通,i_o 开始反向,由此得出如图 4-15(b)所示的电流波形。

由以上分析可见,V_1 或 V_2 导通时,i_o 和 u_o 同方向,直流侧向负载提供能量;VD_1 或 VD_2 导通时,i_o 和 u_o 反向,电感中储能向直流侧反馈,反馈回的能量暂时储存在直流侧电容器中,电容器起缓冲作用。由于二极管 VD_1、VD_2 是负载向直流侧反馈能量的通道,故称为反馈二极管。同时,VD_1、VD_2 又起着使负载电流连续的作用,因此又称为续流二极管。

该电路中的开关器件一般为全控器件,如果采用半控器件如普通晶闸管,则需附加换流电路才能正常工作。

半桥逆变电路的优点是简单,使用器件少;其缺点是输出交流电压的幅值 U_m 仅为 $E/2$,且直流侧需要两个电容器串联,工作时还要控制两个电容器电压的均衡。因此,半桥逆变电路常用于几千瓦以下的小功率逆变电源中。

2. 全桥逆变电路

1) 电路结构

全桥逆变电路共四个桥臂,可看成两个半桥电路组合而成。其电路原理图如图 4-16

（a）所示，直流电压 E 接有大电容 C，使电源电压稳定。全桥逆变电路的工作波形如图 4-16（b）所示。

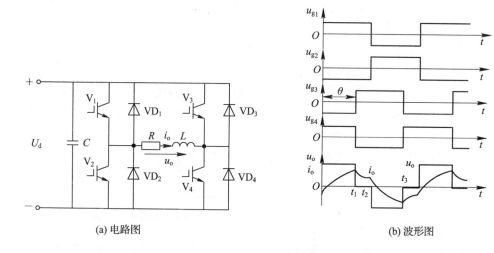

| (a) 电路图 | (b) 波形图 |

图 4-16　全桥逆变电路

该电路采用移相调压的方式进行控制，V_3 的基极信号比 V_1 落后 $\theta(0<\theta<180°)$，V_3、V_4 的栅极信号分别比 V_2、V_1 的栅极信号前移 $180°-\theta$，输出电压是正负各为 θ 的脉冲。

2）工作原理

该电路的工作过程：t_1 时刻前 V_1 和 V_4 导通，$u_o=E$；t_1 时刻 V_4 截止，因负载电感中的电流 i_o 不能突变，V_3 不能立刻导通，VD_3 导通续流，$u_o=0$；在 t_2 时刻 V_1 截止，而 V_2 不能立刻导通，VD_2 导通续流，和 VD_3 构成电流通道，$u_o=-E$；到负载电流过零并开始反向时，VD_2 和 VD_3 截止，V_2 和 V_3 开始导通，u_o 仍为 $-E$；t_3 时刻 V_3 截止，而 V_4 不能立刻导通，VD_4 导通续流，u_o 再次为零。由此可知，改变 θ 就可调节输出电压。

在该电路中，两对桥臂交替导通 $180°$，其输出电压和电流波形与半桥逆变电路的输出波形相同，但幅值高出一倍。在这种情况下，要改变输出交流电压的有效值只能通过改变直流电压 E 来实现。

4.2.3　了解三相桥式无源逆变电路

按直流侧电源性质的不同，逆变电路可分为两类，即电压型逆变电路和电流型逆变电路。

1. 三相电压型逆变电路

直流侧是电压源的逆变电路称为电压型逆变电路。电压型逆变电路直流侧一般接有大电容，直流电压基本无脉动，直流回路呈现低阻抗，相当于电压源。

电压型逆变电路的工作特点有：

（1）由于直流电压源的恒压作用与负载阻抗角无关，因此交流侧电压波形为矩形波，而交流侧电流波形及其相位因负载阻抗角的不同而不同。

（2）当交流侧为电感性负载时，需要提供无功功率，直流侧电容起缓冲无功能量的作用。为了给交流侧向直流侧反馈的能量提供通路，各臂都需并联反馈二极管。

（3）逆变电路从直流侧向交流侧传送的功率是脉动的，因直流电压无脉动，因此直流电流的脉动必然影响功率的脉动。

1）工作原理

图4-17所示为三相电压型桥式逆变电路，它的应用非常广泛。

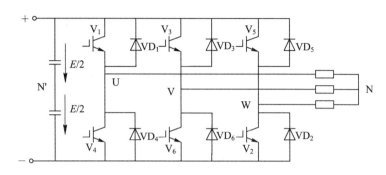

图4-17 三相电压型桥式逆变电路

该电路用全控器件IGBT作为开关器件，可以看成是由三个半桥逆变电路组成。为了方便分析，设直流电源理想中点为N'。三相电压型桥式逆变电路一般采用180°导电方式工作，即每个桥臂的导电角度为180°，同一相（即同一半桥）上下两个臂交替导电，因为每次换相都是在同一相上下两个桥臂之间进行的，所以被称为纵向换流。6个器件控制导通的顺序为$V_1 \sim V_6$，控制间隔为60°，这样每个瞬间都会有3个桥臂同时导通，其输出电压是波形相同、相位依次差120°的三相交流电压。

该电路在电路通断控制中，为防止同一相上两个器件同时导通引起直流侧电源短路，控制时必须先断后通，即保留死区时间。

2）波形分析

以下分析三相电压型桥式逆变电路的工作波形。对于U相输出来说，当桥臂1导通时，$u_{UN'}=E/2$；当桥臂4导通时，$u_{UN'}=-E/2$。因此，$u_{UN'}$的波形是幅值为$E/2$的矩形波。V、W两相的情况和U相的类似，$u_{VN'}$、$u_{WN'}$的波形形状和$u_{UN'}$的相同，只是相位依次差120°。三相电压型桥式逆变电路输出的电压、电流波形如图4-18所示。

设负载中点N与直流电源假想中点N'之间的电压为$u_{NN'}$，则负载各相的相电压分别为

$$\begin{cases} u_{UN} = u_{UN'} - u_{NN'} \\ u_{VN} = u_{VN'} - u_{NN'} \\ u_{WN} = u_{WN'} - u_{NN'} \end{cases} \quad (4-9)$$

根据式（4-9）可以得到

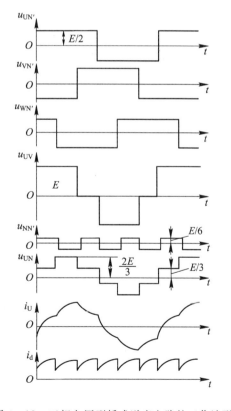

图4-18 三相电压型桥式逆变电路的工作波形

$$u_{NN'} = \frac{1}{3}(u_{UN'} + u_{VN'} + u_{WN'}) - \frac{1}{3}(u_{UN} + u_{VN} + u_{WN}) \tag{4-10}$$

设负载为三相对称负载，则有 $u_{UN} + u_{VN} + u_{WN} = 0$，因此可以得到

$$u_{NN'} = \frac{1}{3}(u_{UN'} + u_{VN'} + u_{WN'}) \tag{4-11}$$

$u_{NN'}$ 的波形如图 4-18 所示，为矩形波，幅值为 $E/6$，频率为 $u_{UN'}$ 的 3 倍。由以上分析可以看出，三个单相逆变电路可组合成一个三相逆变电路。为了防止同一相上下两桥臂的开关器件同时导通而引起直流侧电源的短路，要采取"先断后通"的方法。负载参数已知时，可以由 u_{UN} 的波形求出 U 相电流 i_U 的波形，图 4-18 中给出的是阻感负载下 $\varphi < \pi/3$ 时 i_U 的波形。把桥臂 1、3、5 的电流加起来，就可以得到直流侧电流 i_d 的波形，如图 4-10(b) 所示，可以看出 i_d 每隔 60° 脉动一次。

2. 三相电流型逆变电路

直流电源为电流源的逆变电路称为电流型逆变电路。直流侧串接有大电感，使直流电流基本无脉动，直流回路呈现高阻抗，相当于电流源。

电流型逆变电路的主要特点有：

(1) 逆变电路中的开关器件主要起改变直流电流流通路径的作用，因此交流输出电流为矩形波，与负载阻抗角无关，输出的电压波形和相位因负载的不同而不同。

(2) 直流侧电感起缓冲无功能量的作用，因电流不能反向，因此不必给开关器件反并联二极管。

(3) 因逆变器输出直流电压的脉动引起从直流侧向交流侧传送的功率也是脉动的，因此直流电流无脉动。

(4) 该电路中半控型器件的应用较多，半控型器件电路的换流方式有负载换流、强迫换流等。

1) 电路结构

常用的电流型逆变电路主要有单相桥式逆变电路和三相桥式逆变电路这两种。图 4-19(a) 所示为电流型三相桥式逆变电路，该电路中采用全控器件以方便控制。

在电流型逆变电路中，在交流输出侧设置电容器。在换相时，由于电感负载中的电流给电容充电，故使电流型逆变电路的输出中出现了浪涌电压的输出波形，如图 4-19(b) 所示。

2) 工作原理

该电路的基本工作方式是 120° 导电方式，即每个臂一周期内导电 120°，按 V_1 到 V_6 的顺序每隔 60° 依次导通。控制过程与三相全控桥整流电路的相同，例如在触发 V_1、V_6 导通时，$i_U = I_d$，$i_V = -I_d$，间隔 60° 后，触发 V_2、V_1，$i_U = I_d$，$i_W = -I_d$，以此类推。这样，每时刻上下桥臂组各有一个臂导通，是在共阴极组或共阳极组内依次换相，这种在同一桥臂内换流的方式称为横向换流。输出相电流波形为正负各 120° 的矩形波，与负载性质无关，线电流为阶梯波。该电路输出线电压波形与负载性质有关，若有电感，则每次换相时会产生电压冲击。图 4-19(b) 给出了逆变电路输出的三相电流波形及线电压波形，在电感性负载情况下，线电压波形近似为正弦波。

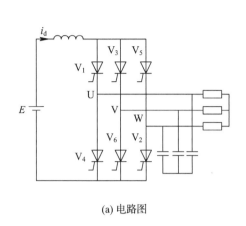

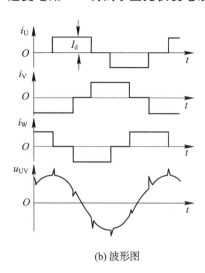

(a) 电路图 (b) 波形图

图 4 - 19 电流型三相桥式逆变电路图及输出波形

4.2.4 完成逆变电路的 MATLAB 仿真分析

1. 完成单相无源逆变电路的 MATLAB 仿真分析

1) 参考电路图建模

根据电路图搭建的单相无源逆变电路的仿真模型如图 4-20 所示。该仿真模型主要由直流电源 DC、IGBT、信号发生器和 RLC 负载等构成，信号发生器(Pulse Generator)用来产生四个 IGBT 的触发脉冲。各模块的提取路径如表 4-3 所示。

表 4 - 3 单相无源逆变电路仿真模块的提取路径

元 件 名 称	提 取 路 径
脉冲触发器	Simulink/Sources/Pulse Generator
直流电源	SimPowerSystems/Electrical Sources/DC Voltage Source
示波器	Simulink/Sinks/Scope
信号组合模块	Simulink/Signal Routing/Mux
测量模块	SimPowerSystems/Measurements/Multimeter
电流表	SimPowerSystems/Measurements/Current Measurement
负载 RLC	SimPowerSystems/Elements/Series RLC Branch
IGBT	SimPowerSystems/Power Electronics/IGBT
用户界面分析模块	powergui

2) 设置各模块的参数

(1) 直流电源 DC Voltage Source：电压设置为 100 V。

(2) 脉冲触发器 Pulse Generator：模型中用到四个触发脉冲。因为电源电压频率为 50 Hz，故周期设置为 0.02 s，脉宽可设置为 0.01，振幅设置为 1。脉冲 1 和脉冲 3 的设置是一致的，脉冲 2 和脉冲 4 延迟 0.01 s。

(3) IGBT：采用默认参数设置。

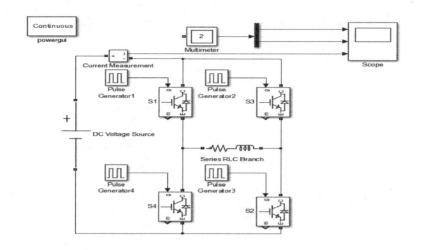

图 4-20　单相无源逆变电路的仿真模型

（4）负载：负载为阻感性负载，电阻 R 为 $1\,\Omega$，电感为 $2e-3H$。

（5）信号组合模块 Mux：根据输入信号的个数将"Number of inputs"设置为 2。

（6）示波器：双击示波器模块，单击第二个图标"Parameters"，在弹出的对话框中选中"General"选项，设置"Number of axes"为 3。

3）仿真参数的设置

首先选择菜单"Simulation"→"Configuration Parameters"，打开设置窗口；然后设置"Start time"为 0.0、"Stop time"为 0.1，算法"Solver"选择 ode23tb，相对误差"Relative tolerance"设置为 le-3。

4）波形分析

设置好仿真参数后就可以进行仿真了，仿真结果如图 4-21 所示。

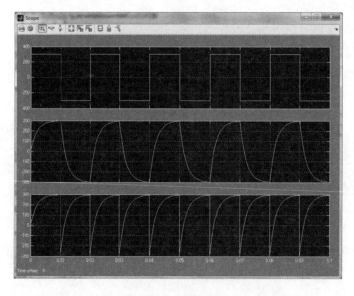

图 4-21　单相无源逆变电路的 MATLAB 仿真波形

该电路从上往下的波形依次为负载电压、负载电流以及电源侧电流波形。可以看出，单相无源逆变电路是利用对晶闸管的通断控制改变了电路结构，从而使输入的直流电变为交流电输出。在将该交流电施加到阻感性负载后，得到的电流波形与理论分析的结果一致。

2. 完成三相无源逆变电路的 MATLAB 仿真分析

1）参考电路图建模

三相无源逆变电路在 MATLAB/Simulink 中的仿真模型如图 4-22 所示，图中的模型主要由直流电源 DC、IGBT、信号发生器和 RLC 负载等构成，信号发生器（Pulse Generator）用来产生六个 IGBT 的触发脉冲。仿真模块的提取路径如表 4-4 所示。

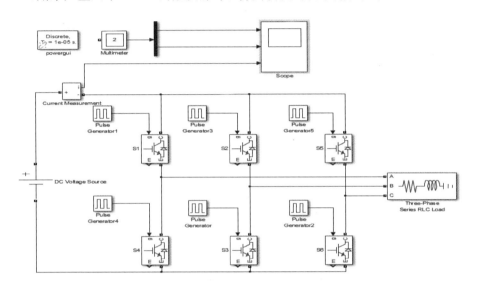

图 4-22 三相无源逆变电路的仿真模型

表 4-4 三相无源逆变电路仿真模块的提取路径

元 件 名 称	提 取 路 径
脉冲触发器	Simulink/Sources/Pulse Generator
直流电源	SimPowerSystems/Electrical Sources/DC Voltage Source
示波器	Simulink/Sinks/Scope
信号组合模块	Simulink/Signal Routing/Mux
测量模块	SimPowerSystems/Measurements/Multimeter
电流表	SimPowerSystems/Measurements/Current Measurement
负载 RLC	SimPowerSystems/Elements/Three-Phase Series RLC Load
IGBT	SimPowerSystems/Power Electronics/IGBT
用户界面分析模块	powergui

2）设置各模块的参数

（1）直流电源 DC Voltage Source：电压设置为 100 V。

（2）脉冲触发器 Pulse Generator：模型中用到六个触发脉冲。因为电源电压频率为 50 Hz，故周期设置为 0.02 s，脉宽可设置为 0.01，振幅设置为 1。脉冲 2 延迟 0.02/6 s，脉冲 3 延迟 0.02/3 s，脉冲 4 延迟 0.01 s，脉冲 5 延迟 0.04/3 s，脉冲 6 延迟 0.1/6 s。

（3）IGBT：采用默认参数设置。

（4）负载：采用三相负载，参数设置如图 4-23 所示。

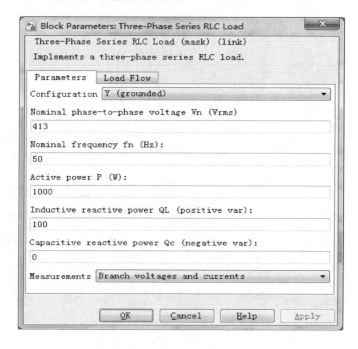

图 4-23　负载参数设置

（5）信号组合模块 Mux：将"Number of inputs"设置为 2。

（6）示波器：双击示波器模块，单击第二个图标"Parameters"，在弹出的对话框中选中"General"选项，设置"Number of axes"为 3。

3）仿真参数的设置

设置"Start time"为 0.0、"Stop time"为 0.1，算法"Solver"选择 ode23tb，相对误差"Relative tolerance"设置为 le-3。

4）波形分析

设置好仿真参数后就可以进行仿真了，仿真结果如图 4-24 所示。

该输出波形图从上到下依次为三相无源逆变电路输出电压、输出电流以及电源侧电流。从波形图可以看出，三相无源逆变电路输出的电压波形比单相无源逆变电路的更接近于正弦波。在将该电压施加到阻感性负载后，得到的输出电流波形与理论分析的结果一致。

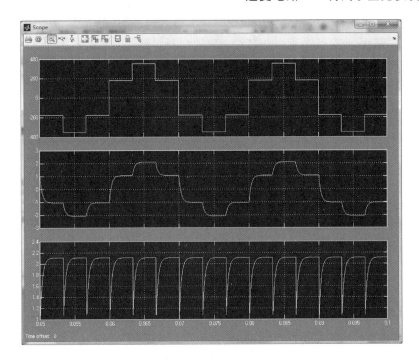

图 4-24　三相无源逆变电路的 MATLAB 仿真波形

任务 4.3　认识脉宽调制(PWM)型逆变器

如何有效地控制电力电子器件的通断一直是电力电子技术应用的核心问题,而脉宽调制(PWM)技术可以很好地控制全控型电力电子器件的通断。同时,以 IGBT、电力MOSFET 等为代表的全控型器件地不断完善给 PWM 控制技术提供了强大的物质基础。当前,PWM 调制正越来越多地用于电力电子器件的控制中。

直流斩波电路是 PWM 控制技术应用较早也成熟较早的一类电路,当该电路应用于直流电动机调速系统中时就构成广泛应用的直流脉宽调速系统。PWM 调制可以极大地削弱逆变器的输出谐波,使逆变器输出用户需要的波形(形状和幅值),而削弱用户不需要的谐波。PWM 控制用于逆变电路后,可以使逆变器的控制策略更加灵活多样,使逆变器的性能也得到很大的提升。PWM 逆变器的控制可以只用一级可控的功率环节,电路结构也较简单;其整流电路可以采用二极管,以提高电网侧的功率因数。

4.3.1　了解 PWM 控制的基本原理

PWM(Pulse Width Modulation)控制是指对脉冲的宽度进行调制的技术,即通过对一系列脉冲的宽度进行调制,来等效地获得所需要的波形(含形状和幅值)。

PWM 控制技术在逆变电路中的应用十分广泛,目前中小功率的逆变电路几乎都采用了 PWM 技术。常用的 PWM 技术主要包括正弦脉宽调制(SPWM)、选择谐波调制

（SHEPWM）、电流滞环调制（CHPWM）和电压空间矢量调制（SVPWM）。

在采样控制理论中有一个重要的结论：冲量相等而形状不同的窄脉冲加在具有惯性的环节上时，其效果基本相同。冲量即窄脉冲的面积，效果基本相同是指环节的输出响应波形基本相同，上述原理被称为面积等效原理。

图 4-25 中各个形状的窄脉冲在作用到逆变器中的电力电子器件时，其效果是相同的。正是基于这个理论，PWM 调制技术才孕育而生。

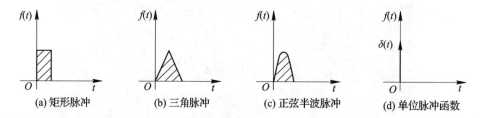

|(a) 矩形脉冲|(b) 三角脉冲|(c) 正弦半波脉冲|(d) 单位脉冲函数|

图 4-25　形状不同而冲量相同的各种窄脉冲

分别将如图 4-25 所示的电压窄脉冲加在一阶惯性环节（$R-L$ 电路）上，如图 4-26（a）所示，其输出电流 $i(t)$ 对不同窄脉冲时的响应波形如图 4-26（b）所示。从波形上可以看出，在 $i(t)$ 的上升段，$i(t)$ 的形状也略有不同，但其下降段则几乎完全相同。脉冲越窄，各 $i(t)$ 响应波形的差异也越小。如果周期性地施加上述脉冲，则响应 $i(t)$ 也是周期性的，各 $i(t)$ 在低频段的特性非常接近，仅在高频段有所不同。

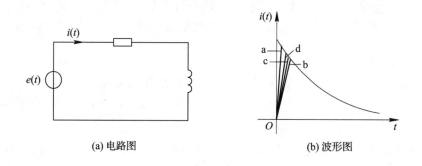

|(a) 电路图|(b) 波形图|

图 4-26　冲量相同的各种窄脉冲的响应波形

如果把上述脉冲列利用相同数量的等幅而不等宽的矩形脉冲代替，使矩形脉冲的中点和相应正弦波部分的中点重合，且使矩形脉冲和相应的正弦波部分面积（冲量）相等，就得到了 PWM 波形，且各 PWM 脉冲的幅值相等而宽度是按正弦规律变化的。根据面积等效原理，PWM 波形和正弦半波是等效的，对于正弦波的负半周，也可以用同样的方法得到 PWM 波形。可见，所得到的 PWM 波形和期望得到的正弦波是等效的。完整的正弦波形用等效的 PWM 脉冲表示称为 SPWM（Sinusoidal PWM）波形。

PWM 波形可分为等幅 PWM 波和不等幅 PWM 波两种，由直流电源产生的 PWM 波通常是等幅 PWM 波。

4.3.2　了解 PWM 逆变电路的控制方式

从载波和调制波的特点来看，PWM 逆变电路的控制方式可以分为单极性和双极性。此处以单相桥式 PWM 逆变电路进行讲解，如图 4-27 所示。

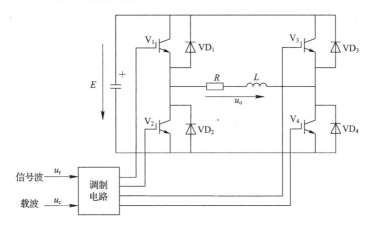

图 4-27　单相桥式 PWM 逆变电路

1. 单极性方式

当采用单极性 PWM 控制方式时，调制信号 u_r 为正弦波，载波 u_c 在 u_r 的正半周为正极性的三角波，在 u_r 的负半周为负极性的三角波。在 u_r 的正半周，V_1 保持通态，V_2 保持断态。当 $u_r > u_c$ 时使 V_4 导通，V_3 关断，$u_o = E$；当 $u_r < u_c$ 时使 V_4 关断，V_3 导通，$u_o = 0$。在 u_r 的负半周，V_1 保持断态，V_2 保持通态。当 $u_r < u_c$ 时使 V_3 导通，V_4 关断，$u_o = -E$；当 $u_r > u_c$ 时使 V_3 关断，V_4 导通，$u_o = 0$。其波形如图 4-28 所示。像这种在 u_r 的正半周内三角波载波只在一个方向变化，所得到的 PWM 波形也只在一个方向变化的控制方式称为单极性 PWM 控制方式。

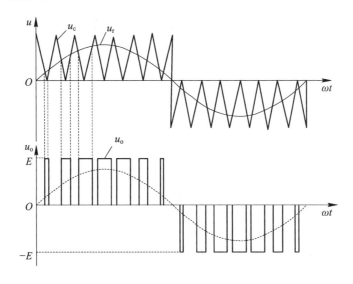

图 4-28　单极性 PWM 控制方式波形

单极性 PWM 调制电路实现较为简单，电路效率高，但由于只使用一种极性的脉冲信号，因此一旦信号受到干扰，就会导致输出波形的失真问题，同时，由于电流流向一致，容易出现较大的电磁干扰。

2. 双极性方式

当采用双极性 PWM 控制方式时，在调制信号 u_r 和载波信号 u_c 的交点时刻控制各开关器件的通断。在 u_r 的半个周期内，三角波载波有正有负，所得的 PWM 波也是有正有负；在 u_r 的一个周期内，输出的 PWM 波只有 $\pm E$ 两种电平。在 u_r 的正负半周，对各开关器件的控制规律相同。

当 $u_r > u_c$ 时，V_1 和 V_4 导通，V_2 和 V_3 关断，这时如果 $i_o > 0$，则 V_1 和 V_4 导通；如 $i_o < 0$，则 VD_1 和 VD_4 导通，不管哪种情况都是 $u_o = E$。当 $u_r < u_c$ 时，V_2 和 V_3 导通，V_1 和 V_4 关断，这时如果 $i_o < 0$，则 V_2 和 V_3 导通；如果 $i_o > 0$，则 VD_2 和 VD_3 导通，不管哪种情况都是 $u_o = -E$，如图 4-29 所示。像这种周期内三角波载波在正负两个方向变化，所得到的 PWM 波形也在两个方向变化的控制方式称为双极性 PWM 控制方式。

双极性方式调制算法较为复杂，但波形灵活性更高、波形失真较小、电磁干扰较小。因此，在具体应用中可以根据需求选择合适的 PWM 调制技术。

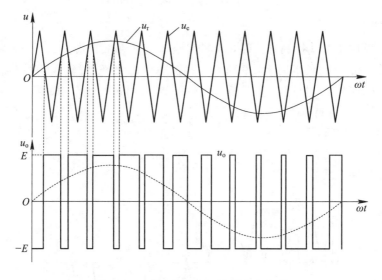

图 4-29 双极性 PWM 控制方式波形

4.3.3 了解三相桥式 PWM 逆变电路

1. 单相桥式 PWM 逆变电路

单相桥式 PWM 逆变电路如图 4-27 所示，工作时 V_1 和 V_2 通断互补，V_3 和 V_4 通断也互补。比如在 u_o 正半周，V_1 导通，V_2 关断，V_3 和 V_4 交替通断。因此，负载电流比电压滞后，在电压正半周，电流有一段区间为正，一段区间为负。

在负载电流为正的区间，V_1 和 V_4 导通时，此时 $u_o = E$。V_4 关断时，负载电流通过 V_1 和 VD_3 续流，此时 $u_o = 0$。在负载电流为负的区间，仍为 V_1 和 V_4 导通时，因 i_o 为负，故 i_o 实际上从 VD_1 和 VD_4 流过，仍有 $u_o = E$。V_4 关断，V_3 开通后，i_o 从 V_3 和 VD_1 续流，

$u_o=0$。u_o 总可以得到 E 和 0 两种电平。

因此在 u_o 的负半周,让 V_2 保持通态,V_1 保持断态,V_3 和 V_4 交替通断,负载电压 u_o 可以得到 $-E$ 和 0 两种电平。由以上分析可知,控制 V_3 或 V_4 的通断过程,就可以使负载得到 PWM 波形。

2. 三相桥式 PWM 逆变电路

三相桥式 PWM 逆变电路如图 4-30 所示,类似无源式三相桥式 PWM 逆变电路,该电路的控制电路采用 PWM 控制。

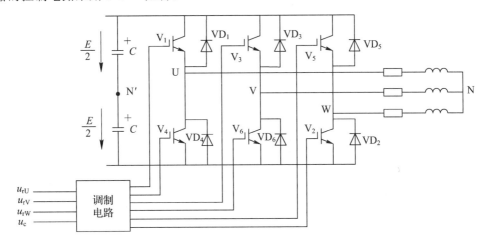

图 4-30 三相桥式 PWM 逆变电路

该电路采用双极性控制方式。U、V、W 三相的 PWM 控制是通常共用一个三角波 u_c,三相的调制信号 u_{rU}、u_{rV}、u_{rW} 依次相差 $120°$。

U、V、W 各相功率开关器件的控制规律相同,现以 U 相为例来进行分析。当 $u_{rU} > U_c$ 时,给桥臂 V_1 以导通的信号,给桥臂 V_4 以关断的信号,则 U 相相对于直流电源假想中点 N' 的输出电压 $u_{UN'} = E/2$;当 $u_{rU} < u_c$ 时,给 V_4 以导通的信号,给 V_1 以关断的信号,则 $u_{UN'} = -E/2$。V_1 和 V_4 的驱动信号始终是互补的。当给 $V_1(V_4)$ 加导通信号时,可能是 $V_1(V_4)$ 导通,也可能是二极管 $VD_1(VD_4)$ 续流导通,这由阻感负载中电流的方向来决定。

输出线电压 PWM 波由 $\pm E$ 和 0 三种电平构成,当臂 1 和臂 6 导通时,$u_{UV} = E$;当臂 3 和臂 4 导通时,$u_{UV} = -E$;当臂 1 和臂 3 或臂 4 和臂 6 导通时,$u_{UV} = 0$。

负载相电压 u_{UN} 可由下式求得

$$U_{UN} = U_{UN'} - (U_{UN'} + U_{VN'} + U_{WN'})/3 \qquad (4-12)$$

根据计算,可以看出负载相电压的 PWM 波由 $(\pm 2/3)E$、$(\pm 1/3)E$ 和 0 共五种电平组成,如图 4-31 所示。

PWM 控制技术可以实现高效能的能量转换,通过控制功率开关器件的通断,可以大大提高能量转换效率;可以精确地控制输出电压或电流的大小,使电力电子设备在工作过程中具有良好的稳定性和可靠性;还可以根据需要灵活调节输出信号的幅度和频率,满足不同场合的需求。但其在具体应用中也存在一系列的问题。例如,对于 PWM 控制来说,高的开关频率可以使控制性能更好,但高开关频率的 PWM 控制要求电力电子器件有高的开关能力,而目前大功率器件的容许开关频率普遍偏低;高开关频率的 PWM 控制会给器

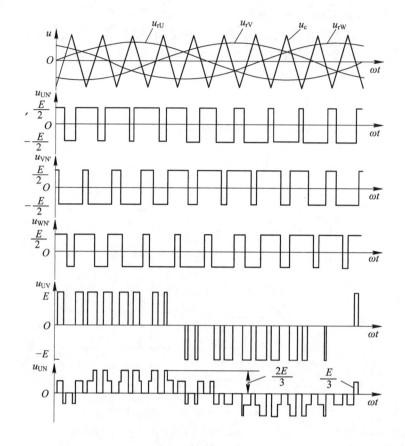

图 4 - 31　控制回路的输出脉冲

件带来高的电压、电流应力，从而导致器件高的开关损耗；PWM 调制方法产生的输出信号中含有较多的谐波成分，可能会对其他设备产生干扰。同时，由于 PWM 调制方法通过纯数字控制开关器件的通断，会产生高频的脉冲信号，这可能引起电磁干扰的问题。

4.3.4　完成 PWM 逆变电路的 MATLAB 仿真分析

1. 完成单相 PWM 逆变电路的 MATLAB 仿真分析

1）参考电路图建模

单相 PWM 逆变电路在 MATLAB/Simulink 中的仿真模型如图 4 - 32 所示，图中的模

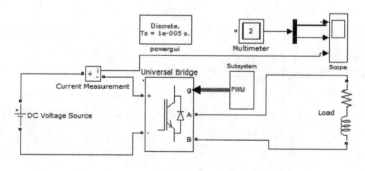

图 4 - 32　单相 PWM 逆变电路的仿真模型

型主要由直流电源 DC、IGBT、PWM 调制信号发生器和 RLC 负载等构成，PWM 调制信号发生器用来产生四个 IGBT 的触发脉冲。各模块的提取路径如表 4-5 所示。

表 4-5　单相 PWM 逆变电路仿真模块的提取路径

元 件 名 称	提 取 路 径
PWM 调制信号发生器	Simulink/Sources/PWM Generator
直流电源	SimPowerSystems/Electrical Sources/DC Voltage Source
示波器	Simulink/Sinks/Scope
信号组合模块	Simulink/Signal Routing/Mux
测量模块	SimPowerSystems/Measurements Multimeter
负载 RLC	SimPowerSystems/Elements/Three-Phase Series RLC Load
IGBT	SimPowerSystems/Power Electronics/IGBT
用户界面分析模块	powergui

2）设置各模块的参数

（1）直流电源 DC Voltage Source：电压设置为 100 V。

（2）PWM 脉冲发生器 PWM Generator：参数设置如图 4-33 所示。

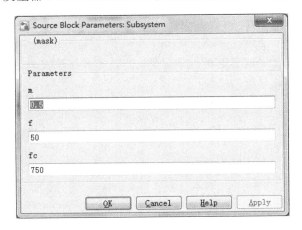

图 4-33　PWM 脉冲发生器参数设置

（3）IGBT：采用默认参数设置。

（4）负载：负载为阻感性负载，电阻为 1 Ω，电感为 2 H。

（5）信号组合模块 Mux：根据输入信号的个数将"Number of inputs"设置为 2。

（6）示波器：双击示波器模块，单击第二个图标"Parameters"，在弹出的对话框中选中"General"选项，设置"Number of axes"为 3。

3）仿真参数的设置

首先选择菜单"Simulation"→"Configuration Parameters"，打开设置窗口；然后设置"Start time"为 0.0、"Stop time"为 0.5，算法"Solver"选择 ode23tb，相对误差"Relative tolerance"设置为 1e-3。

4）波形分析

设置好仿真参数后就可以进行仿真了，仿真结果如图 4-34 所示。

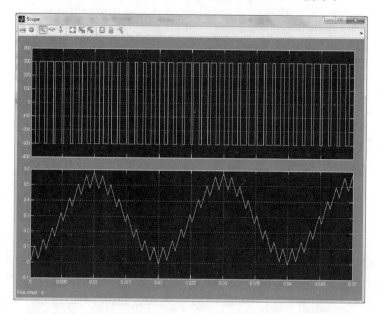

图 4-34　单相 PWM 逆变电路的 MATLAB 仿真波形

图 4-34 所示波形从上到下依次是单相 PWM 逆变电路的输出电压与输出电流。可以看出，采用 PWM 控制之后控制电路相对简单，控制效果与单独采用脉冲控制单个器件时的一致，输出波形与理论分析的结果一致。

2. 完成三相 PWM 逆变电路的 MATLAB 仿真分析

1）参考电路图建模

三相 PWM 逆变电路在 MATLAB/Simulink 中的仿真模型如图 4-35 所示。该仿真模

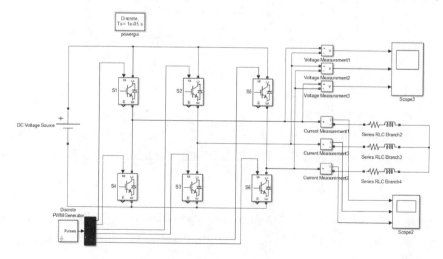

图 4-35　三相 PWM 逆变电路的仿真模型

型主要由直流电源 DC、IGBT、PWM 调制信号发生器和 RLC 负载等构成，PWM 调制信号发生器(Discrete PWM Generator)用来产生六个 IGBT 的触发脉冲。各模块的提取路径如表 4-6 所示。

表 4-6　三相 PWM 逆变电路仿真模块的提取路径

元 件 名 称	提 取 路 径
PWM 调制信号发生器	Simulink/Sources/Discrete PWM Generator
直流电源	SimPowerSystems/Electrical Sources/DC Voltage Source
示波器	Simulink/Sinks/Scope
信号组合模块	Simulink/Signal Routing/Mux
测量模块	SimPowerSystems/Measurements/Multimeter
负载 RLC	SimPowerSystems/Elements/Three-Phase Series RLC Load
IGBT	SimPowerSystems/Power Electronics /IGBT
用户界面分析模块	powergui
电流表	SimPowerSystems/Measurements/Current Measurement
电压表	SimPowerSystems/Measurements/Voltage Measurement

2) 设置各模块的参数

(1) 直流电源 DC Voltage Source：电压设置为 100 V。

(2) PWM 脉冲发生器 Discrete PWM Generator：参数设置如图 4-36 所示。

图 4-36　PWM 脉冲发生器参数设置

（3）IGBT：采用默认参数设置。

（4）负载：负载为阻感性负载，电阻为 1 Ω，电感为 0.5 H。

（5）信号组合模块 Mux：根据输入信号的个数将"Number of inputs"设置为 6。

（6）示波器：双击示波器模块，单击第二个图标"Parameters"，在弹出的对话框中选中"General"选项，设置"Number of axes"为 3。

3）仿真参数的设置

首先选择菜单"Simulation"→"Configuration Parameters"，打开设置窗口；然后设置"Start time"为 0.0、"Stop time"为 0.05，算法"Solver"选择 ode23tb，相对误差"Relative tolerance"设置为 le - 3。

4）波形分析

设置好仿真参数后就可以进行仿真了，仿真结果如图 4 - 37 所示。

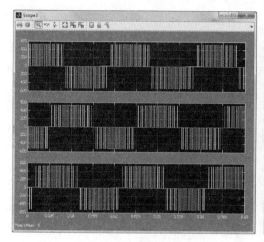
(a) 电压波形

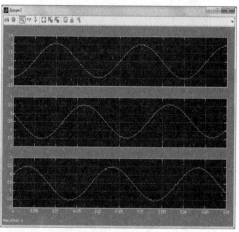
(b) 电流波形

图 4 - 37　三相 PWM 逆变电路的 MATLAB 仿真波形

以上波形分别为三相 PWM 逆变电路的输出电压与输出电流。可以看出，采用 PWM 控制后，三相逆变电路的输出与采用脉冲式时的是一致的，输出结果符合理论分析。在采用 PWM 控制后，其控制电路相对简单，控制精度也更高。

任务 4.4　安装小型光伏发电系统

4.4.1　安装与调试单相桥式有源逆变电路

逆变电路的主电路与整流电路相似，是通过调节逆变角来达到逆变效果的。本实验中采用晶闸管搭建单相逆变桥，采用锯齿波同步触发模块实现控制。

1. 材料准备

单相桥式有源逆变电路所应用到的电路元件明细表如表 4 - 7 所示。

表 4 - 7 单相桥式有源逆变电路元件明细表

序 号	分 类	名 称	型 号 规 格	数 量
1	三相电源输出	三相电源	三相交流电源输出	1 台
2	$V_1 \sim V_4$	晶闸管	3CT151	4 个
3	L_d	电感器	700 mH	1 个
4	R	可调电阻器	0～900 Ω	1 个
5	触发电路	触发电路	锯齿波同步触发电路	2 套
6	变压器模块	变压器模块	包括三相不控整流、三相电源输出	1 套
7		导线		若干
8		焊接工具		1 套
9		万用表	指针或数字	1 套
10		示波器	慢扫描或数字式存储示波器	1 套

2. 实验电路及原理

图 4 - 38 为单相桥式有源逆变电路的原理图,三相电源经三相不控整流,得到一个上负下正的直流电源,供逆变桥路使用,逆变桥路逆变出的交流电压经升压变压器反馈回电网。芯式变压器在此作为升压变压器用,从晶闸管逆变出的电压接芯式变压器的中压端,返回电网的电压从其高压端 A、B 输出。为了避免输出的逆变电压过高而损坏芯式变压器,故将变压器接成 Y/Y 接法。图 4 - 38 中的电阻 R、电抗 L_d 和触发电路与整流所用的相同。

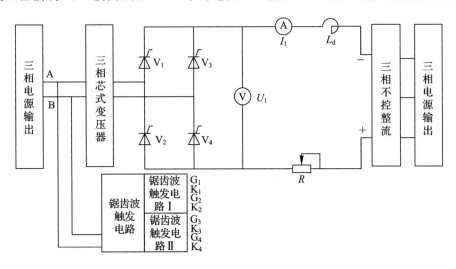

图 4 - 38 单相桥式有源逆变电路实验原理图

3. 调试与检测电路

1）调试触发电路

打开电源开关，用示波器观察锯齿波同步触发电路各观察孔的电压波形。将控制电压调至零，观察同步电压信号，调节偏移电压，使 $\alpha=180°$。

将锯齿波触发电路的输出脉冲端分别接至全控桥中相应晶闸管的门极和阴极，注意不要把相序接反了，否则无法进行整流和逆变。将锯齿波触发电路上的正桥和反桥触发脉冲开关都打到"断"的位置，确保晶闸管不被误触发。

2）单相桥式有源逆变电路实验

按图 4-38 接线，将电阻器放在最大阻值处，接通电源，保持偏移电压不变。逐渐增加逆变角的数值，在 $\beta=30°$、$60°$、$90°$时，观察、记录逆变电流和晶闸管两端电压 U_V 的波形，并记录负载电压的数值。

3）逆变失败现象的观察

调节控制电压，使 $\alpha=150°$，观察负载电压的波形。突然关断触发脉冲(可将触发信号拆去)，用双踪慢扫描示波器观察逆变失败现象，记录逆变失败时负载电压的波形。

4.4.2 安装与调试小型光伏发电系统

1. 选用相关器件

小型光伏发电系统主要由太阳能电池板、太阳能控制器、蓄电池、逆变器及负载等组成，如图 4-39 所示。组件的选择需要配合负载或功率计算，一套系统中各部分的电流电压需要相配。

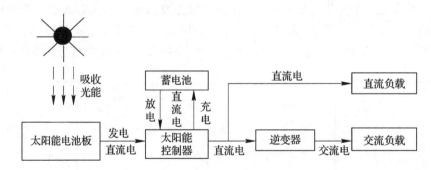

图 4-39　小型光伏发电系统示意图

1）太阳能电池板

太阳能电池板是太阳能发电系统中的核心部分，也是太阳能发电系统中价值最高的部分。它的作用是将太阳的辐射能力转换为电能，或送往蓄电池中存储起来，或推动负载工作。其外形如图 4-40 所示。

市面上常见的太阳能电池板主要有单晶硅、多晶硅和非晶硅三种。单晶硅太阳能电池板具有高转换效率和使用时间长的特点，目前光伏系统多采用单晶硅电池。图 4-40 所示的单晶硅太阳能电池板的输出功率为 100 W，输出电压为 18 V，峰值电流为 5.55 A，开路电压 22.0 V，转换率在 15% 以上，短路电流为 5.95 A。它的背面带有接线盒，可以根据需要对太阳能电池板进行串联或者并联，以达到预定的功率。

图4-40　单晶硅太阳能电池板的正面及背面

小功率的太阳能电池板可以用万用表直接测量。

（1）开路电压：将光伏电池置于 $100\ mW/cm^2$ 的强烈（无强烈光照时，可用投射灯正对太阳能电池板照射）光源照射下，使用万用表的直流电压挡，红表笔接电池板正极，黑表笔接电池板负极，测量光伏电池两端开路时的输出电压值。

（2）短路电流：将光伏电池在标准光源的照射下，在输出短路时流过光伏电池两端的电流。测量短路电流的一般方法是用内阻小于 $1\ \Omega$ 的电流表接到光伏电池的两端进行测量。用万用表的直流电流挡，红表笔接电池板正极，黑表笔接电池板负极。

（3）判定：根据测得的电压与电流值估算其功率，与给定参数相对照，在偏差不大的情况下认为合格。

2）太阳能控制器

太阳能控制器的作用是控制整个系统的工作状态，并对蓄电池起到过充电保护、过放电保护的作用。太阳能控制器中的微处理控制器（MCU）具有 PMW 控制，可调节0～100％可变占空比程序，可以适用于所有类型的光电面板及各类型电池。根据电池类型及充电的实际情况，能从太阳能控制器的 PV 面板选择输出快速、最佳的充电电压及电流。在温差较大的地方，合格的控制器还应具备温度补偿的功能。此外，太阳能控制器一般还有光控开关、时控开关等其他附加功能。太阳能控制器的外形如图4-41所示。

图4-41　太阳能控制器外形图

太阳能控制器的选用需要注意其功率范围，连接的太阳能电板以及蓄电池的功率和工作电压都必须在控制器可控功率范围之内，如果过大的话，会造成控制器的损坏。

3）蓄电池

光伏发电系统中需要用到蓄电池，其作用是在有光照时将太阳能电池板所发出的电能储存起来，到需要的时候再释放出来。考虑到实际应用的维护和成本问题，一般使用铅酸电池，小微型系统中也可使用镍氢电池、镍镉电池或锂电池。图4-42为铅酸免维护蓄电池。

选择蓄电池时应注意：蓄电池容量应大于太阳能电池板的总功率，蓄电池电压应在太阳能控制器的充电范围之内。使用过程中需注意远离高温及潮湿环境，也要远离易燃易爆物品。

图4-42 铅酸免维护蓄电池

4）逆变器

太阳能的直接输出一般都是12 V DC、24 V DC、48 V DC。为能向220 V AC的电器提供电能，需要将太阳能发电系统所发出的直流电能转换成交流电能，因此需要使用逆变器。

逆变器有多种规格，选择时需要与蓄电池以及控制器的最大电压、电流、功率相符。在使用时通常选择纯正弦波逆变器。纯正弦波逆变器输出的电压是优质交流电，其波形与市电供电一致，能带动所有采用市电供电的用电设备，而对电器没有任何干扰和损害。纯正弦波逆变器的外形如图4-43所示。

图4-43 纯正弦波逆变器

2. 安装与调试小型光伏发电系统

1）材料准备

小型光伏发电系统所应用到的电路元件明细表如表4-8所示。

表4-8 小型光伏发电系统元件明细表

序 号	分 类	名 称	型 号 规 格	数 量
1	太阳能电池	单晶硅太阳能电池板		1组
2	太阳能控制器	充放电控制器	12 V、24 V自适应式	1台
3	蓄电池	铅酸免维护蓄电池	12 V、24 V充电电压	1台
4	逆变器	纯正弦波逆变器	12 V、24 V输入电压	1台
5	负载	灯泡	白炽灯灯泡	1只
6		导线		若干
7		焊接工具	成套	1
8		万用表	套	1
9		示波器	套	1

2）安装电路

（1）以太阳能控制器为中心进行接线，注意电源的正负极，接好后用万用表测量确定没有短路后再开启设备。

（2）控制器和蓄电池组的安装位置要远离高温及潮湿环境，也要远离易燃易爆物品。

（3）使用时应将控制器、蓄电池组以及逆变器放通风处，不要用物品盖住，防止温度过高。

（4）使用的时候尽量使电池板对着12点太阳方向，电池板与地面呈30°～45°夹角。

3）调试与检测电路

电路搭建好后，将太阳能电池板放置在阳光下。试测量以下参数：太阳能电池板输出电压、太阳能电池板输出电流、蓄电池充电电流、逆变器输出电压波形。改变太阳能电池板正对阳光的角度，观察以上参数有何变化。

4）故障检测

在电路搭建成功后，可以在控制器上观察系统的运行情况，可能出现以下问题：

（1）阳光充足但不充电。

出现此现象可能是光伏板开路或者反接，需要重新连接光伏板。

（2）控制器负载标识不亮。

出现此现象可能的原因是控制器模式设置错误，需要重新设置；也可能是电池电压过低，需要将电池重新充电后使用。

（3）负载标识慢闪。

有可能为负载过流，需要减小负载功率。

（4）负载标识慢闪。

该现象说明控制器处于短路保护中，需要移除电路，之后控制器可自动恢复。

（5）控制器不亮。

该现象表明电池电压太低或反接，需要检查电池线路后更换电池或重接。

拓展阅读

逆变电路的应用

1. 有源逆变的应用

随着电力电子技术的飞速发展和各行各业对电气设备控制性能要求的提高，有源逆变技术在许多领域获得了越来越广泛的应用。有源逆变技术除在城市供电、电气传动、交通运输、通信、电力系统等领域大量应用外，在工业生产（如化学电源）、医疗设备（如医用电源）、家用电器、航空逆变器、舰船逆变器、变频电源及充电机等都会用到。总之，有源逆变技术已经涉及各行各业，以及各种领域的电源设备中。

1）光伏发电

能源危机和环境污染是目前全世界面临的重大问题，许多国家采取了提高能源利用率、改善能源结构、探索新能源和可再生能源等措施，以达到可持续发展的目的，其中光伏发电最受瞩目。

有源逆变一般用于大型光伏发电站（大于10 kW）的系统中，很多并行的光伏组被连到同一台集中逆变器的直流输入端，一般功率大的使用三相的IGBT功率模块，功率较小的使用场效应晶体管，同时使用DSP转换控制器来改善所产出电能的质量，使它非常接近于正弦波电流。

2）不间断电源系统（UPS）

UPS（Uninterruptible Power Supply）的全称是不间断电源系统。顾名思义，UPS是一

种能为负载提供连续的不间断电能供应的系统设备。UPS最早应用在一些特殊领域，比如医院的手术室供电保障、电台/电视台的节目播出系统供电、军事应用等。今天，计算机技术、信息技术及其相关产业飞速发展，计算机在各行各业得到了广泛应用，于是UPS似乎也成了计算机系统设备的一个部分。UPS的核心技术就是将蓄电池中的直流电能逆变为交流电能的逆变技术。

3）电动机制动再生能量回馈

在变频调速系统中，电动机的减速和停止都是通过逐渐减小运行频率来实现的。在变频器频率减小的瞬间，电动机的同步转速随之下降，而由于机械惯性的原因，电动机的转子转速未变，或者说它的转速变化是有一定时间滞后的，这时会出现实际转速大于给定转速，从而产生电动机反电动势高于变频器直流端电压的情况。这时电动机就变成发电机，非但不消耗电网电能，反而可以通过变频器专用型能量回馈单元向电网送电，这样既有良好的制动效果，又能将动能转换为电能，向电网送电而达到回收能量的效果。

交流电动机和直流电动机在制动过程中都会处于发电状态而使直流母线电压上升。采用有源逆变系统将能量回馈到交流电网而代替传统的电阻能耗制动，既节约了电能，又提高了安全性能。回馈制动采用的是有源逆变技术，将再生电能逆变为与电网同频率、同相位的交流电回送电网，从而实现制动。

4）直流输电

由于交流输电架线复杂、损耗大、电磁波污染环境，所以直流输电是一个发展方向。直流输电目前主要用于：① 远距离大功率输电；② 联系不同频率或相同频率而非同步运行的交流系统；③ 作网络互联和区域系统之间的联络线（便于控制，又不增大短路容量）；④ 以海底电缆作跨越海峡送电或用地下电缆向用电密度高的大城市供电；⑤ 在电力系统中采用交、直流输电线的并列运行，利用直流输电线的快速调节，控制、改善电力系统的运行性能，首先把交流电整流成高压直流再进行远距离输送，然后再逆变成交流电供给用户。

随着电力电子技术的发展，大功率可控硅制造技术的进步、价格的下降、可靠性的提高，以及换流站可用率的提高，直流输电技术的日益成熟，使直流输电在电力系统中得到更多的应用。当前，研制高压直流断路器、研究多端直流系统的运行特性和控制、发展多端直流系统、研究交直流并列系统的运行机理和控制，受到广泛的关注。

许多科学技术学科的新发展为直流输电技术的应用开拓着广阔的前景，多种新的发电方式——磁流体发电、电气体发电、燃料电池及太阳能电池等产生的都是直流电，所产生的电能要以直流方式输送，并用逆变器变换送入交流电力系统；极低温电缆和超导电缆也更适宜于直流输电等。今后的电力系统必将是交、直流混合的系统。

2. 无源逆变的应用

无源逆变器应用区域主要集中在变频上。无源逆变输出电压的频率的差异会很大，有时变频器输出频率低于交流市电电源频率，如交流电动调速系统；有时又会达到几千赫兹到几十千赫兹甚至更高，如感应加热系统。

无源逆变电路多与其他电力电子变换电路组合形成具有特殊功能的电力电子设备。如无源逆变器与整流器组合为交-直-交变频器，来自交流电源的恒定幅度和频率的电能先经整流变为直流电，然后经无源逆变器输出可调频率的交流电供给负载。

以高压应用的实例来看，将高压电动机直接接入电网运行，由于电网频率是固定的工频，因此电动机的转速也是固定的。但如果将高压电动机接入高压变频器，电动机的转速将受变频器的调节而变化，从而能够实现交流调速。

将高压变频器应用于泵类负载的速度控制中，不仅可以提高工业和产品质量，而且可以节能和满足设备经济运行的要求，有的可以节能 30%～40%，这一点已被广大用户所认可。不光是在泵类负载中，高压变频器涉及的领域十分广阔，包括电力、冶金、煤炭、石油化工等行业，其中电力、冶金、水泥等行业所占比重正逐年增强。近年来中国高压变频器市场规模不断增长，2022 年全球中高压变频器企业市场份额排名中，国内品牌汇川技术、英威腾排名前五。其中，汇川技术 2022 年在电梯行业销售一体化控制器及变频器超过 50 万台，且其竞争力正在持续增强。

逆变电路的应用如图 4-44 所示。

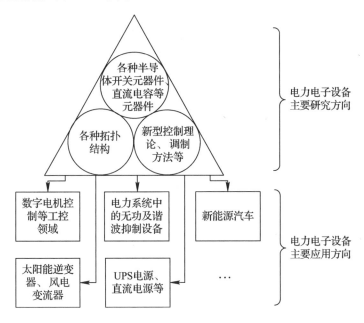

图 4-44　逆变电路的应用

习　　题

1. 两个电源间能量的传送有什么特点？
2. 无源逆变电路和有源逆变电路有什么区别？
3. 在逆变电路中器件的换流方式有哪些？各有什么特点？试举例说明。
4. 简述实现有源逆变的基本条件。
5. 什么是逆变失败？如何防止逆变失败？
6. 变流器工作在逆变状态时，控制角至少为多少？为什么？
7. 在有源逆变电路中，最小逆变角应设定为多少？为什么？
8. 请说明整流电路、逆变电路这两个概念的区别。
9. 什么是电压型逆变电路和电流型逆变电路？二者各有什么特点？

10. 电压型逆变电路中二极管的作用是什么？如果没有将出现什么现象？为什么电流型逆变电路中没有这样的二极管？

11. 试描述180°电压型逆变电路的换流顺序以及每60°区间导通管号。

12. 试写出电流型三相桥式逆变电路的换流顺序。

13. 在单相电压型逆变电路中，电阻性负载和电感性负载对输出电压、电流有何影响？电路结构有哪些变化？

14. 试说明PWM控制的基本原理。

15. 面积等效原理的含义是什么？

16. 有哪些常用的PWM技术？其中文名称和英文缩写分别是什么？

17. PWM控制方法的优缺点分别是什么？

18. 单极性和双极性PWM控制有什么区别？在三相桥式PWM逆变电路中，输出相电压（输出端相对于中性点N'的电压）有几种电平？

19. PWM控制中，调制信号和载波信号常用什么波形？

20. 有源逆变技术和无源逆变技术分别应用在哪些场合？起到什么作用？

项目 **5**

交流调压电路——调试电风扇无级调速器

【学习目标】

知识目标：

（1）能说出双向晶闸管的工作原理及伏安特性。

（2）能说出单相交流调压阻感负载电路以阻抗角为参变量的晶闸管导通角和触发角的关系。

能力目标：

（1）能说出单相交流调压电路工作原理并能画出输出波形图。

（2）会用 MATLAB 分析并检测单相交流调压电阻负载电路和阻感负载电路的输出波形。

素养目标：

（1）培养细致分析、认真解决问题的能力。

（2）培养有效利用信息化手段获得有用信息的能力。

【项目引入】

在工业生产及日用电器设备中，有不少交流供电的设备采用控制交流电压来调节设备的工作状态，交流调压电路应运而生。交流调压电路广泛应用于工业加热、灯光控制、感应电动机的调速以及电解电镀的交流调压等场合。

电力电子器件在电力电子技术中占据重要一环，我国的电力电子器件包括高端型号，现在已基本实现国产化。

请查找资料，向同学们介绍一些国产电力电子器件的厂商。

本项目中将组装电风扇无级调速器，从而学习如何使用简单的交流调压电路。电风扇无级调速器的外形如图 5-1(a)所示，只要旋动旋钮便可以调节电风扇的速度，从而调节风量，图 5-1(b)为其内部结构图，图 5-1(c)为其电路原理图。

在图 5-1(c)中，调速器电路由主电路和触发电路两部分构成，在双向晶闸管的两端并接 RC 元件，利用电容两端电压瞬间不能突变的性质，作为晶闸管关断过电压的保护措施。

(a) 外形   (b) 内部结构图

(c) 电路原理图

图 5-1 电风扇无极调速器

任务 5.1 认识双向晶闸管

普通晶闸管是单向导通器件，在作交流电路控制时，需两个元件反并联才能实现两个方向控制导通，这会使装置变得复杂。双向晶闸管相当于一对反并联的普通晶闸管，这大大简化了电路，且具有触发电路简单、工作性能可靠、使用寿命长等优点，因而它在交流调压、无触点交流开关、温度控制、灯光调节及交流电机调速等领域得到了广泛应用。

5.1.1 了解双向晶闸管的工作原理

1. 双向晶闸管的结构

从外观上看，双向晶闸管和普通晶闸管一样，有小功率塑封型、大功率螺栓型和特大功率平板型。塑封型元件的电流容量一般只有几安培，调光台灯、家用风扇无级调速器目前多用这种形式的晶闸管。

双向晶闸管内部是一种 NPNPN 的五层结构引出三个端子的元件，三个端子分别是两个主电极 T_1 和 T_2，一个门极 G。其结构及图形符号如图 5-2 所示。从图 5-2(a) 可见，双向晶闸管相当于具有公共门极的一对普通晶闸管反并联，不过它只有一个门极 G，且该门极相对于 T_1 端无论是正的还是负的，都能触发，而且 T_1 相对于 T_2 既可以是正的，也可以是负的。图 5-2(b) 表示它的等效电路，图 5-2(c) 是它的图形符号。

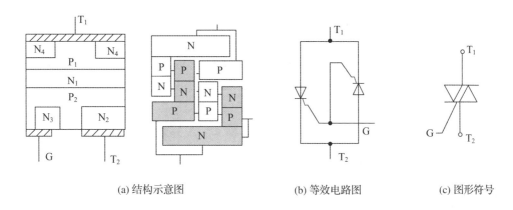

(a) 结构示意图　　　　(b) 等效电路图　　　(c) 图形符号

图 5-2　双向晶闸管的结构及图形符号

常见的双向晶闸管的引脚排列如图 5-3 所示。

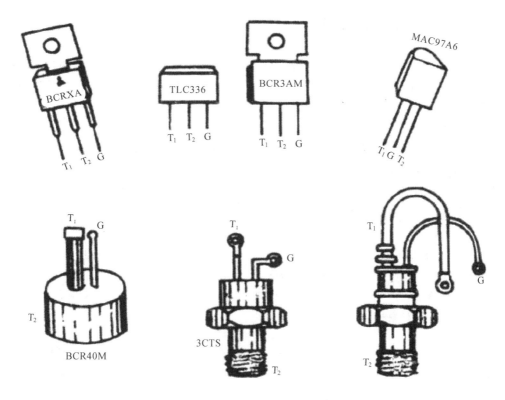

图 5-3　常见双向晶闸管的引脚排列

2. 伏安特性

与普通晶闸管的伏安特性不同，双向晶闸管的门极使器件在主电极的两个方向均可触发导通，所以双向晶闸管在第一象限和第三象限有对称的伏安特性，如图 5-4 所示。正向部分位于第一象限，反向部分位于第三象限，这一点与普通晶闸管是不同的。其中，规定双向晶闸管的 T_1 极为正，T_2 极为负时的特性为第一象限特性；而 T_1 极为负，T_2 极为正时的特性为第三象限特性。

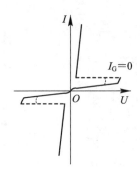

图 5-4　双向晶闸管的伏安特性

3. 工作原理

双向晶闸管与普通晶闸管一样，也具有触发控制特性。不过，它的触发控制特性与普通晶闸管有很大的不同，这就是无论在阳极和阴极间接入何种极性的电压，只要给门极 G 和主电极 T_2 间施加正触发电流（I_G 从 G 流入，从 T_2 流出）或负触发电流（I_G 从 T_2 流入，从 G 流出），均能使双向晶闸管导通。

由于双向晶闸管在阳极、阴极间接任何极性的工作电压都可以实现触发控制，因此双向晶闸管的主电极也就没有阳极、阴极之分。根据施加于 T_1 和 T_2 间的电压极性与控制门极信号极性的不同，双向晶闸管有四种触发方式，在不同的触发方式下，器件的触发灵敏度不同。这四种触发方式介绍如下。

1）I_+ 触发方式

这种触发方式中 T_1 相对于 T_2 为正偏，即 T_1 为正，T_2 为负；门极电压 G 为正，T_2 为负，特性曲线在第一象限。在这种偏置情况下，其中一只晶闸管反偏，无论门极如何偏置均不会导通；而对另一只晶闸管来说，和前面研究的普通晶闸管的触发原理是一样的，是一种常规触发，因而其灵敏度较高。

2）I_- 触发方式

这种触发方式中 T_1 相对于 T_2 为正偏，即 T_1 为正，T_2 为负；门极电压 G 为负，T_2 为正，特性曲线在第一象限。在这种偏置情况下，其中一只晶闸管反偏，是不会导通的；而对另一只晶闸管来说，由于 T_2 的电位高于 G 端，触发电流由 T_2 流入，由 G 流出，因此晶闸管被触发导通。这种触发方式的触发灵敏度近似于 I_+ 触发方式灵敏度的 1/3。

3）III_- 触发方式

这种触发方式中 T_1 相对于 T_2 为反偏，即 T_1 为负，T_2 为正；门极电压 G 为负，T_2 为正，特性曲线在第三象限。在这种偏置情况下，其中一只晶闸管反偏，无论门极如何偏置均不会导通。这种触发方式的触发灵敏度近似于 I_+ 触发方式灵敏度的 1/3。

4）III_+ 触发方式

这种触发方式中 T_1 相对于 T_2 为反偏，即 T_1 为负，T_2 为正；门极电压 G 为正，T_2 为负，特性曲线在第三象限。在这种偏置情况下，其中一只晶闸管反偏，无论门极如何偏置均不会导通。这种触发方式的触发灵敏度近似于 I_+ 触发方式灵敏度的 1/4。

由于双向晶闸管内部结构的原因，因此这四种触发方式的灵敏度各不相同，即所需触发电压、电流的大小均不同。其中，III_+ 触发方式的灵敏度最低，所需的门极触发功率最大，所以在实际应用中一般不选择此种触发方式。双向晶闸管常常用在交流调压等电路中,因此触发方式常选(Ⅰ₊与Ⅲ₋)或(Ⅰ₋与Ⅲ₋)这两组触发方式。

5.1.2 了解双向晶闸管的参数

双向晶闸管的主要参数与普通晶闸管的参数基本一致。

根据 JB2173-77 标准规定,国产双向晶闸管的型号定义如下:

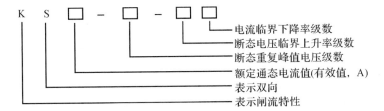

如型号 KS50-10-21 表示双向晶闸管的额定电流为 50 A,额定电压为 10 级(1000 V),断态电压临界上升率 du/dt 为 2 级(不小于 200 V/μs),换相电流临界下降率 di/dt 为 1 级(不小于 $I_{T(RMS)}$ 的 1%)。有关 KS 型双向晶闸管的主要参数和分级的规定如表 5-1、表 5-2 和表 5-3 所示。

表 5-1 KS型双向晶闸管的主要参数

类别	额定通态电流(有效值)$I_{T(RMS)}$/A	断态重复峰值电压(额定电压)U_{DRM}/V	断态重复峰值电流I_{DRM}/mA	额定结温T_{jM}/℃	断态电压临界上升率du/dt/(V/μs)	通态电流临界上升率di/dt/(A/μs)	换相电流临界下降率(di/dt)/(A/μs)	门极触发电流I_{GT}/mA	门极触发电压U_{GT}/V	门极峰值电流I_{GM}/A	门极峰值电压U_{GM}/V	维持电流I_H/mA	通态平均电压$U_{T(AV)}$/V
KS1	1		<1	115	≥20			3~100	≤2	0.3	10		上限值各厂由浪涌电流和结温的合格形式试验决定,并要求满足 $\|U_{T1}-U_{T2}\| \leq 0.5\,V$
KS10	10		<10	115	≥20			5~100	≤3	2	10		
KS20	20		<10	115	≥20			5~200	≤3	2	10		
KS50	50	100~200	<15	115	≥20	10	≥0.2%$I_{T(RMS)}$	8~200	≤4	3	10	实测值	
KS100	100		<20	115	≥50	10		10~300	≤4	4	12		
KS200	200		<20	115	≥50	15		10~400	≤4	4	12		
KS400	400		<25	115	≥50	30		20~400	≤4	4	12		
KS500	500		<25	115	≥50	30		20~40	≤4	4	12		

表 5 - 2　断态电压临界上升率分级规定

等级	0.2	0.5	2	5
$\mathrm{d}u/\mathrm{d}t/(\mathrm{V}/\mu\mathrm{s})$	≥20	≥50	≥200	≥500

表 5 - 3　换相电流临界下降率分级规定

等级	0.2	0.5	1
$\mathrm{d}i/\mathrm{d}t/(\mathrm{A}/\mu\mathrm{s})$	≥0.2% $I_{\mathrm{T(RMS)}}$	≥0.5% $I_{\mathrm{T(RMS)}}$	≥1% $I_{\mathrm{T(RMS)}}$

1. 额定通态电流 $I_{\mathrm{T(RMS)}}$

双向晶闸管的主要参数中只有额定电流与普通晶闸管的有所不同，其他参数定义相似。由于双向晶闸管工作在交流电路中，正反向电流都可以流过，所以它的额定电流不是用平均值而是用有效值来表示的。标准散热条件下，当器件的单向导通角大于 170°时，允许流过器件的最大交流正弦电流的有效值用 $I_{\mathrm{T(RMS)}}$ 表示。

双向晶闸管额定通态电流 $I_{\mathrm{T(RMS)}}$ 的系列值为 1 A、10 A、20 A、50 A、100 A、200 A、400 A、500 A。其额定电压的分级同普通晶闸管的。

双向晶闸管额定电流与普通晶闸管额定电流之间的换算关系为

$$I_{\mathrm{T(AV)}} = 0.45 \, I_{\mathrm{T(RMS)}} \qquad (5-1)$$

以此推算，一个 100 A 的双向晶闸管与两个反并联 45 A 的普通晶闸管的电流容量相等。

2. 断态重复峰值电压 U_{DRM}（额定电压）

实际应用时，断态重复峰值电压通常取两倍的安全裕量。

5.1.3　了解双向晶闸管的触发电路

双向晶闸管的控制方式常用的有两种，第一种为移相触发，与普通晶闸管一样，是通过控制触发脉冲的相位来达到调压的目的；第二种是过零触发，适用于调功电路及无触点开关电路。

1. 简易触发电路

图 5 - 5 给出了一个双向晶闸管的简易触发电路图。

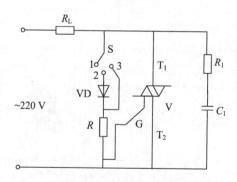

图 5 - 5　双向晶闸管的简易触发电路

1）开关 S 置于位置 1

在该电路中，当开关 S 置于位置 1 时，双向晶闸管 V 得不到触发信号，不能导通，负

载 R_L 上得不到电压。

2）开关 S 置于位置 2

当开关 S 置于位置 2 时，在电源正半周，T_1 为正，T_2 为负，门极 G 通过 $R_L \rightarrow S \rightarrow VD \rightarrow R$，得到触发电压，相对于 T_2 为正，双向晶闸管 V 导通。此触发方式为 I_+ 触发方式。在电源负半周，由于二极管 VD 反偏，双向晶闸管 V 得不到触发电压，不能导通，负载 R_L 电压为零。因而在 R_L 上得到半波整流电压。这就是 I_+ 触发方式。

3）开关 S 置于位置 3

当开关 S 置于位置 3 时，在电源正半周，T_1 为正，T_2 为负，门极 G 得到相对于 T_2 为正的触发电压，双向晶闸管 V 导通，电压过零关断，此触发方式为 I_+ 触发方式；在电源负半周，T_1 为负，T_2 为正，门极 G 得到相对于 T_2 为负的触发电压，双向晶闸管 V 导通，此触发方式为 III_- 触发方式。因此，当开关置于位置 3 时，在 R_L 上可得到近似的单相交流电压。

2．本相电压强触发电路

本相电压强触发电路简单、工作可靠，主要用于双向晶闸管组成的交流开关电路中，如图 5-6 所示。图中双向晶闸管的 T_1 和 G 之间通过开关 S 和 R_g 相连接，当 S 闭合时，交流电源加在 T_1、T_2 两极的电压直接加至 T_1 和 G 之间，作为双向晶闸管的触发电压。T_1、G 两端的电压将随电源电压的变化而变化，当该电压形成的电流达到双向晶闸管的触发电流时，双向晶闸管导通。元件导通后，T_1 与 T_2 之间的电压瞬时降至双向晶闸管的导通压降

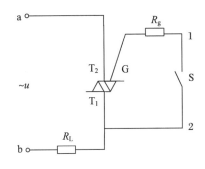

图 5-6　采用本相电压的触发电路

1 V 左右，从而使门极电压也降至很小，不再对双向晶闸管产生什么影响。本电路双向晶闸管的触发方式为 I_+ 和 III_-。

3．单结晶体管触发

图 5-7 所示为采用单结晶体管触发的交流调压电路，调节 R_P 阻值可改变负载 R_L 上电压的大小。

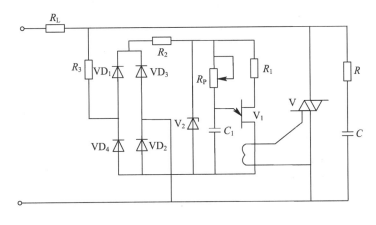

图 5-7　采用单结晶体管组成的触发电路

4. 用 KC06 控制芯片组成的双向晶闸管移相交流调压电路

图 5-8 所示为用 KC06 组成的双向晶闸管移相交流调压电路。该电路主要适用于交流直接供电的双向晶闸管或反并联普通晶闸管的交流移相控制。R_{P1} 用于调节触发电路锯齿波斜率；R_4 和 C_3 用于调节脉冲宽度；R_{P2} 为移相控制电位器，用于调节输出电压的大小。

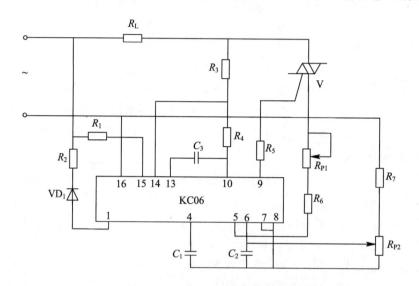

图 5-8 用 KC06 组成的双向晶闸管移相交流调压电路

任务 5.2   认识单相交流调压电路

5.2.1 了解单相交流调压电路

将一种形式的交流电变成另一种形式的交流电，可以通过改变电压、电流、频率、幅值、相位等参数的方法来实现。交流调压是指将一种幅值的交流电能转化为同频率的另一种幅值的交流电能。单相交流调压电路一般由一只双向晶闸管组成，也可以用两只普通晶闸管或 GTR(其他全控型器件)反并联组成，前一种电路线路简单、成本低，在日常生活及生产中用得很多。

1. 电阻性负载

1) 工作原理

带电阻性负载的单相交流调压电路如图 5-9 所示，它由一只双向晶闸管组成主电路，接电阻性负载，图 5-9(b)为其部分波形图。

在电源 u_i 的正半周内，双向晶闸管 V 承受正向电压，当 $\omega t = \alpha$ 时，触发 V 导通，有正向电流流过 R_L，负载 R_L 端电压为正值，电流过零时 V 自行关断，则负载上得到缺 α 角的正弦半波电压；在电源负半周内，当 $\omega t = \pi + \alpha$ 时，再触发 V 导通，有反向电流流过 R_L，负载 R_L 端电压为负值，电流过零时 V 再自行关断，则负载上又得到缺 α 角的正弦半波电压；然后重复上述过程，在负载电阻上得到缺 α 角的正弦半波电压，如图 5-9(b)所示。

改变 α 角,就可以调节负载两端输出电压的有效值,从而达到交流调压的目的。若是将双向晶闸管改成用两只反并联的普通晶闸管组成电路,则需要两组独立的触发电路分别控制两只晶闸管,在正负半周的对称时刻($\omega t = \alpha$,$\omega t = \pi + \alpha$)给触发脉冲,其工作情况与双向晶闸管的一样,可在负载上得到同样波形的可调交流电压。

图 5-9(b)中给出了电源电压即输入电压 u_i,负载两端电压即输出电压 u_o,负载电流 i_o 和双向晶闸管 V 两端电压的波形 u_V。

负载电压波形正负半周均为电源电压波形的一个片段,且正负半周对称,平均值为零(纯交流输出)。i_o 与 u_o 的波形相同。

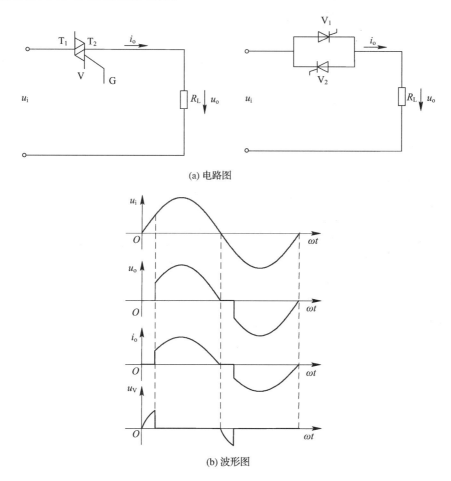

(a) 电路图

(b) 波形图

图 5-9 带电阻性负载的单相交流调压电路图及波形

2)计算带电阻性负载的单相交流调压电路的相关参数

(1)输出交流电压的有效值为

$$U_o = \sqrt{\frac{1}{\pi} \int_\alpha^\pi (\sqrt{2} U_i \sin \omega t)^2 \, d(\omega t)} = U_i \sqrt{\frac{1}{2\pi} \sin 2\alpha + \frac{\pi - \alpha}{\pi}} \qquad (5-2)$$

(2)输出交流电流的有效值为

$$I_o = \frac{U_o}{R} = \frac{U_i}{R} \sqrt{\frac{1}{2\pi} \sin 2\alpha + \frac{\pi - \alpha}{\pi}} \qquad (5-3)$$

（3）电路功率因数为

$$\cos\varphi = \frac{P}{S} = \frac{U_o I_o}{U_i I_o} = \sqrt{\frac{1}{2\pi}\sin 2\alpha + \frac{\pi - \alpha}{\pi}} \tag{5-4}$$

电路的移相范围为 $0 \sim \pi$。

从上式可以看出，通过改变 α 可得到不同的输出电压有效值。随着 α 的增大，U_o 逐渐减小，当 $\alpha = \pi$ 时，$U_o = 0$。因此，单相交流调压器对于电阻性负载，其电压的输出调节范围为 $0 \sim U_i$，控制角 α 的移相范围为 $0 \sim \pi$。

交流调压电路的触发电路完全可以套用整流移相触发电路，但是脉冲的输出必须通过脉冲变压器，其两个二次绕组之间要有足够的绝缘。

【例 5 - 1】 在单相交流调压电路（电阻性负载）中，电源电压 U_i 为 220 V，负载电阻 $R_L = 40\ \Omega$，控制角 $\alpha = \dfrac{\pi}{2}$，试计算：

（1）负载两端输出电压的有效值；

（2）负载电流的有效值。

解 （1）负载两端输出电压的有效值为

$$U_o = U_i\sqrt{\frac{1}{2\pi}\sin 2\alpha + \frac{\pi - \alpha}{\pi}} = 220 \times \sqrt{\frac{1}{2\pi}\sin\left(2 \times \frac{\pi}{2}\right) + \frac{\pi - \dfrac{\pi}{2}}{\pi}}$$

$$= 220 \times \sqrt{\frac{1}{2\pi}\sin\pi + \frac{1}{2}}\ \mathrm{V} \approx 156\ \mathrm{V}$$

（2）负载电流的有效值为

$$I_o = \frac{U_o}{R} = \frac{156}{40}\ \mathrm{A} = 3.9\ \mathrm{A}$$

【例 5 - 2】 一调光台灯由单相交流调压电路供电，设该台灯可看作电阻负载，在 $\alpha = 0°$ 时输出功率最大。试求功率为最大输出功率的 80%、50% 时的导通角 α。

解 $\alpha = 0°$ 时输出电压最大，为

$$U_{omax} = \sqrt{\frac{1}{\pi}\int_0^\pi \left(\sqrt{2}U_i\sin\omega t\right)^2 \mathrm{d}(\omega t)} = U_i$$

此时负载电流最大，为

$$I_{omax} = \frac{U_{omax}}{R} = \frac{U_i}{R}$$

因此，最大输出功率为

$$P_{max} = U_{omax} I_{omax} = \frac{U_i^2}{R}$$

输出功率为最大输出功率的 80% 时，有

$$P = 0.8 P_{max} = \frac{0.8 U_i^2}{R}$$

此时 $U_o = \sqrt{0.8}U_i$，又由

$$U_o = U_i\sqrt{\frac{\sin 2\alpha}{2\pi} + \frac{\pi - \alpha}{\pi}}$$

解得 $\alpha \approx 60.54°$。

同理，输出功率为最大输出功率的 50% 时，有

$$U_{o} = \sqrt{0.5}U_{i}$$

又由

$$U_{o} = U_{i} \sqrt{\frac{\sin2\alpha}{2\pi} + \frac{\pi - \alpha}{\pi}}$$

解得 $\alpha = 90°$。

2. 电感性负载

图 5-10 给出了带电感性负载的单相交流调压电路图及波形。当电感性负载电路中电源电压由正向负过零时，由于电感负载中产生的感应电动势要阻止电流变化，电压过零时电流还未到零，晶闸管不能关断，故还要继续导通到负半周一段时间。

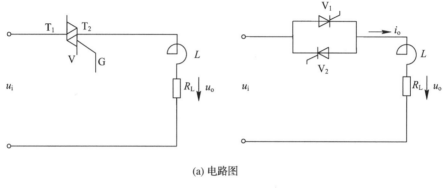

(a) 电路图

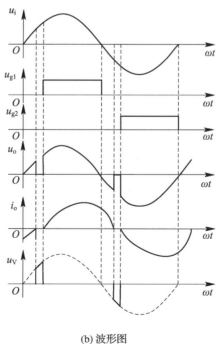

(b) 波形图

图 5-10　带电感性负载的单相交流调压电路图及波形

1）工作原理

由图 5-10(b)可知，晶闸管的导通角 θ 不仅与控制角 α 有关，而且与负载的阻抗角 φ 有关。控制角 α 越小则导通角越大；负载的阻抗角 φ 越大，表明负载感抗大，自感电动势使电流过零的时间越长，因而导通角 θ 越大。图 5-10(a)中双向晶闸管也可改用两只反并联的普通晶闸管，但需要两组独立的触发电路分别控制两只晶闸管。

若晶闸管短接，稳态时负载电流为正弦波，且其相位滞后于 u_i 的角度为 φ。当用晶闸管控制时，只能进行滞后控制，将使负载电流更为滞后。

（1）电源电压在正半周。

当电源电压 u_i 在正半周时，晶闸管 V_1 承受正向电压，但是没有触发脉冲，晶闸管 V_1 没有导通。在 α 时刻有一个触发脉冲，晶闸管 V_1 导通，晶闸管 V_2 在电源电压是正半周时承受反向电压截止。当电源电压反向过零时，由于电感负载产生感应电动势阻止电流变化，故电流不能马上为零。随着电源电流下降过零进入负半周，电路中的电感储存的能量释放完毕，电流到零，晶闸管 V_1 关断。

（2）电源电压在负半周。

当电源电压 u_i 在负半周时，晶闸管 V_2 承受正向电压，但是没有触发脉冲，晶闸管 V_2 没有导通，在 $\pi+\alpha$ 时刻得到一个触发脉冲，晶闸管 V_2 导通，晶闸管 V_1 在电源电压是负半周时承受反向电压截止。当电源电压反向过零时，由于电感负载产生感应电动势阻止电流变化，故电流不能马上为零。随着电源电流下降过零进入正半周，电路中的电感储存的能量释放完毕，电流到零，晶闸管 V_2 关断。

2）θ 与 α 和 φ 的关系

晶闸管导通角 θ 的大小不但与控制角 α 有关，还与负载的阻抗角 $\varphi(\varphi=\arctan(\omega L/R))$ 有关。图 5-11 给出了带电感性负载的单相交流调压电路以 φ 为参变量的 θ 和 α 的关系曲线。

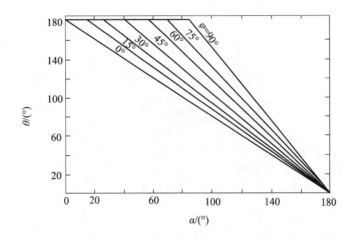

图 5-11　单相交流调压电路以 φ 为参变量的 θ 和 α 的关系曲线

下面分三种情况进行讨论。

（1）$\alpha > \varphi$。

当$\alpha > \varphi$时，由式$\varphi = \arctan(\omega L/R)$可以判断出导通角$\theta < \pi$，正负半波电流断续，且$\alpha$越大，$\theta$越小，波形断续愈严重。可见，$\alpha$在$\varphi \sim \pi$范围内，输出交流电压连续可调。

（2）$\alpha = \varphi$。

当$\alpha = \varphi$时，由$\varphi = \arctan(\omega L/R)$可以计算出每个晶闸管的导通角$\theta = \pi$，此时每个晶闸管轮流导通$180°$，相当于两个晶闸管轮流被短接。正负半波电流临界连续，输出完整正弦波，输出效果与交流开关完全短路或开通的情况相同，相当于晶闸管失去控制作用。

（3）$\alpha < \varphi$。

当$\alpha < \varphi$时，电源接通后，在电源的正半周，如果先触发V_1，则可以判断出它的导通角$\theta > \pi$。如果采用窄脉冲触发，当V_1的电流下降为零而关断时，V_2的门极脉冲已经消失，V_2无法导通，到下一周期，V_1又被触发导通重复上一周期的工作，结果形成单向半波整流现象，回路中出现很大的直流电流分量，无法维持电路的正常工作。

（4）解决方法。

解决上述电路失控现象的常用方法是：采用宽脉冲或脉冲列触发，以保证V_1电流下降到零时，V_2的触发脉冲信号还未消失，V_2可以在V_1电流为零关断后接着导通。但V_2的初始触发控制角$\alpha + \theta - \pi > \varphi$，即$V_2$的导通角$\theta < \pi$。从第二周开始，由于$V_2$的关断时刻向后移，因此$V_1$的导通角逐渐减小，$V_2$的导通角逐渐增大，直到两个晶闸管的导通角$\theta = \pi$时达到平衡。

因此，电感性负载电路能使输出电压可调的正常移相范围是$\alpha = \varphi \sim \pi$，正负半波电流断续（$\theta < \pi$），为非正弦。$\alpha$越大，则$\theta$越小，负载电流波形断续加重。当$\alpha \leqslant \varphi$时，若采用宽脉冲或脉冲列触发，则作用效果与交流开关完全短路的情况相同，不具备可控调压作用，且有$u_o = u_i$，i_o为连续正弦波。

（5）总结。

综上所述，单相交流调压有以下特点：

① 电阻性负载时，负载电流与电压同相、同频，不同幅值。改变控制角α，可以连续改变输出交流电压的有效值，从而达到交流调压的目的。控制角α的范围在$0 \sim \pi$之间。

② 电感性负载时，最小控制角$\alpha = \varphi = \arctan(\omega L/R)$。改变控制角$\alpha$，可以连续改变输出交流电压的有效值，从而达到交流调压的目的。控制角α的移相范围在$\varphi \sim \pi$之间，可采用宽脉冲或脉冲列触发。

5.2.2　完成单相交流调压电路的 MATLAB 仿真分析

1. 参考电路图建模

Simulink 单相交流调压电路如图 5-12 所示，该电路主要元器件有交流电源、两只反并联晶闸管、RLC 负载等，各模块的提取路径如表 5-4 所示。

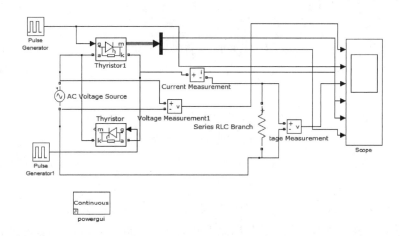

图 5-12　Simulink 单相交流调压电路（电阻性负载）

表 5-4　单相交流调压电路仿真模块的提取路径

元 件 名 称	提 取 路 径
脉冲触发器	Simulink/Sources/Pulse Generator
交流电源	SimPowerSystems/Electrical Sources/AC Voltage Source
示波器	Simulink/Sinks/Scope
电压表	SimPowerSystems/Measurements/Voltage Measurement
电流表	SimPowerSystems/Measurements/Current Measurement
负载 RLC	SimPowerSystems/Elements/Series RLC Branch
晶闸管	SimPowerSystems/Power Electronics/Thyristor
用户界面分析模块	powergui

2. 设置各模块的参数

采用双击模块图标弹出的对话框来设置参数，这里所设置的参数如下：

（1）电源 AC Voltage Source：交流电压源，电压为 220 V，频率为 50 Hz，初始相位为 0。

（2）脉冲触发器 Pulse Generator：模型中用到两个触发脉冲。双击脉冲发生器，弹出一个参数修改窗口，振幅设置为 5，周期设置为 0.01 s，脉宽可设置为 5，控制角 α 的设置按照公式 $t=\alpha T/360°$ 的数值完成。另一个触发脉冲的设置其他几项与第一个触发脉冲的设置一致，控制角按照 $t=\dfrac{\alpha T}{360}+T/2$ 计算得到，图 5-13 所示为 $\alpha=0°$ 时的设定值。

（3）晶闸管：采用默认参数设置。

（4）电阻负载：设定负载是电阻负载，$R=1\ \Omega$。

（5）示波器：双击示波器模块，单击第二个图标"Parameters"，在弹出的对话框中选中"General"选项，设置"Number of axes"为 4。

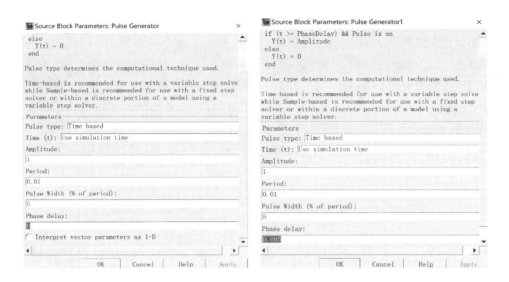

图 5-13　触发脉冲设置值

3. 仿真参数的设置

由于电源频率是 50 Hz，因此设置仿真的终止时间为 0.1 s，算法为 ode23tb。

4. 波形分析

通过仿真，得到几个特殊角度的波形图，如图 5-14 所示。

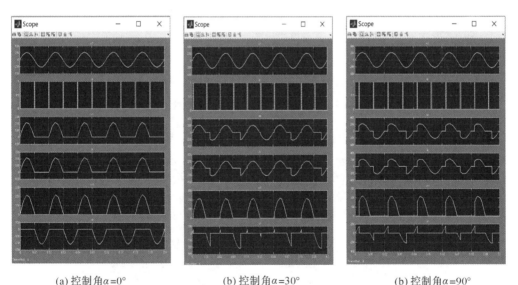

(a) 控制角 $\alpha=0°$　　　　(b) 控制角 $\alpha=30°$　　　　(b) 控制角 $\alpha=90°$

图 5-14　单相交流调压电路(电阻性负载)波形图

图 5-14 分别给出了控制角 $\alpha=0°$、$30°$、$90°$时，输入电压、触发脉冲、负载电压、负载电流、晶闸管电压和电流的波形图。通过波形可以看出，α 的移相范围为 $0 \leqslant \alpha \leqslant 180°$。$\alpha=0°$时，相当于晶闸管一直导通，输出电压为最大值，$U_o=U_2$；随着 α 的增大，U_o 逐渐减小，直到 $\alpha=180°$时，$U_o=0$。此外，$\alpha=0°$时，功率因数为 1，随着 α 的增大，输入电流滞后于电压且发生畸变，并逐渐减小。实验结果与理论分析的结果是一致的。

5. 带电感性负载的仿真

带电感性负载的仿真与带电阻性负载的仿真方法基本上是相同的，但是需要将 RLC 的串联分支设置为电感性负载。设置 $R=1\ \Omega$，$L=1e-3\ H$，使得负载的阻抗角 $\varphi=45°$。由于带电感性负载的单相交流调压电路要求控制角要大于阻抗角，即 $\alpha>\varphi$，因而仿真时，给出了控制角 $\alpha=60°$ 和 $\alpha=90°$ 的波形，连接好的电路如图 5-15 所示。

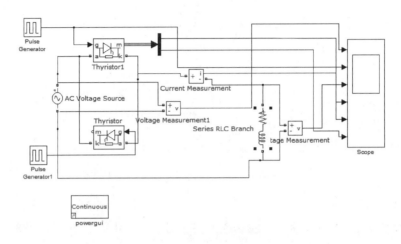

图 5-15　Simulink 单相交流调压电路（电感性负载）

由于电源频率是 50 Hz，因此设置仿真的终止时间为 0.1 s，算法为 ode23tb。通过仿真，得到几个特殊角度的波形图。图 5-16 分别给出了控制角 $\alpha=60°$ 和 $\alpha=90°$ 时，负载电流和电压的波形图。

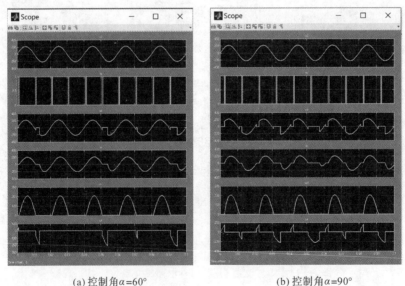

(a) 控制角 $\alpha=60°$ 　　　　　(b) 控制角 $\alpha=90°$

图 5-16　单相交流调压电路（阻感性负载）波形图

可以看出，带电感性负载的单相交流调压电路的仿真波形与带电阻性负载的仿真波形相比，由于负载中出现了电感，因此输出电压都有延迟。

单相交流调压适用于单相负载，如果单相负载容量过大，就会造成三相不平衡，影响电网的供电质量，因而容量较大的负载大部分为三相，要使用三相负载就需要三相交流调压电路。用三只双向晶闸管作开关元件，分别接至负载就构成了三相调压电路。负载可以是星形（Y形）接法也可以是三角形（△形）接法，通过控制触发脉冲的相位控制角 α，便可以控制加在负载上的电压的大小。

三相交流调压器依据主电路的不同有多种形式，下面介绍较为常用的两种接线方式。

5.3.1 了解星形接法的三相交流调压电路

1. 电路结构

星形连接的三相交流调压电路分为三相四线和三相三线两种情况，如图 5-17 所示。

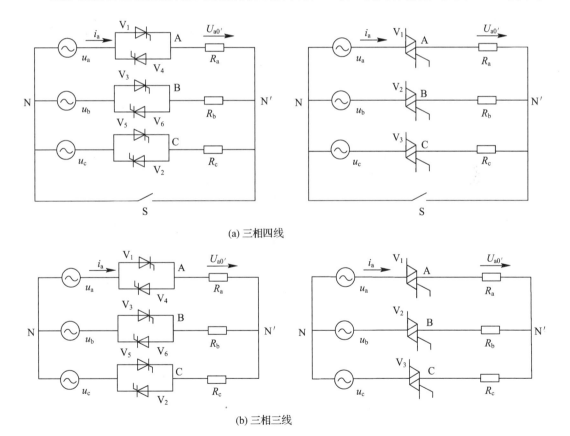

(a) 三相四线

(b) 三相三线

图 5-17 星形连接的三相交流调压电路

（1）带电阻性负载时三相四线调压电路的工作原理：该电路相当于三个单相交流调压电路的组合，其工作原理与单相交流调压的完全相同，三相互相错开 120°工作；基波和 3

161

倍次以外的谐波在三相之间流动，不流过零线；3 的整数倍次谐波是同相位的，不能在各相之间流动，需要全部流过零线；当 $\alpha=90°$ 时，零线电流甚至和各相电流的有效值接近。

（2）带电性阻负载时三相三线调压电路的工作原理：该电路的电流通路中至少有两个双向晶闸管同时导通，应采用双脉冲或宽脉冲触发。

星形连接的三相三线交流调压电路的综合性能较好，在交流调压调速系统中多采用这种方法。对于这种不带零线的调压电路，为使三相电流构成通路，使电流连续，任意时刻至少要有两个晶闸管同时导通。为了调节电压，需要控制触发脉冲的相位角 α，为此对触发电路的要求是：

（1）三相正（或负）触发脉冲依次间隔 120°，而每一相正、负触发脉冲间隔 180°。

（2）为了保证电路起始工作时能两相同时导通，以及在电感性负载和控制角较大时仍能保持两相同时导通，同三相桥式全控整流电路一样，要求采用双脉冲或宽脉冲（大于60°）触发。

（3）为了保证输出三相电压对称可调，应保持触发脉冲与电源电压同步。

（4）对双向晶闸管而言，一般采用一、三象限触发。

2. 工作原理

在三相三线电路中，两相间导通时是靠线电压导通的，把相电压过零点定为开通角 α 的起点，而线电压超前相电压 30°，因此 α 角的移相范围是 0°～150°。

根据任一时刻导通晶闸管的个数以及半个周波内电流是否连续，可将 0°～150° 的移相范围分为如下三段。

1）$0° \leqslant \alpha < 60°$

与三相整流电路不同，当控制角 $\alpha=0°$ 时，为相应半周电压过零点，所以当电源电压为正时，该相正接晶闸管即触发导通；电压为负时，反接晶闸管即触发导通。因此可将晶闸管看成二极管，这时三相正、反方向电流都畅通，相当于一般的三相交流电路。当负载对称时，其管子导通顺序为 $V_1 \rightarrow V_2 \rightarrow V_3 \rightarrow V_4 \rightarrow V_5 \rightarrow V_6$，A 相电压过零变正时 V_1 导通，V_4 受反压自然关断；过零变负时 V_1 受反压自然关断，而 V_4 导通。因此，V_1 在 A 相电压正半周导通，V_4 在 B 相电压负半周导通，B、C 两相导通情况与 A 相相同。在该范围内，电路处于三个晶闸管导通与两个晶闸管导通的交替状态，每个晶闸管导通角度为 $180°-\alpha$。晶闸管导通情况及 A 相电压负载波形如图 5-18 所示。

2）$60° \leqslant \alpha < 90°$

当 $\alpha=60°$ 时，A 相晶闸管导通情况如图 5-19 所示。ωt_1 时刻触发 V_1 导通，与导通的 V_6 构成电流回路，$u_{Ra}=\dfrac{u_{ab}}{2}$；ωt_2 时刻触发 V_2 导通，$u_{Ra}=\dfrac{u_{ac}}{2}$。ωt_3 时刻 V_1 关断，V_4 还未导通，$u_{Ra}=0$；ωt_4 时刻触发 V_4 导通，与导通的 V_3 构成电流回路，$u_{Ra}=\dfrac{u_{ab}}{2}$。同理，ωt_5 时刻，V_4、V_5 导通，$u_{Ra}=\dfrac{u_{ac}}{2}$；ωt_6 时刻 V_4 关断 V_1 还未导通，$u_{Ra}=0$。同样分析可得到 u_{Rb}、u_{Rc}，其波形如 u_{Ra}，只是相位互差 120°。在该范围内，任一时刻都是两个晶闸管导通，每个晶闸管的导通角度为 120°。

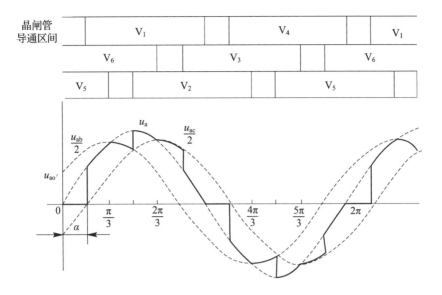

图 5-18　三相三线星形连接调压电路 $\alpha = 30°$ 时的波形

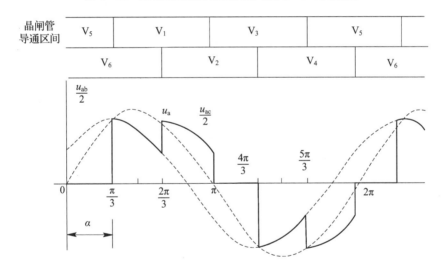

图 5-19　三相三线星形连接调压电路 $\alpha = 60°$ 时的波形

3）$90° \leqslant \alpha < 150°$

图 5-20 所示为三相三线星形连接调压电路 $\alpha = 120°$ 时的波形。当 ωt_1 时刻触发 V_1 导通，与导通的 V_6 构成电流回路，导通到 ωt_2 时，由于 u_{ab} 过零反向，强迫 V_1 关断，所以 V_1 先导通了 $30°$；当 ωt_3 时，由于 V_2 导通，并由于采用大于 $60°$ 的宽脉冲或双窄脉冲，V_1 仍有脉冲触发，此时在 u_{ac} 的作用下，经 V_1、V_2 构成回路 V_1 便又重新导通 $30°$。

从图 5-20 可见，当 α 增大到 $150°$ 时，三个管子不能构成导通条件，所以输出电压为零。由此可见，电路最大移相角度为 $150°$。

由以上分析可见，在该范围内，电路处于两个晶闸管导通与无晶闸管导通的交替状态。每个晶闸管的导通角度为 $300° - 2\alpha$，而且这个导通角度被分割为不连续的两部分，在半周波内形成两个断续的波头，各占 $150° - \alpha$。

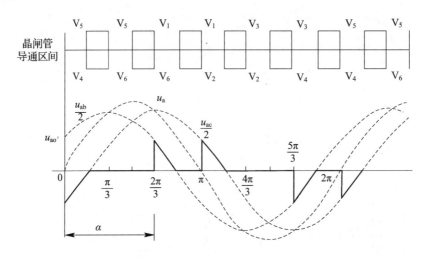

图 5 - 20　三相三线星形连接调压电路 $\alpha=120°$ 时的波形

3. 结论

以上分析表明：随着 α 的增大，电流不连续程度增加，每相负载上的电压已不是正弦波，但正、负半周对称。所以输出电压中只有奇次谐波，以三次谐波所占比重最大，但因为电路无零线，所以无三次谐波通路，从而减少了三次谐波对电网的影响。

4. 带电感性负载

三相交流调压电路带电感性负载时，其分析工作很复杂，因为输出电压与电流存在相位差，在线电压或相电压过零瞬间，晶闸管将继续导通，负载中仍有电流流过。此时，晶闸管的导通角 θ 不仅与控制角 α 有关，而且与负载阻抗角 φ 有关。如果负载是感应电动机，则阻抗角 φ 还要随电动机运行情况的变化而变化，这将使波形更加复杂。

三相调压电路带电感性负载的电流波形与单相调压电路带电感性负载时的电流波形的变化规律相同：

（1）当 $\alpha \leqslant \varphi$ 并采用宽脉冲触发时，负载电压、电流总是完整的正弦波。改变控制角 α，负载电压、电流的有效值不变，即电路失去交流调压作用。

（2）当 $\alpha = \varphi$ 时，可以实现交流调压的目的。

（3）当 $\alpha > \varphi$ 时，在相同负载阻抗角 φ 的情况下，α 越大，晶闸管的导通角越小，流过晶闸管的电流也越小。

5.3.2　了解三角形接法的三相交流调压电路

1. 三角形连接的三相交流调压电路

三角形连接的三相交流调压电路如图 5-21 所示，它实际上是三个单相交流调压电路的组合，分别在不同的线电压的作用下工作。因此，单相交流调压电路的分析方法和结论完全适用于三相交流调压电路，输入线电流（即电源电流）为与该线相连的两个负载相电流之和。无论是电阻性负载还是电感性负载，每一相都可看作单相交流调压电路来分析，单相交流调压电路的方法和结果都可沿用，注意把单相相电压改成线电压即可。

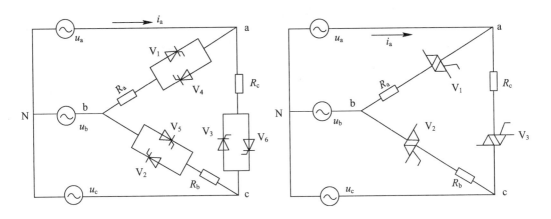

图5-21　三角形连接的三相交流调压电路

该电路的优点是由于晶闸管串接在三角形内部，流过晶闸管的电流是相电流，三角形接法中由于相电流等于线电流，所以电流容量可以降低；缺点是负载必须能拆分为三个部分才能连接成这种电路。该三角形连接的三相交流调压电路可以看成是三个由线电压供电的单相交流调压电路的组合，且该三个单相交流调压电路都要由线电压供电。晶闸管 $\alpha = 0°$ 点应定在线电压的零点上，$V_1 \sim V_6$ 的触发脉冲依次相差 $60°$。

在该电路中，3倍次谐波的相位和大小相同，在三角形回路中流动，而不出现在线电流中。线电流中的谐波次数为 $6k \pm 1$（k 为正整数）。在相同负载和 α 角时，线电流中的谐波含量少于三相三线星形电路的斜波含量。

2. 三相晶闸管接于星形负载中性点的三相交流调压电路

三相晶闸管接于星形负载中性点的三相交流调压电路如图5-22所示，图中用三角形连接的三个晶闸管来代替星形连接负载的中性点。构成中性点的晶闸管的单向导电性，使得该电路任何时间都有两只晶闸管同时导通，相当于普通的三相平衡负载。

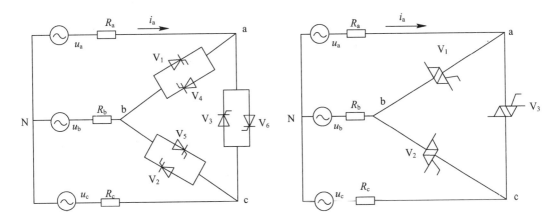

图5-22　三相晶闸管接于星形负载中性点的三相交流调压电路

这种电路使用的元件少，触发线路简单，但由于电流波形正、负半周不对称，故存在偶次谐波，对电源的影响与干扰较大。表5-5给出了三相交流调压三种接线方式的比较。

表 5-5　三相交流调压三种接线方式比较

电路		晶闸管工作电压（峰值）	晶闸管工作电流（峰值）	移相范围	线路性能特点
星形	连接带中性线	$\sqrt{\dfrac{2}{3}}U_1$	$0.45I_1$	$0°\sim180°$	是三个单相电路的组合；输出电压、电流波形对称；中线流过谐波电流，特别是三次谐波电流；适用于中、小容量可接中线的各种负载
	连接不带中性线	$\sqrt{2}U_1$	$0.26I_1$	$0°\sim180°$	是三个单相电路的组合；输出电压、电流波形对称；在同容量时与星形连接带中性线法比较，此电路可选电流小、耐压高的晶闸管；实际应用较少
三角形接法		$\sqrt{2}U_1$	$0.45I_1$	$0°\sim150°$	负载对称，且三相皆有电流时如同三个单相组合；应采用双窄脉冲或大于 60°的宽脉冲触发；不存在三次谐波电流；适用于各种负载
三相晶闸管接于星形负载中性点		$\sqrt{2}U_1$	$0.68I_1$	$0°\sim210°$	线路简单，成本低；适用于三相负载星形连接，且中性点能拆开的场合；因线间只有一个晶闸管，属于不对称控制

5.3.3　完成三相交流调压电路的 MATLAB 仿真分析

1. 参考电路图建模

晶闸管三相交流调压电路由三对晶闸管组成。这三对晶闸管元件每个都采用相位控制方式，再采用反并联的方式构成晶闸管三相交流调压电路，其中利用了电网自然换流。其电路模型如图 5-23 所示。组成三相交流调压电路的主要元器件有交流电源、晶闸管、脉冲触发器、电阻负载等，各模块的提取路径如表 5-6 所示。

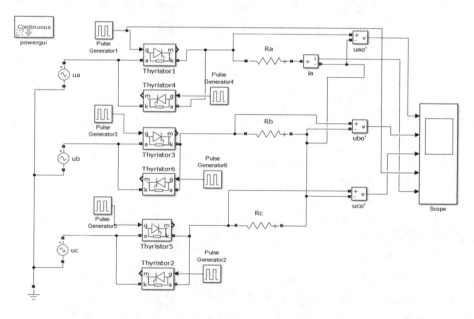

图 5-23　三相交流调压电路接线图

表 5-6 三相交流调压电路仿真模块的提取路径

元 件 名 称	提 取 路 径
脉冲触发器	Simulink/Sources/Pulse Generator
交流电源	SimPowerSystems/Electrical Sources/AC Voltage Source
示波器	Simulink/Sinks/Scope
接地端子	SimPowerSystems/Elements/Ground
电压表	SimPowerSystems/Measurements/Voltage Measurement
负载 RLC	SimPowerSystems/Elements/Series RLC Branch
晶闸管	SimPowerSystems/Power Electronics/Detailed Thyristor
用户界面分析模块	powergui

2. 设置各模块的参数

(1) 电源 AC Voltage Source：从电源模块组中选取一个交流电压源模块，修改三相电源名称为 A 相、B 相、C 相。双击 A 相交流电压源图标，就可以设置参数，电压的幅值设为 220 V，频率设为 50 Hz，初相位设为 0°；B 相电压的幅值设为 220 V，频率设为 50 Hz，初相位设为 120°；C 相电压的幅值设为 220 V，频率设为 50 Hz，初相位设为 240°。这样就可以得到三相对称交流电源。

(2) 脉冲触发器 Pulse Generator：振幅设为 5，周期设为 0.02 s，脉宽可设为 25。

在该仿真电路图中涉及多个脉冲触发器，当 $\alpha=30°$ 时，Pulse1 为 0.001 667 s，Pulse2 为 0.005 s，Pulse3 为 0.0083 s，Pulse4 为 0.011 667 s，Pulse5 为 0.015 s，Pulse6 为 0.018 333 s；当 $\alpha=60°$ 时，Pulse1 为 0.0033 s，Pulse2 为 0.006 67 s，Pulse3 为 0.01 s，Pulse4 为 0.013 33 s，Pulse5 为 0.016 67 s，Pulse6 为 0.02 s。

(3) 晶闸管：采用默认参数设置。

(4) 电阻负载：负载是电阻性负载，设定 $R=450\ \Omega$。

(5) 示波器：双击示波器模块，单击第二个图标"Parameters"，在弹出的对话框中选中"General"选项，设置"Number of axes"为 5。

3. 仿真参数的设置

由于电源频率是 50 Hz，因此设置仿真的终止时间为 0.05 s，算法为 ode23tb，其余都采用默认参数。

4. 波形分析

通过仿真，得到几个特殊角度的波形图，仿真的结果如图 5-24 所示。

该波形图中上面三个波形分别是三相交流调压输出的三相电压 u_{ao}、u_{bo}、u_{co}，晶闸管 VT1 上的触发脉冲 i_{g1}，以及第一相电阻上的电流 i_a。可以看出，电流上谐波是较多的。

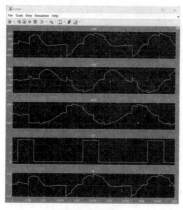 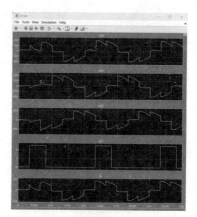

(a) 控制角α=30°　　　　　　　　　　　　(b) 控制角α=60°

图 5-24　三相交流调压电路(电阻性负载)波形图

5. 三相交流调压电路(电感性负载)仿真

将图 5-23 中的负载修改为电感性负载，设 $R=450\ \Omega$，$L=0.1\ H$，其余都不变，可以得到三相交流调压电路(电感性负载)仿真波形，如图 5-25 所示。

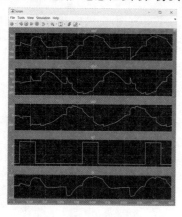 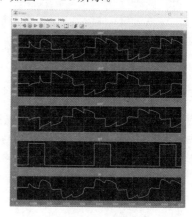

(a) 控制角α=30°　　　　　　　　　　　　(b) 控制角α=60°

图 5-25　三相交流调压电路(电感性负载)波形图

该晶闸管设计的三相交流调压电路通过控制一个周期内的控制角，可以很好地实现输出交流电的电压变化。同时从图 5-25 中可以看出，由于电感的储能作用，阻感负载电路与电阻性电路相比较，谐波电流的含量要小一些，如增大电感值，则可以进一步降低电路谐波。

任务5.4　调试调速风扇

5.4.1　测试双向晶闸管

1. 双向晶闸管电极的判定

双向晶闸管一般可先从元器件的外形上识别引脚排列，多数的小型塑封双向晶闸管面对印字面、引脚朝下，则从左向右的排列顺序依次为主电极 T_1、主电极 T_2、控制极（门极）G。但是也有例外，所以有疑问时应通过检测作出判别。

图 5-26 给出了双向晶闸管的测试示意图。

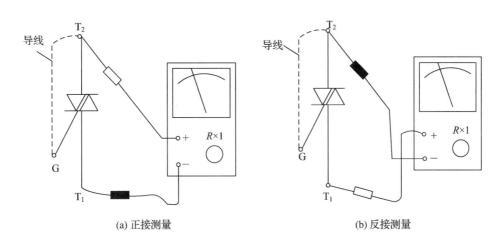

(a) 正接测量   (b) 反接测量

图 5-26　双向晶闸管的测试示意图

将万用表置于 $R×1$ 挡，测量双向晶闸管任意两脚之间的阻值，如果测出某脚和其他两脚之间的阻值均为无穷大，则该脚为 T_2 极。

确定 T_2 极后，可假定其余两脚中某一脚为 T_1 极，而另一脚为 G 极，然后采用触发导通测试的方法确定假定极性的正确性。试验方法如图 5-26(a)所示，首先将负表笔接 T_1 极，正表笔接 T_2 极，所测电阻应为无穷大；然后用导线将 T_2 极和 G 极短接，相当于给 G 极加上负触发信号，此时所测 T_1 和 T_2 极间电阻应为 10 Ω 左右，则证明双向晶闸管已触发导通。之后，将 T_2 极和 G 极的短接导线断开，电阻值若保持不变，说明晶闸管在 T_1→T_2 方向上能维持导通状态。

再将正表笔接 T_1 极，负表笔接 T_2 极，所测电阻也应为无穷大；然后用导线将 T_2 极和 G 极短接，相当于给 G 极加上正触发信号，此时所测 T_1 极和 T_2 极间电阻也应为 10Ω 左右，证明双向晶闸管已触发导通，如图 5-26(b)所示。之后，将 T_2 极和 G 极的短接导线断开，电阻值若保持不变，说明管子在 T_1→T_2 方向上也能维持导通状态，且具有双向触发性能。上述试验也证明极性的假定是正确的；否则是假定与实际不符，需要重新作出假定，重复上述过程。

2. 判定双向晶闸管的好坏

（1）将万用表置于 $R×100$ 挡或 $R×1k$ 挡，测量双向晶闸管的主电极 T_1、主电极 T_2 之间的正、反向电阻，该电阻应近似无穷大（∞）；测量双向晶闸管的主电极 T_1、控制极（门极）G 之间的正、反向电阻，该电阻也应近似无穷大（∞）。如果测得的电阻都很小，则说明被测双向晶闸管的极间已击穿或漏电短路，则该晶闸管性能不良，不宜使用。

（2）将万用表置于 $R×1$ 挡或 $R×10$ 挡，测量双向晶闸管主电极 T_1 与控制极（门极）G 之间的正、反向电阻，若读数在几十欧姆至 100 Ω 之间，则为正常，且测量 G、T_1 极间正、反向电阻时的读数要比反向电阻的稍微小一些。如果测得 G、T_1 极间正、反向电阻均为无穷大（∞），则说明被测晶闸管已开路损坏。

3. 双向晶闸管触发特性测试

1）简易测试方法一

该测试方法无需外加电源，适宜对小功率双向晶闸管触发特性的测试，如图 5 - 27 所示，具体操作如下。

将万用表置于 $R×10$ 挡，取一只容量为 10 μF 的电解电容器，接上万用表内置电池（1.5 V）充电数秒钟（注意黑表笔接电容的正极，红表笔接电容的负极）。这只充电的电容器将作为双向晶闸管的触发电源。

把待测的双向晶闸管主电极 T_1 与万用表的红表笔相接，主电极 T_2 与黑表笔相接。

将充电的电容器负极接双向晶闸管的主电极 T_1，电容器正极接触一下控制极（门极）G 之后就立即断开，如果万用表指针有较大幅度的偏转并能停留在固定位置上，如图 5 - 27（c）、图 5 - 27（d）所示，则说明被测双向晶闸管中的一只单向晶闸管工作正常。

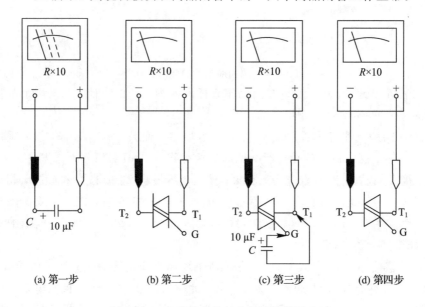

(a) 第一步   (b) 第二步   (c) 第三步   (d) 第四步

图 5 - 27　双向晶闸管触发特性简易测试

用同样的方法，但要改变测试极性（T_1 脚接黑表笔、T_2 脚接红表笔，充电电容器正极接 T_1 脚而用其负极触碰 G 脚），则同样可判断双向晶闸管中的另一只单向晶闸管工作正常与否。

2）简易测试方法二

对于工作电流为 8 A 以下的小功率双向晶闸管，也可以用更简单的方法测量其触发特性，具体操作如下。

将万用表置于 $R×1$ 挡，红表笔接主电极 T_1，黑表笔接主电极 T_2。然后用金属镊子将 T_2 电极与 G 极短路一下，给 G 极输入正极性触发脉冲，这时万用表指示值应由∞（无穷大）变为 10 Ω 左右，说明晶闸管被触发导通，导通方向为 T_2 至 T_1。

万用表仍用 $R×1$ 挡。将黑表笔接主电极 T_1，红表笔接主电极 T_2，然后用金属镊子将 T_2 电极与 G 极短路一下，即给 G 极输入负极性触发脉冲，这时万用表指示值应由∞（无穷大)变为 10 Ω 左右，说明晶闸管被触发导通，导通方向为 T_1 至 T_2。

在晶闸管被触发导通后即使 G 极不再输入触发脉冲（如 G 极悬空），该晶闸管应仍能维持导通，这时导通方向为 T_1 至 T_2。因为在正常情况下，万用表低阻测量挡的输出电流大于小功率晶闸管的维持电流，所以晶闸管被触发导通后如果不能维持低阻导通状态，不是由于万用表输出电流太小，而是说明被测的双向晶闸管性能不良或已损坏。

如果给双向晶闸管的 G 极一直加上适当的触发电压后仍不能导通，则说明该双向晶闸管已损坏，无触发导通特性。

5.4.2 制作并调试风扇无级调速电路

风扇无级调速电路如图 5-28 所示。

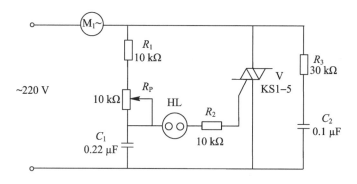

图 5-28 风扇无级调速电路

在该电路中，接通电源后，电容 C_1 充电，当电容 C_1 两端电压的峰值达到氖管 HL 的阻断电压时，HL 亮，双向晶闸管 V 被触发导通，电扇转动。改变电位器 R_P 阻值的大小，即改变了 C_1 的充电时间常数，使 V 的导通角发生变化，也就改变了电动机两端的电压，因此电风扇的转速改变。由于 R_P 是无级变化的，因此电扇的转速也是无级变化的。

利用 RC 充放电电路的特点，在每半个周波内，通过对双向晶闸管的通断进行移相触发控制，可以方便地调节输出电压的有效值。负载两端的电压波形是电源电压波形的一部分，在电阻性负载下，负载电流和负载电压的波形相同，α 的移相范围为 $0 \leqslant \alpha \leqslant \pi$。$\alpha = 0$ 时，相当于晶闸管一直导通，输入电压为最大值，$U_d = U_i$，灯最亮；随着 α 的增大，U_d 逐渐降低，灯的亮度也由亮变暗，直到 $\alpha = \pi$ 时，$U_d = 0$，灯熄灭。此外 $\alpha = 0$ 时，功率因数 $\cos\alpha = 1$，随着 α 的增大，输入电流滞后于电压且发生畸变，$\cos\alpha$ 也逐渐降低，且对电网电压、电流造成谐波污染。

交流调压电路已广泛用于调光控制、异步电动机的软启动和调速控制。与整流电路一样，交流调压电路的工作情况也和负载的性质有很大关系，在阻感性负载时，若负载上电压、电流的相位差为 φ，则移相范围为 $\varphi \leqslant \alpha \leqslant \pi$。

1. 材料准备

风扇无级调速电路所应用到的电路元件明细表如表 5-7 所示。

表 5 - 7　风扇无级调速电路元件明细表

序　号	分　类	名　称	型 号 规 格	数　量
1	V	双向晶闸管	KS1 - 5	1 个
2	R_1、R_2	电阻	10 kΩ	2 个
3	R_3	电阻	30 Ω	1 个
4	HL	灯泡	220 V、25 W	1 个
5	C_1	电容器	0.22 μF	1 个
6	C_2	电容器	0.1 μF	1 个
7	R_P	带开关电位器	100 kΩ	1 个
8	M_1	三相电机		1 台
9		线路板		1 套
10		导线		若干
11		焊接工具	成套	1 套
12		万用表	套	1 套
13		示波器	套	1 套

2. 安装电路

（1）根据表 5 - 7 选择器件，并用万用表进行检测，选择正确的器件。

（2）按照风扇无级调速电路的原理图（见图 5 - 28），在线路板上合理设计电路，并连接电路；然后将各个器件焊接到线路板上，注意电源线的连接并做好绝缘处理。焊接好后，在通电以前，按原理图及工艺要求检查焊接情况。

3. 调试与检测电路

1）双向晶闸管移相触发电路调试

将电源接通，用示波器观察脉冲输出波形。调节电位器 R_P，观察输出脉冲如何变化，观察输出脉冲的移相范围如何变化，移相是否能达到 170°，并记录上述过程中的电压波形。

2）单相交流调压带电阻性负载

将电路中的电机取下，接上电阻性负载，用示波器观察负载电压、双向晶闸管两端电压的波形。调节电位器 R_P，观察在不同 α 角时各点波形的变化并记录典型波形。

3）单相交流调压接电感性负载

将负载改为电机。用示波器分别观察触发脉冲、双向晶闸管输出电压及电机两端的输出电压波形及电流变化，观察在不同 α 角时各点波形的变化并记录典型波形。

『拓展阅读』

交流开关的应用

1. 晶闸管交流开关的基本形式

晶闸管交流开关是以其门极中毫安级的触发电流来控制其阳极中几安至几百安大电流

通断的装置。在电源电压为正半周时，晶闸管承受正向电压并触发导通；在电源电压过零为负时，晶闸管承受反向电压，在电流过零时自然关断。由于晶闸管总是在电流过零时关断，因而在关断时不会因负载或线路中电感储能而造成暂态过电压。

图 5 - 29 所示为几种晶闸管交流开关的基本形式，图 5 - 29(a)为普通晶闸管反并联形式。当开关 S 闭合时，两只晶闸管均以器件本身的阳极电压作为触发电压进行触发，这种触发属于强触发，对要求大触发电流的晶闸管也能可靠触发。随着交流电源的正负交变，两管轮流导通，在负载 R_L 上得到基本为正弦波的电压。图 5 - 29(b)为双向晶闸管交流开关，双向晶闸管工作于 Ⅰ+ 和 Ⅲ- 触发方式，这种线路比较简单，但其工作频率低于反并联电路。图 5 - 29(c)为带整流桥的晶闸管交流开关，该电路只用一只普通晶闸管，且晶闸管不受反压；其缺点是串联元件多，压降损耗较大。

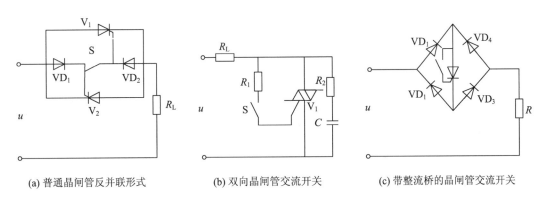

(a) 普通晶闸管反并联形式   (b) 双向晶闸管交流开关   (c) 带整流桥的晶闸管交流开关

图 5 - 29   晶闸管交流开关的基本形式

2. 交流调功器

前述各种晶闸管可控整流电路都采用的是移相触发控制。这种触发方式的主要缺点是其所产生的缺角正弦波中包含较大的高次谐波，会对电力系统形成干扰。过零触发(亦称零触发)方式则可克服这种缺点。晶闸管过零触发开关是在电源电压为零或接近零的瞬时给晶闸管以触发脉冲使之导通的，利用器件电流小于维持电流使器件自行关断。这样晶闸管的导通角是 2π 的整数倍，不再出现缺角正弦波，因而对外界的电磁干扰最小。

利用晶闸管的过零控制可以实现交流功率调节，这种装置称为调功器或周波控制器，其控制方式有全周波连续式和全周波断续式两种。如果在设定周期内，则将电路接通几个周波，然后断开几个周波，通过改变晶闸管在设定周期内通断时间的比例，达到调节负载两端交流电压有效值即负载功率的目的。

如在设定周期 T_C 内导通的周波数为 n，每个周波的周期为 T(50 Hz，$T = 20$ ms)，则调功器的输出功率为

$$P = \frac{nTP_n}{T_C}$$

调功器输出电压的有效值为

$$U = \frac{(nT/T_C)^{1/2}}{U_n}$$

式中：P_n、U_n 为在设定周期 T_C 内晶闸管全导通时调功器的输出功率与电压的有效值。显

然，改变导通的周波数 n 就可改变输出电压或功率。

调功器可以用双向晶闸管，也可以用两只晶闸管反并联连接，其触发电路可以采用集成过零触发器，也可利用分立元件组成的过零触发电路。图 5 - 30 为全周波连续式的过零触发电路，该电路由锯齿波发生、信号综合、直流开关、同步电压与过零脉冲输出五个环节组成。

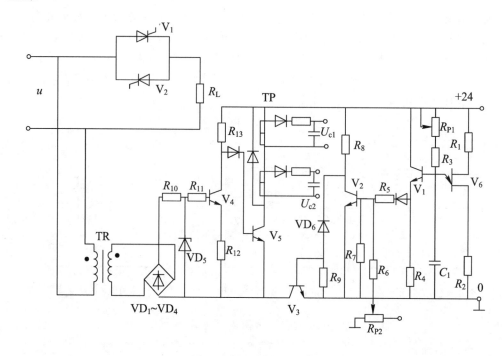

图 5 - 30   过零触发电路

（1）锯齿波是由单结晶体管 V_6 与 R_1、R_2、R_3、R_{P1} 和 C_1 组成的张弛振荡器产生的，经射极跟随器（V_1、R_4）输出，其波形如图 5 - 31 所示。锯齿波的底宽对应着一定的时间间隔（T_C）。调节电位器 R_{P1} 即可改变锯齿波的斜率。由于单结晶体管的分压比一定，故电容 C_1 放电电压一定，斜率的减小就意味着锯齿波底宽增大（T_C 增大）；反之，底宽减小。

（2）控制电压（U_C）与锯齿波电压进行叠加后送至 V_2 基极，合成电压为 u_s。当 $u_s > 0$（0.7 V）时，V_2 导通；当 $u_s < 0$ 时，V_2 截止，如图 5 - 31 所示。

（3）由 V_2、V_3 及 R_8、R_9、VD_6 组成直流开关。当 V_2 基极电压 $u_{be2} > 0$（0.7 V）时，V_2 管导通，U_{be3} 接近零电位，V_3 管截止，直流开关阻断。

当 $U_{be2} < 0$ 时，V_2 截止，由 R_8、VD_6 和 R_9 组成的分压电路使 V_3 导通，直流开关导通，输出 24 V 直流电压，V_3 通断时刻如图 5 - 31 所示。VD_6 为 V_3 基极提供阈值电压，使 V_2 导通时 V_3 能更可靠地截止。

（4）过零脉冲输出。由同步变压器 TR、整流桥 $VD_1 \sim VD_4$ 及 R_{10}、R_{11}、VD_5 组成同步电源，如图 5 - 30 所示。它与直流开关输出电压共同去控制 V_4 和 V_5，只有当直流开关导通期间，V_4 和 V_5 的集电极和发射极之间才有工作电压，才能进行工作。在这期间，同步电压每次过零时，V_4 截止，其集电极输出正电压，使 V_5 由截止转为导通，经脉冲变压器输出触发脉冲，此脉冲使晶闸管导通，如图 5 - 31 所示。于是在直流开关导通期间，便输出连续的正弦波，如图 5-31 所示。增大控制电压，便可加长开关导通的时间，也就增多了导通的周波数，从而增加了输出的平均功率。

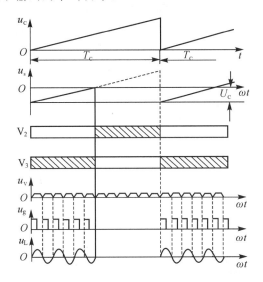

图 5-31 过零触发电路的电压波形

过零触发虽然没有移相触发高频干扰的问题，但其通断频率比电源频率低，特别是当通断频率比较小时，会出现低频干扰，使照明出现人眼能察觉到的闪烁、电表指针的摇摆等问题。所以调功器常用于热惯性较大的电热负载中。

3. 固态开关

固态开关也称为固态继电器或固态接触器，它是以双向晶闸管为基础构成的无触点通断组件。固态开关一般采用环氧树脂封装，其体积小、工作频率高，适用于频繁通断及潮湿、腐蚀性、易燃的环境。

图 5-32(a)为采用光电三极管耦合器的"0"压固态开关的内部电路。1、2 为输入端，相当于继电器或接触器的绕阻；3、4 为输出端，相当于继电器或接触器的一对触点，与负载串联后到交流电源上。

当 1、2 端无输入信号时，V_1 截止，V_3 导通，R_5 两端无电压降，V_2 不被触发而处于截止状态；当 1、2 端加上控制信号后，V_1 阻值减小，使 V_3 截止，V_1 通过 R_4 被触发导通，交流电源经 3→VD_4→V_1→VD_6→R_5→4 或 4→R_5→VD_3→V_1→VD_2→3 形成回路，R_5 上的电压降提供 V_2 触发信号使之导通。在电路设计时已将 R_2、R_3 的阻值作适当选择，使得只有在交流电源电压处于零值附近时 V_3 才能截止。因此，不论何时加上输入信号，开关也只能在电源电压过零附近使 V_1、V_2 导通。由于 V_2 的导通区域处于电源电压的"0"点附近，因而具有"0"电压开关功能。

图 5-32(b)为光电晶闸管耦合器零电压开关。当 1、2 端有电压输入，且光电晶闸管门极不被短路时，B 导通，经 3→VD_4→B→VD_1→4 或 4→R_4→VD_3→B→VD_2→3 形成回路，借助 R_4 上的压降向双向晶闸管 V 的控制极提供分流，使 V 导通。由 R_3、R_2、V_1 组成的电路可以看出，只有电源电压过零时 V_1 才会截止，B 中光电晶闸管门极才不会短接。也就是说，只有当电源电压过零同时 1、2 端有控制信号时光电晶闸管才导通，才可触发 V 导通。

因此，这种开关是零电压开关。当电源电压过零后升至一定幅值时，V_1 导通，光电晶闸管被关断，使双向晶闸管 V 零电流时关断。

图 5-32(c)为光电双向二极管耦合器非零电压开关。1、2 端输入信号时，耦合器 B 导通，输出端交流电源经 $3 \rightarrow R_2 \rightarrow B \rightarrow R_3 \rightarrow 4$ 形成回路，R_3 提供双向晶闸管 V 的触发信号，以 I_+、III_- 方式触发。这种电路只要输入端 1、2 有输入信号，在交流电源的任意相位均可触发导通，称为非零电压开关。

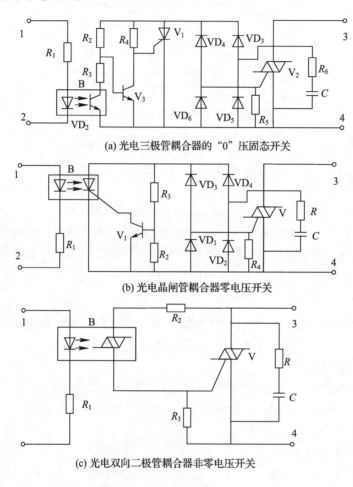

(a) 光电三极管耦合器的 "0" 压固态开关

(b) 光电晶闸管耦合器零电压开关

(c) 光电双向二极管耦合器非零电压开关

图 5-32 固态开关

习　题

1. 双向晶闸管的工作原理是什么？

2. 双向晶闸管额定电流的定义和普通晶闸管额定电流的定义有何不同？额定电流为 100 A 的两只普通晶闸管反并联可以用额定电流为多少的双向晶闸管代替？

3. 双向晶闸管的伏安特性是怎样的？

4. 双向晶闸管有哪几种触发方式？一般选用哪几种？

5. 画出双向晶闸管的符号，并画出由两只晶闸管组成的等效电路。

6. 单相交流调压电路接电阻性负载和电感性负载的区别是什么?

7. 单相交流调压电路接电感性负载,当控制角 α 小于导通角 θ 时需采用什么触发脉冲?

8. 单相交流调压电路,已知 $U=220$ V,角频率 $\omega=100\pi$,负载电阻 $R_L=500\pi$ Ω。

(1)画出单相交流调压电阻电路。

(2)画出 u_d 的波形。

(3)可实现交流调压的移相范围是什么?

(4)控制角为 30°时,输出电压和输出电流的有效值是多少?

(5)控制角为 60°时,输出电压和输出电流的有效值是多少?

(6)控制角为 90°时,输出电压和输出电流的有效值是多少?

(7)控制角为 120°时,输出电压和输出电流的有效值是多少?

9. 在单相交流调压器中,电源电压 $U=120$ V,电阻负载 $R=10$ Ω,触发角 $\alpha=90°$,试计算负载电压有效值 U_d、负载电流有效值 I_d、负载功率 P_d 和输入功率因数。

10. 某单相反并联调功电路,采用过零触发。电源电压 $U_1=220$ V,电阻负载 $R=1$ Ω,在控制的设定周期 T_C 内,使晶闸管导通 0.3 s、断开 0.2 s。试计算送到电阻负载上的功率与假定晶闸管一直导通时所送出的功率。

11. 三相交流调压电路常用哪三种接线方式,各有什么特点?

12. 三相交流调压电路在三种不同的接线方式下,输出晶闸管工作电压的峰值分别是什么,为什么?

13. 三相交流调压电路在三种不同的接线方式下,输出晶闸管工作电流的峰值分别是什么,为什么?

14. 三相交流调压电路在三种不同的接线方式下,移相范围分别是什么,为什么?

15. 星形连接的三相三线交流调压电路对触发电路的要求是什么?

16. 如何采用万用表判定双向晶闸管的电极?请简要描述。

17. 如何采用万用表测试双向晶闸管的触发特性?请简要描述。

项目 6

变频器的分析与使用

【学习目标】

知识目标：

（1）能说出 IGBT 器件的基本原理及常用的驱动保护电路的原理。

（2）能说出变频器的基本概念、作用、分类及应用领域。

（3）能说出电压型和电流型变频电路的特点。

能力目标：

（1）能用 MATLAB 完成变频电路的分析。

（2）能用变频器完成电机的简单控制。

素养目标：

（1）培养应用信息化方式获取正确信息的能力。

（2）培养查找说明书，耐心细致操作的能力。

【项目引入】

发展变频技术最初主要是为了节能，随着电力电子技术、微电子技术和控制理论的发展，电力半导体器件和微处理器性能的不断提高，变频技术也得到了显著的发展，不仅大大提高了节能效果，而且在提高产品质量和劳动生产率方面也取得了明显的优势，在生活与生产中得到了广泛应用。

变频器可以精细控制电机动作，因此在新能源汽车中得到广泛应用。

请查找资料，向同学们介绍我国新能源汽车的发展情况。

变频器是应用变频技术制造的一种静止的频率变换器，它是利用半导体器件的通断将频率固定的交流电变换为频率连续可调的交流电的控制装置，一般将电网电源的 50 Hz 频率交流电变成频率可调的交流电。变频器的型号有很多种，常见的变频器外形如图 6-1 所示。

(a) 三菱变频器　　(b) 松下变频器　　(c) 欧姆龙变频器　　(d) 西门子变频器

图 6-1　常见的变频器外形图

任务 6.1 认识绝缘栅双极晶体管(IGBT)

绝缘栅双极晶体管(Insulated Gate Bipolar Transistor，IGBT)也称为绝缘门极晶体管，是一种复合型电力电子器件。它一般是用普通晶闸管、GTR 以及 GTO 作为主导元件，用 MOSFET 作为控制元件复合而成的。

IGBT 结合了 MOSFET 和 GTR 的特点，既具有输入阻抗高、速度快、热稳定性好和驱动电路简单的优点，又具有输入通态电压低、耐压高和承受电流大的优点。在变频器驱动电动机、中频、开关电源以及要求快速、低损耗的领域，IGBT 占据着主导地位。

6.1.1 了解 IGBT 的基本工作原理

IGBT 是三端器件，它的三个极分别为集电极(C)、栅极(G)和发射极(E)。图 6 - 2 (a)是一种由 N 沟道功率 MOSFET 与晶体管复合而成的 IGBT 的基本结构。可以看出，IGBT 比功率 MOSFET 多一层 P^+ 注入区，因而形成了一个大面积的 P^+N^+ 结 J_1，这使得 IGBT 导通时由 P^+ 注入区向 N 基区发射少数载流子(空穴)，从而对漂移区电导率进行调制，还使得 IGBT 具有很强的电流控制能力。IGBT 简化等效电路如图 6 - 2(b)所示，图 6 - 2(b)中 R_N 为晶体管基区内的调制电阻，图 6 - 2(c)为 IGBT 的图形符号，图 6 - 2(d)为 IGBT 的实物图。

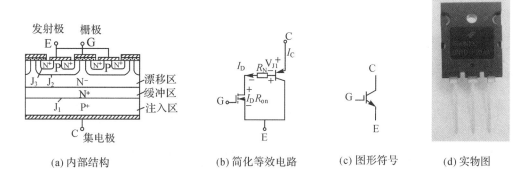

(a) 内部结构   (b) 简化等效电路   (c) 图形符号   (d) 实物图

图 6 - 2 IGBT 的结构、简化等效电路和图形符号

IGBT 的驱动原理与功率 MOSFET 的基本相同，它是一种电压控制型器件，其开通和关断是由栅极和发射极间的电压 U_{GE} 决定的。当 U_{GE} 为正且大于开启电压 $U_{GE(th)}$ 时，MOSFET 内形成沟道，并为晶体管提供基极电流使其导通；当栅极与发射极之间加反向电压或不加电压时，MOSFET 内的沟道消失，晶体管无基极电流，IGBT 关断。

PNP 晶体管与 N 沟道 MOSFET 组合而成的 IGBT 称为 N 沟道 IGBT，记为 N - IGBT，其图形符号如图 6 - 2(c)所示。对应的还有 P 沟道 IGBT，记为 P - IGBT。N - IGBT 和 P - IGBT 统称为 IGBT，实际应用中以 N 沟道 IGBT 为多。

6.1.2　了解 IGBT 的基本特性及主要参数

1. IGBT 的基本特性

1）静态特性

图 6-3(a)为 IGBT 的转移特性，它是指集电极电流 I_C 与栅射电压 U_{GE} 之间的关系。开启电压 $U_{GE(th)}$ 是 IGBT 能实现电导调制而导通的最低的栅射电压。$U_{GE(th)}$ 随温度升高而略有下降，温度升高 1℃，其值下降 5 mV 左右。在 +25℃ 时，$U_{GE(th)}$ 的值一般为 2～6 V。

图 6-3(b)为 IGBT 的输出特性，也称伏安特性，描述的是以栅射电压 U_{GE} 为控制变量时，集电极电流 I_C 与集射极间电压 U_{CE} 之间的关系。此特性与 GTR 的输出特性相似，不同的是参考变量，IGBT 中为栅射电压 U_{GE}，GTR 中为基极电流 I_B。IGBT 的输出特性也分为三个区域，即正向阻断区、有源区和饱和区，分别与 GTR 的截止区、放大区和饱和区相对应。此外，当 $U_{CE}<0$ 时，IGBT 为反向阻断工作状态。在电力电子电路中，IGBT 工作在开关状态，因而是在正向阻断区和饱和区之间来回转换。

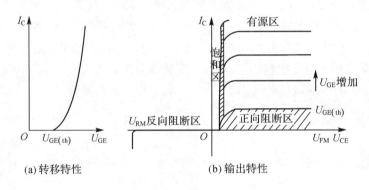

(a) 转移特性　　　　　　　(b) 输出特性

图 6-3　IGBT 的转移特性和输出特性

2）动态特性

图 6-4 给出了 IGBT 开关过程的波形图。IGBT 在开通过程中的大部分时间是作为 MOSFET 管来运行的，因此其开通过程与功率 MOSFET 相似。只是在集射电压下降过程后期，PNP 晶体管由放大区至饱和区又增加了一段延缓时间，使集射电压波形变为两段，即 t_{fv1} 段和 t_{fv2} 段。其开通时间 t_{on} 也由开通延迟时间 $t_{d(on)}$ 和上升时间 t_{ri} 组成。其中开通延迟时间 $t_{d(on)}$ 是指从驱动电压 U_{GE} 的前沿上升至其幅值的 10% 的时刻起，到集电极电流 I_C 升高到其幅值的 10% 的时刻止的这段区间；而集电极电流 I_C 从其幅值的 10% 升高到其幅值的 90% 所需的时间为上升时间 t_{ri}。

IGBT 的关断时间也由关断延迟时间 $t_{d(off)}$ 和下降时间 t_{fi} 组成，其中关断延迟时间 $t_{d(off)}$ 是从驱动电压 U_{GE} 的后沿下降到其幅值的 90% 的时刻算起，到集电极电流 I_C 降低到其幅值的 90% 的时刻为止的这段区间；下降时间 t_{fi} 是指集电极电流 I_C 从其幅值的 90% 降低到其幅值的 10% 所需的时间。在集电极电流的下降过程中，t_{fi} 又分为两段 t_{fi1} 和 t_{fi2}，因为 MOSFET 关断后，PNP 晶体管中的存储电荷难以迅速消除，会造成集电极电流较长的尾部时间。

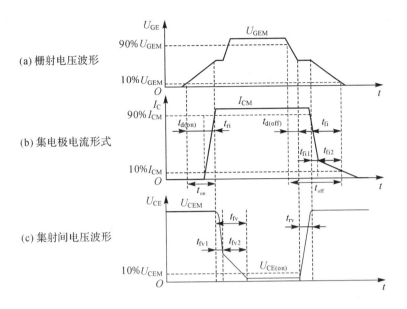

(a) 栅射电压波形

(b) 集电极电流形式

(c) 集射间电压波形

图 6 - 4　IGBT 的开关过程

2. 主要参数

（1）最大集射极间电压 U_{CES}：栅射极短路时最大的集射极直流电压。它是由器件内部的 PNP 晶体管所能承受的击穿电压所确定的。

（2）集电极额定电流 I_{CN}：在额定的测试温度条件下，元件所允许的集电极最大直流电流。

（3）集电极脉冲峰值电流 I_{CP}：在一定脉冲宽度时（常指 1 ms 脉冲），IGBT 的集电极所允许的最大脉冲峰值电流。

（4）最大集电极功耗 P_{CN}：在额定的测试温度条件下，元件允许的最大耗散功率。

3. IGBT 的擎住效应和安全工作区

从图 6 - 2(a)IGBT 的结构中可以发现，在 IGBT 内部寄生着一个 N^-PN^+ 晶体管和作为主开关器件的 P^+N^-P 晶体管组成的寄生晶体管。其中，N^-PN^+ 晶体管的基极与发射极之间存在体区短路电阻，P 形体区的横向空穴电流会在该电阻上产生压降，相当于对 J_3 结施加正偏压，在额定集电极电流范围内，这个偏压很小，不足以使 J_3 开通，然而一旦 J_3 开通，栅极就会失去对集电极电流的控制作用，导致集电极电流增大，造成器件功耗过高而损坏。

这种电流失控的现象，就像普通晶闸管被触发以后，即使撤销触发信号，晶闸管仍然因进入正反馈过程而维持导通的机理一样，因此被称为擎住效应或自锁效应。引发擎住效应的原因可能是集电极电流过大（静态擎住效应），也可能是最大允许电压上升率 du_{CE}/dt 过大（动态擎住效应），温度升高也会加重发生擎住效应的危险。

动态擎住效应比静态擎住效应所允许的集电极电流小，因此 IGBT 所允许的最大集电极电流实际上是根据动态擎住效应而确定的。

根据最大集电极电流、最大集电极间电压和最大集电极功耗可以确定 IGBT 在导通工作状态的参数基线范围，即正向偏置安全工作电压（FBSOA）；根据最大集电极电流、最大集射极间电压和最大允许电压上升率可以确定 IGBT 在阻断工作状态下的参数极限范围，即反向偏置安全工作电压（RBSOA）。

擎住效应曾经是限制 IGBT 电流容量进一步提高的主要因素之一，但经过多年的努力，自 20 世纪 90 年代中后期开始，这个问题已得到极大的改善，也促进了 IGBT 研究和制造水平的迅速提高。

6.1.3 了解 IGBT 的驱动电路

1. 对驱动电路的要求

（1）IGBT 是电压驱动的，具有一个 2.5～5.0 V 的阈值电压，还有一个容性输入阻抗。因此，IGBT 对栅极电荷非常敏感，故其驱动电路必须很可靠，以保证有一条低阻抗值的放电回路，即驱动电路与 IGBT 的连线要尽量短。

（2）要用内阻小的驱动源对栅极电容充放电，以保证栅极控制电压 U_{GE} 的前后沿足够陡峭，从而减少 IGBT 的开关损耗。栅极驱动源的功率也应足够，以使 IGBT 的开、关可靠，并避免在开通期间因退饱和而损坏。

（3）要提供大小适当的正反向驱动电压 U_{GE}。正向偏压 U_{GE} 增大时，IGBT 的通态压降和开通损耗均下降。但若 U_{GE} 过大，则负载短路时其 I_C 随 U_{GE} 的增大而增大，使 IGBT 能承受短路电流的时间减小，不利于其本身的安全。为此，U_{GE} 也不宜选得过大，一般选 U_{GE} 为 12～15 V。对 IGBT 施加负向偏压（$-U_{GE}$）可防止因关断时浪涌电流过大而使 IGBT 误导通，但其值又受 C、E 间最大反向耐压限制，一般取 -10～-5 V。

（4）要提供合适的开关时间。快速开通和关断有利于提高工作频率，减小开关损耗，但在大电感负载情况下，开关时间过短会产生很高的尖峰电压，造成元器件击穿。

（5）要有较强的抗干扰能力及对 IGBT 的保护功能。

（6）驱动电路与信号控制电路在电位上应严格隔离。

2. 驱动电路

因为 IGBT 的输入特性几乎与 MOSFET 的相同，所以 MOSFET 的驱动电路同样可以用于 IGBT。在驱动电动机的逆变器电路中，为使 IGBT 能够稳定工作，要求 IGBT 的驱动电路采用正负偏压双电源的工作方式。为了使驱动电路与信号电隔离，应采用抗噪声能力强、信号传输时间短的光耦合器件；基极和发射极的引线应尽量短；基极驱动电路的输入线应为绞合线，其具体电路如图 6-5 所示。

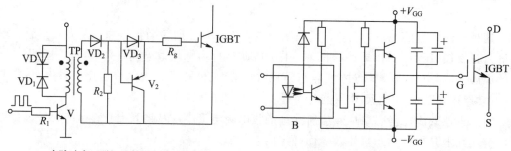

(a) 由脉冲变压器组成的栅极驱动电路　　　　(b) 用光电隔离器件组成的栅极驱动电路

图 6-5 IGBT 基极驱动电路

图 6-5(a)为由脉冲变压器组成的栅极驱动电路。来自脉冲发生器的脉冲信号经晶体管 V 放大后加至脉冲变压器 TP 初级，经 TP 耦合、反向串联双稳压管双向限幅后驱动 IGBT。该电路简单，工作频率较高，可达 100 kHz；但存在漏感和集肤效应，使绕组的绕制工艺复杂，并容易产生振荡。图 6-5(b)是具有正负片电压双电源的 IGBT 栅极驱动电路，采用光耦合器使信号电路与栅极驱动电路进行隔离，有效地提高了信号的传输速度。该驱动电路中的输出级采用互补电路的形式降低驱动源内阻，同时加速 IGBT 的关断过程。

3. 集成化驱动电路

上述几种 IGBT 的驱动电路的结构简单、经济实用，但不易做到功能齐全、性能理想。目前，很多生产 IGBT 器件的公司为了解决 IGBT 驱动的可靠性问题，纷纷推出 IGBT 专用驱动电路，如美国 Motorola 公司的 MPD 系列、日本东芝公司的 KT 系列、日本富士公司的 EXB 系列等。这些驱动电路抗干扰能力强、集成化程度高、速度快、保护功能完善，可实现 IGBT 的最优驱动，但一般价格比较昂贵。表 6-1 列出了部分专用驱动器。

表 6-1 部分专用驱动器

驱动器产地		日本富士通	日本英达	日本三菱	中国西安	美国 Unitrode
驱动器系列		EXB841	HR065	M57959L～M57962L	HL402A～HL402B	UC3724～UC3725
主要参数	隔离方式	光耦合器	光耦合器	光耦合器	光耦合器	光耦合器
	附加电压/V	+20	+25	+18，-10	+25	
	输出高电平/V	+14.5	+16	+18	+14	+9～15
	输出低电压/V	-4.5	-8	-10	1	0
	工作频限/kHz	40	20	40	40	
	隔离电压/V	2500	2500	2500	2500	
	输出电流/A	4	2.5	2.5	2	
	开通延时/μs	<1.5	0.4～0.8	1	<1	0.5
	关断延时/μs	<1.5	0.07～0.4	1	<1	0.25
	软关断时间/μs	10	45	1～2 ms	可调	
	报警延时/μs	1	1.4		1	

下面主要介绍日本富士公司的 EXB 系列的驱动电路。

EXB 系列集成驱动电路分标准型和高速型两种，EXB850、EXB851 为标准型，最大开关频率为 10 kHz；EXB840、EXB841 为高速型，最大开关频率为 40 kHz。图 6-6 为 EXB841 的外形图，图 6-7 为 EXB841 的功能原理框图。

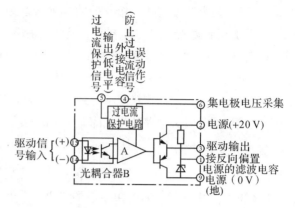

图 6-6　EXB841 的外形图　　　　图 6-7　EXB841 的功能原理框图

EXB841 为厚膜集成电路矩形扁片状封装，单列直插，其端子功能如表 6-2 所示。

表 6-2　EXB841 的端子菜单

端　子	功　能	端　子	功　能
1	与用于反向偏置电源的滤波电容器相连	6	集电极电压监视
2	供电电源（+20 V）	7、8、10、11	为空端
3	驱动输出	9	电源地
4	用于外接电容器，以防止过电流保护电路误动作（绝大部分场合不需要此电容器）	14	驱动信号输入（一）
5	为过电流保护输出	15	驱动信号输入（+）

图 6-8 所示为 EXB841 的电路原理图。由图 6-8 可见，EXB841 的结构可分为隔离放大、过电流保护和基准电源三部分。隔离放大部分由光耦合器 B、晶体管 V_2、V_4、V_5 和阻

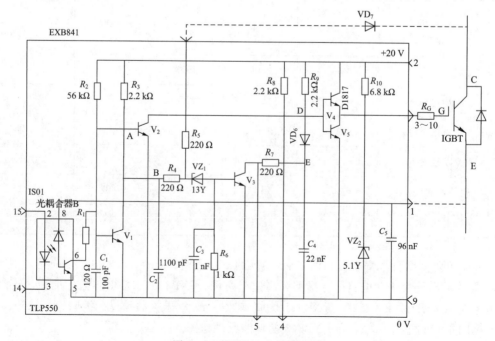

图 6-8　EXB841 电路原理图

容组件 R_1、C_1、R_2、R_9 组成。光耦合器的隔离电压可达 250 V AC。V_2 为中间放大级，V_4、V_5 组成的互补式推挽输出可为 IGBT 栅极提供导通和关断电压。晶体管 V_1、V_3 和稳压管 VZ_1 以及阻容组件 $R_3 \sim R_8$、$C_2 \sim C_4$ 组成过电流保护部分，实现过电流检测和延时保护。电阻 R_{10} 与稳压管 VZ_2 构成 5 V 基准电源，为 IGBT 的关断提供 -5 V 反偏电压，同时也为光耦合器提供工作电源。芯片的 6 脚通过快速二极管 VD_7 连接 IGBT 的集电极 C，通过检测 U_{CE} 的大小来判断是否发生短路或集电极电流过大。芯片的 5 脚为过电流保护信号输出端，输出信号供控制电路使用。

EXB841 电路的工作过程如下：

（1）IGBT 的开通。当 14 与 15 两脚间通以 10 mA 电流时，光耦合器 B 导通，图 6-8 中 A 点电位下降使 V_1、V_2 截止。V_2 截止导致 B 点电位升高，V_4 导通，V_5 截止。2 脚电源经 V_4、3 脚及 R_G 驱动 IGBT 栅极，使 IGBT 迅速导通。

（2）IGBT 的关断。当 14 与 15 两脚间流过的电流为零时，光耦合器 B 截止，V_1、V_2 导通，使 B 点电位下降，V_4 截止，V_5 导通。IGBT 栅极电荷经 V_5 迅速放电，使 3 脚电位降至 0 V，比 1 脚电位低 5 V。因而 $U_{GS} = -5$ V，此反偏电压可使 IGBT 可靠关断。

（3）保护过程。保护信号采自 IGBT 的集射极压降 U_{CE}。当 IGBT 正常导通时，U_{CE} 较小，隔离二极管 VD_7 导通，稳压管 VZ_1 不被击穿，V_3 截止，C_4 被充电，使 E 点电位为电源电压（20 V）并保持不变。一旦发生过流或短路，IGBT 因承受大电流而退饱和，导致 U_{CE} 上升，VD_7 截止，VZ_1 被击穿使 V_3 导通，C_4 经 R_7 和 V_3 放电，E 点及 B 点电位逐渐下降，V_4 截止，V_5 导通，使 IGBT 慢关断从而得到保护。与此同时，5 脚输出低电平，将过电流保护信号送出。

图 6-9 为 EXB841 的集成驱动电路。控制脉冲输入端 14 脚为高电平时，IGBT 截止；

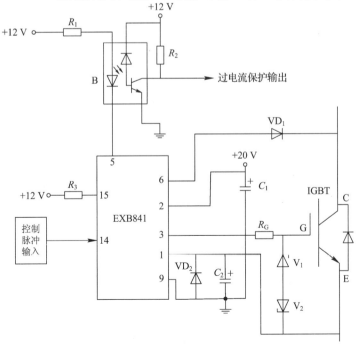

图 6-9　EXB841 的集成驱动电路

14 脚为低电平时，IGBT 导通。稳压管 V_1、V_2 用于栅射极间电压限幅保护。C_1、C_2 为电源滤波电容，VD_2 为外接钳位二极管。5 脚外接光耦合器 B，当 IGBT 过流时，5 脚输出低电平，B 导通，输出过电流保护执行信号。

6.1.4 了解 IGBT 的保护电路

因为 IGBT 是由大功率晶体管 GTR 及功率场效应晶体管 MOSFET 复合而成的，所以 IGBT 的保护可按 GTR、MOSFET 保护电路来考虑。

1. 过电压保护

过电压保护措施主要是利用缓冲电路抑制过电压的产生，如图 6-10 所示。图 6-10(a) 是最简单的单电容电路，适用于 50 A 以下的小容量 IGBT 模块，由于电路无阻尼组件易产生 LC 振荡，故应选择无感电容或串入阻尼电阻 R_S。图 6-10(b) 是将 RCD 缓冲电路用于双桥臂的 IGBT 模块上，适用于 200 A 以下的中等容量 IGBT。在图 6-10(c) 中，将两个 RCD 缓冲电路分别用在两个桥臂上，该电路将电容上过冲的能量部分送回电源，因此损耗较小，广泛应用于 200 A 以上的大容量 IGBT 中。

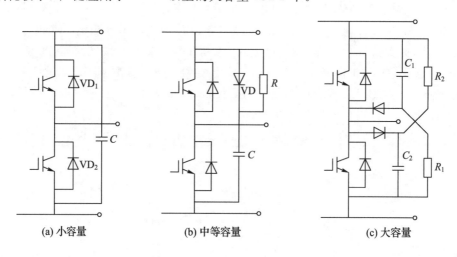

(a) 小容量   (b) 中等容量   (c) 大容量

图 6-10 IGBT 的缓冲电路

2. 过电流保护

过电流保护措施主要是通过检出过电流信号后迅速切断栅极控制信号的办法来实现。实际应用中，当晶体管或二极管损坏、控制与驱动电路故障或干扰等引起误动、输出端对地短路与电机绝缘损坏、逆变桥的桥臂短路、负载电路接地、输出短路、控制回路或驱动回路的故障等，造成一桥臂的两个 IGBT 同时导通，都会导致主电路发生短路事故。

在出现上述任一故障时，均可关断 IGBT 来切断过电流，这就要求在发现过电流后，通过控制电路产生负的栅极驱动信号来关断 IGBT。一般情况下，只要 IGBT 的额定参数选择合理，10 μs 内的过电流就不会损坏器件。由于 IGBT 承受过电流的时间较短，耐过流量小，因此使用 IGBT 首先要注意的是过流保护。

1) 集电极电压识别过电流保护

图 6-11 为采用集电极电压识别方法的电路。在图 6-11 中，脉冲变压器①、②端

为输入开通驱动脉冲；③、④端为输入关断信号脉冲。IGBT 正常导通时，C 点电位很低，并通过 VD 的钳位作用，U_M 只能为低电平，V_2 管总是截止状态。一旦发生过流现象，IGBT 的管压降 U_{CE} 升高，这时 VD 反向关断，阻止主回路高压窜入控制电路，于是电压 U_M 随 C_M 充电电压的上升而增加。当过流现象持续一定时间后，U_M 达到稳压管 V_1 的阈值，使稳压管导通，V_2 管也立即导通，栅极驱动信号被封锁，同时光耦合器 B 发出过流信号。

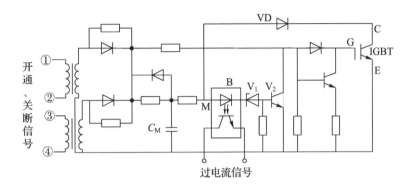

图 6-11　经集电极电压识别的 IGBT 过流保护的电路原理图

为了避免 IGBT 过电流的时间超过允许的短路过电流时间，保护电路应当采用快速光耦合器等快速传送组件及电路。不过，切断很大的 IGBT 集电极过电流时，速度不能过快，否则会由于 $\mathrm{d}i/\mathrm{d}t$ 值过大，在主电路分布电感中产生过高的感应电动势，损坏 IGBT。为此，应当在允许的短路时间之内，采取低速切断措施将 IGBT 集电极的电流切断。

2）发射极电流检测过流的保护电路

图 6-12 为检测发射极电流过流的保护电路。在 IGBT 的发射极电流未超过限流阈值时，比较器 LM311 的同相端电位低于反相端电位，其输出为低电平，V_1 截止，VD_1 导通，将 V_3 管关断。此时，IGBT 的导通与关断仅受驱动信号控制，即当驱动信号为高电平时，V_2 导通，驱动信号使 IGBT 导通；当驱动信号变为低电平时，V_2 管的寄生二极管导通，驱动信号将 IGBT 关断。

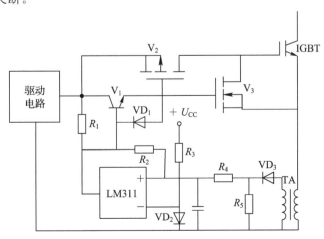

图 6-12　检测发射极过电流的保护电路

在 IGBT 的发射极电流超过限流阈值时，电流互感器 TA 二次侧在电阻 R_5 上产生的电压降经 R_4 送到比较器 LM311 的同相端，使该端电位高于反相端的电位，比较器输出翻转为高电平，VD_1 截止，V_1 导通。一方面，导通的 V_1 迅速泄放掉 V_2 管上的栅极电荷，使 V_2 迅速关断，驱动信号不能传送到 IGBT 的栅极；另一方面，导通的 V_1 还驱动 V_3 迅速导通，将 IGBT 的栅极电荷迅速泄放，使 IGBT 关断。为了确保关断的 IGBT 在本次开关周期内不再导通，比较器加有正反馈电阻 R_2，这样在 IGBT 的过电流被关断后比较器仍保持输出高电平。

然后，当驱动信号由高变低时，比较器输出端随之变低，同相端电位亦随之下降并低于反相端电位。此时，整个过电流保护电路已重新复位，IGBT 又仅受驱动信号的控制，驱动信号再次变高(或变低)时，仍可驱动 IGBT 导通(或关断)。

如果 IGBT 射极电流未超限值，则过流保护电路不动作；如果超过了限值，则过流保护电路再次关断 IGBT。可见过流保护电路实施的是逐个脉冲电流限制，可将电流限值设置在最大工作电流以上(比如设为最大工作电流的 1.2 倍)，这样既可以保证在任何负载状态甚至是短路状态下都将电流限制在允许值之内，又不会影响电路的正常工作。电流限值可以通过调整电阻 R_5 来设置。

任务6.2　认识变频电路

变频电路在实际生产中主要是把工频交流电或直流电变换成频率可调的交流电供给用电负载。现代化生产中需要各种频率的交流电源，各类变频电路的应用主要有大型计算机等特殊要求的电源设备，对其频率、电压波形与幅值及电网干扰等参数均有很高的精度要求，需要采用变频电路提供电源。不间断电源(UPS)平时通过变频电路网对蓄电池充电，当电网发生故障停电时，将蓄电池的直流电逆变成 50 Hz 的交流电，对设备作临时供电；中频装置广泛用于金属冶炼、感应加热及机械零件淬火等；变频调速电路主要对三相异步电动机或同步电动机进行变频调速。

6.2.1　了解变频电路的基本原理

变频器一般由整流电路、滤波电路、逆变电路、控制电路、保护电路等几部分构成，如图 6-13 所示为变频器的基本结构框图。其中，整流电路将固定频率和电压的交流电能整

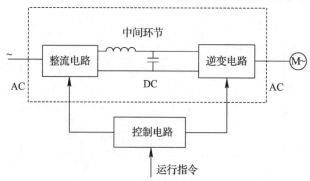

图 6-13　变频器的基本结构框图

流为直流电能,可以是不可控的,也可以是可控的;滤波电路将脉动的直流量滤波成平直的直流量,可以对直流电压滤波(用电容),也可以对直流电流滤波(用电感);逆变电路将直流电能逆变为交流电能,直接供给负载,它的输出频率和电压均与交流输入电源无关,称为无源逆变器。

变频器的分类方式很多,最常见的是根据变流环节分为交-交变频与交-直-交变频两种。另外,根据直流侧电源性质的不同,交-直-交变频器又可以分为电压源型与电流源型两种,目前应用较多的是交-直-交电压源型变频器。

6.2.2 了解交-直-交变频电路

交-直-交变频器的主电路由整流电路和逆变电路两部分组成,按照中间滤波环节是电容性的还是电感性的,可将交-直-交变频电路分为电压型和电流型两种。

1. 交-直-交电压型变频器

1)电路结构

交-直-交电压型变频器的主电路如图 6-14 所示,该电路的核心部分是逆变器。

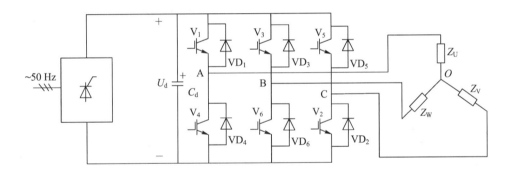

图 6-14 交-直-交电压型变频器的主电路

该逆变电路中的 IGBT 可改为其他电力电子开关器件,如晶闸管、MOSFET、GTR、GTO 等。每只功率开关元件需要反并联一只续流二极管,为负载的滞后电流提供一条反馈到电源的通路。逆变器直流环节并联有大容量滤波电容,当逆变器的负载为三相异步电动机时,这个电容同时又是缓冲负载无功功率的储能元件。

2)工作原理

在三相桥式逆变器中,有 180°导通型和 120°导通型两种换流方式。在某一瞬间,控制一个开关器件关断,同时使另一个器件导通,即实现了两个器件之间的换流。

逆变器中六个晶闸管按照 $V_1 \sim V_6$ 的顺序导通,各晶闸管的触发间隔为 60°电角度。每只晶闸管的导通时间皆为 180°,所以称为 180°导电型,即每个晶闸管导通 180°后关断,之后同相的另一个晶闸管导通。由于每隔 60°有一个器件开关,在 180°导通型逆变器中,除换流期间外,每一时刻总有三个开关器件同时导通,其中每个桥臂上都有一只导通。

假设逆变器的换相瞬间完成,且忽略晶闸管的管压降。0°~60°时,晶闸管 V_1、V_5、V_6 导通,逆变器的等效电路如图 6-15 所示。

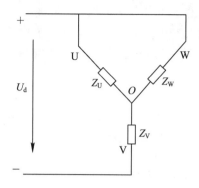

图 6 - 15   0°～60°时的等效电路

由图 6 - 15 可求得负载相电压为

$$\begin{cases} u_{UO} = u_{WO} = U_d \dfrac{\dfrac{Z_U Z_W}{Z_U + Z_W}}{Z_V + \dfrac{Z_U Z_W}{Z_U + Z_W}} = \dfrac{1}{3} U_d \\[6mm] u_{VO} = -U_d \dfrac{Z_V}{Z_V + \dfrac{Z_U Z_W}{Z_U + Z_W}} = -\dfrac{2}{3} U_d \end{cases} \tag{6-1}$$

求得负载线电压为

$$\begin{cases} U_{UV} = U_{UO} - U_{OV} = U_d \\ U_{VW} = U_{VO} - U_{OW} = -U_d \\ U_{WU} = U_{WO} - U_{OU} = 0 \end{cases} \tag{6-2}$$

同理，可求得其他状态下的等效电路并计算出相应的相电压和线电压瞬时值。将上述各状态下对应的相电压、线电压画出，即可得到 180°导电型三相电压型逆变器的输出电压波形，如图 6 - 16 所示。

由图 6 - 16 可见，逆变器输出三相对称交流电压，各相之间互差 120°，相电压为阶梯波，线电压为方波。输出电压的频率取决于逆变器开关器件的切换频率。

将 180°导电型逆变器输出电压规律进行总结，归纳如下：

（1）每个脉冲触发间隔 60°区间内有三个晶闸管导通，它们分别属于逆变桥的共阴极组和共阳极组。

（2）在三个导通元件中，若属于同一组的有两个元件，则元件所对应相的相电压大小为 $1/3 U_d$，另一个元件所对应相的相电压大小为 $2/3 U_d$。

（3）共阳极组元件所对应相的相电压为正，共阴极组元件所对应相的相电压为负。

（4）每个脉冲触发间隔 60°内的相电压之和为 0。

3）特点

电压型变频器因其中间直流电路采用大电容滤波，因此直流电压脉动很小，近似为电压源，且具有低阻抗特性。由于直流环节并联有大电容，直流电源极性无法改变，如果由它供电的电动机工作在再生制动状态下，要改变电流的方向，把电能反馈到电网上，就需要再加一套反并联的整流器，这就大大增加了电路的复杂性，导致电路的实用性不强，所以这种变频器适用于不需经常启动、制动和反转的场合。

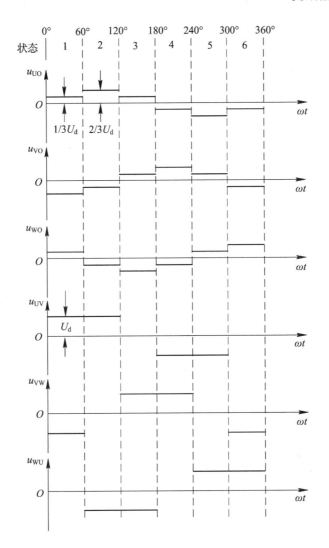

图 6 - 16　180°导电型三相电压型逆变器的输出电压波形

2. 交-直-交电流型变频器

由于电压型变频器再生制动时需再接附加电路，因此其电路比较复杂；而电流型变频器弥补了它的不足，而且这种变频器的主电路结构简单、安全可靠。

1）电路结构

图 6 - 17 所示为三相串联二极管式且主电路是电流型逆变器的典型电路。该电路在直流电源上串联了大电感 L_d 滤波。大电感的限流作用，使得该电路为逆变器提供的直流电流波形平直、脉动很小，具有电流源特性。这使逆变器输出的交流电流为矩形波，与负载性质无关，而输出的交流电压波形及相位随负载的变化而变化。对于异步电动机变频调速系统而言，这个大电感又是缓冲负载无功能量的储能元件。

图 6 - 17 中直流平波电抗器 L_d 为整流和逆变两部分电路的中间滤波环节，$V_1 \sim V_6$ 为逆变电路中的晶闸管，$C_1 \sim C_6$ 为换相电容，$VD_1 \sim VD_6$ 为隔离二极管。

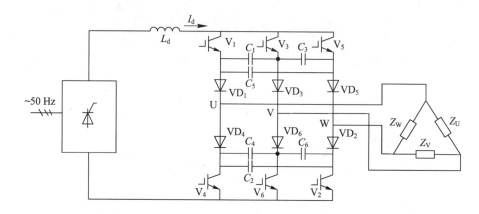

图 6-17　三相串联二极管式电流型变频器的主电路

2）工作原理

电流型逆变器一般采用120°导电型，即每个晶闸管的导通时间为120°。每个周期换相六次，共六个工作状态，每个工作状态有两只晶闸管导通。换相是在相邻的桥臂中进行的，晶闸管按照 $V_1 \sim V_6$ 的顺序导通。

在0°～60°时，V_1 和 V_6 导通，则主电路电流 I_d（经 L_d 滤波后为平直的电流）的流向为 $V_1 \rightarrow VD_1 \rightarrow U$ 相 $\rightarrow$ 负载 $\rightarrow V$ 相 $\rightarrow VD_6 \rightarrow V_6$。假设三相负载为三角形接法，各相阻抗对称相等，忽略换相过程并假定晶闸管为理想器件，其等效电路如图6-18所示。

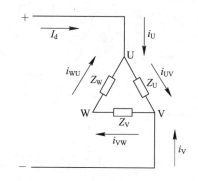

图 6-18　0°～60°时的等效电路图

图6-18中的各相电流为

$$\begin{cases} i_{UV} = \dfrac{Z_V + Z_W}{Z_U + (Z_V + Z_W)} I_d = \dfrac{2}{3} I_d \\ i_{VW} = i_{WU} = -\dfrac{Z_U}{Z_U + (Z_V + Z_W)} I_d = -\dfrac{1}{3} I_d \end{cases} \quad (6-3)$$

线电流可直接求得

$$\begin{cases} i_U = I_d \\ i_V = -I_d \\ i_W = 0 \end{cases} \quad (6-4)$$

同理，可求得其他状态下的线电流和相电流，得到的输出电流波形如图6-19所示。由图6-19可知，线电流为矩形波，相电流为梯形波，三相对称。如果负载为星形接法，则相电流也为矩形波，与线电流完全相同。

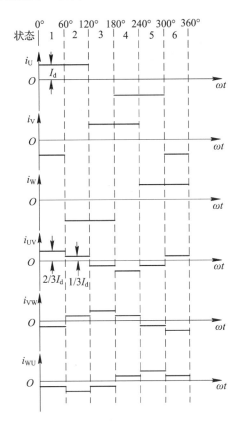

图 6-19　120°导电型三相电流型变频器的输出电流波形

120°导电型逆变器导通规律总结如下：

（1）每个脉冲触发间隔 60°有两个晶闸管导通，它们分别属于逆变桥的共阴极组和共阳极组。

（2）在两个导通元件中，每个元件所对应相的相电流大小为 I_d，不导通元件所对应相的相电流大小为 0。

（3）共阳极组中元件所通过的相电流为正，共阴极组中元件所通过的相电流为负。

（4）每个脉冲触发间隔 60°内的相电流之和为 0。

3）特点

电流型变频器的中间直流环节采用大电感滤波，因而其直流电流脉动很小，近似为电流源，且具有高阻抗特性，大电感同时又起到缓冲负载无功能量的作用。其逆变器的开关只改变电流的方向，三相交流输出电流波形为矩形波或阶梯波，而输出电压波形及相位随负载的不同而变化。该电路无须设置与逆变桥反并联的二极管桥，因此其线路简单。逆变器依靠换相电容和交流电动机漏感的谐振来换相，适用于单机运行。由于直流侧电压可以迅速改变甚至反向，因此动态响应比较快，负载电动机可四象限运行。电流型变频器的主电路结构简单，且安全可靠，非常适用于大容量或要求频繁正、反转运行的系统中。

6.2.3 了解交-交变频电路

交-交变频器是不通过中间直流环节而把工频交流电直接变换成不同频率的交流电的变频电路。由于没有中间环节，因此该变频器属于直接变频电路，其效率较高。

1. 单相输出交-交变频器的工作原理

交-交变频电路如图 6-20 所示。该电路由具有相同特征的两组晶闸管整流电路反并联构成，将其中一组称为正组整流器 P，另外一组称为反组整流器 N。如果 P 组整流器工作，N 组整流器被封锁，则负载端输出电压为上正下负；如果 N 组整流器工作，P 组整流器被封锁，则负载端得到的输出电压为上负下正。这样，只要两组变流器按一定的频率交替工作，负载就得到该频率的交流电。如果改变两组变流器的切换频率，就可以改变输出频率 ω_o；如果改变变流电路工作时的控制角 α，就可以改变交流输出电压的幅值。

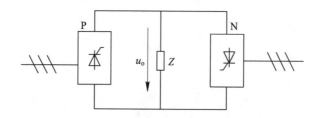

图 6-20　单相桥式交-交变频电路

如果在一个周期内控制角 α 是固定不变的，则输出电压波形为矩形波；如果控制角 α 不固定，在正组工作的半个周期内让控制角 α 按正弦规律从 90° 逐渐减小到 0°，然后再由 0° 逐渐增加到 90°，那么 P 组整流电路的输出电压的平均值就按正弦规律变化。控制角 α 从零增加到最大，然后从最大减小到零，变频电路的输出电压波形如图 6-21 所示（三相交流输入）。在 N 组工作的半个周期内采用同样的控制方法，就可得到接近正弦波的输出电压。输出电压 u_o 由若干段电源电压拼接而成，在 u_o 的一个周期内，包含的电源电压段数越多，其波形就越接近正弦波。

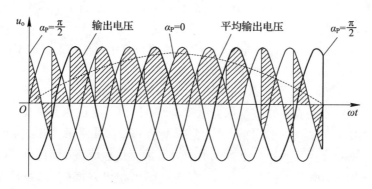

图 6-21　单相交-交变频电路的输出电压波形图（控制角变化）

2. 三相输出交-交变频器

1）三相输出交-交变频器主电路

交-交变频电路主要应用于大功率交流电机调速系统中，使用的是三相交-交变频电路。三相输出交-交变频器由三套输出电压彼此相差 120°电角度的单相输出交-交变频器组成，其主回路主要有两种连接方式，即公共交流母线进线方式和输出 Y 形连接方式，如图 6-22 和图 6-23 所示。

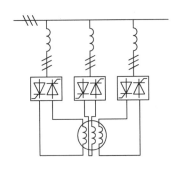

图 6-22　公共交流母线的三相输出交-交变频器

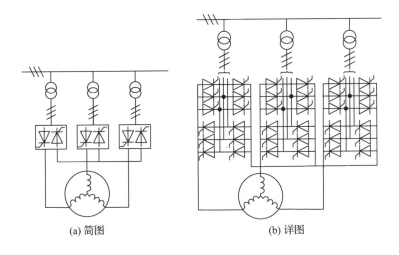

(a) 简图　　　　　　　　(b) 详图

图 6-23　输出 Y 形连接的三相交-交变频器

（1）公共交流母线进线方式。

如图 6-22 所示，它由三组彼此独立的、输出电压相位相差 120°电角度的单相交-交变频器组成，它们的电源进线通过进线电抗器接在电网的公共母线上，但三个输出端相互隔离，且必须相互隔离，为此电动机的三个绕组需拆开，引出六根线。这种接线方式主要用于中等容量的交流调速系统中。

（2）输出 Y 形连接方式。

如图 6-23 所示，三组单相输出交-交变频器的三个输出端 Y 形连接，电动机的绕组也是 Y 形连接，引出三根线，变频器的中点不与电动机绕组的中点接在一起，这时变频器的电源进线必须相互隔离，所以三组单相变频器分别用三个变压器供电。这种接线方式主要用于大容量的交流调速系统中。

由于变频器输出端中点不和负载中点相连，在构成三相变频器的六组桥式电路中，至少要有不同相的两组桥中的四个晶闸管同时导通才能构成回路，形成电流。同一组桥内的两个晶闸管靠双脉冲保证同时导通，两组桥之间靠足够的脉冲宽度来保证同时有触发脉冲。

2）交-交变频器的特点

交-交变频器属于直接变换，没有中间环节，所以效率比较高。但交-交变频电路接线较复杂，输入电流谐波含量大，频谱复杂，电路输出频率较低，输入功率因数也较低，特别在低速运行时更低，因此使用时需要进行适当补偿。

交-交变频器既可用于异步电动机，也可用于同步电动机传动。交-交变频电路主要用于 500 kW 或 1000 kW 以上的大功率、低转速的交流调速电路中，如轧机主传动装置、鼓风机、矿石破碎机、球磨机、卷扬机等场合。

6.2.4　了解正弦波脉宽调制（SPWM）变频器

随着自关断型电力电子器件（如 GTO、GTR、IGBT、MOSFET 等）及微电子技术、微计算机技术的发展，采用脉宽调制（PWM）控制技术的变频调速器蓬勃发展起来。PWM 控制是将变压与变频集于逆变器中完成，即前面为不可控整流器，中间直流电压恒定，而后由逆变器同时完成变压与变频，如图 6-24 所示，图中逆变器采用 PWM 控制方式。

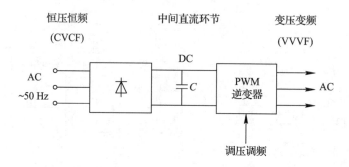

图 6-24　交-直-交 PWM 变压变频器

目前实际工程中主要采用的 PWM 技术是正弦 PWM（SPWM），这是因为变频器输出的电压或电流波形更接近于正弦波形。

1. 电压正弦脉宽调制原理

电压 SPWM 技术就是使逆变器的输出电压是正弦波形，它通过调节脉冲宽度来调节平均电压的大小。

电压正弦脉宽调制法的基本思想是用与正弦波等效的一系列等幅不等宽的矩形脉冲波形来等效正弦波，如图 6-25 所示。具体是把一个正弦半波分为 n 等分，如图 6-25(a)所示；然后把每一等分正弦曲线与横轴所包围的面积都用一个与之面积相等的矩形脉冲来代替，矩形脉冲的幅值不变，各脉冲的中点与正弦波每一等分的中点相重合，如图 6-25(b)所示。这样，由 n 个等幅不等宽的矩形脉冲所组成的波形就与正弦波的半周波形等效，称为 SPWM。同样，正弦波的负半周也可用相同的方法与一系列负脉冲等效。这种正弦波正、负半周分别用等幅不等宽的正、负矩形脉冲等效的 SPWM 波形称为单极性 SPWM。

原始的脉宽调制方法是利用正弦波作为基准的调制波（Modulation Wave），受它调制的信号称为载波（Carrier Wave），在 SPWM 中常用等腰三角波作载波。当调制波与载波相交时（见图 6-26），由它们的交点确定逆变器开关器件的通断时刻。具体的做法是：当 U 相的调制波电压 u_r 高于载波电压 u_c 时，使相应的开关器件 V_1 导通，输出正的脉冲电压，

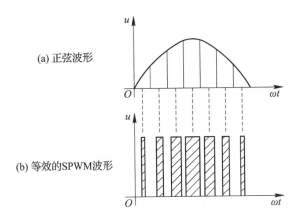

(a) 正弦波形

(b) 等效的SPWM波形

图 6-25 与正弦波等效的等幅不等宽的矩形脉冲波形

如图 6-26(b)所示；当 u_r 低于 u_c 时使 V_1 关断，输出电压为零。在 u_r 的负半周中，可用类似的方法控制下桥臂的 V_4，输出负的脉冲电压序列。改变调制波的频率时，输出电压基波的频率也随之改变；降低调制波的幅值时，各段脉冲的宽度都将变窄，从而使输出电压基波的幅值也相应减小。

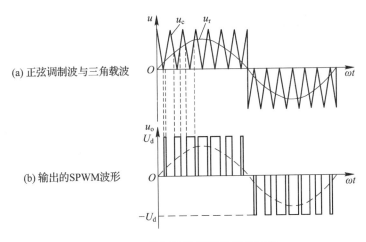

(a) 正弦调制波与三角载波

(b) 输出的SPWM波形

图 6-26 单极性脉宽调制波的形成

双极性 SPWM 和单极性 SPWM 的方法一样，对输出交流电压的大小调节要靠改变控制波的幅值来实现，而对输出交流电压的频率调节则要靠改变控制波的频率来实现。

2. SPWM 逆变器的同步调制和异步调制

SPWM 逆变器有一个重要参数为载波比 N，载波比被定义为载波频率 f_t 与调制波频率 f_r 之比，用 N 表示，即

$$N = \frac{f_t}{f_r} \tag{6-5}$$

视载波比的变化与否，SPWM 逆变器有同步调制与异步调制之分。

1）同步调制

在改变 f_r 的同时成正比地改变 f_t，使载波比 N 为常数，这就是同步调制方式。采用同步调制的优点是可以保证输出电压半波内的矩形脉冲数是固定不变的，如果取 N 等于 3

的倍数，则同步调制能保证输出波形的正、负半波始终保持对称，并能严格保证三相输出波形之间具有互差 120°的对称关系。但是，当输出频率很低时，相邻两脉冲间的间距增大，导致谐波会显著增加，这是同步调制方式在低频时的主要缺点。

2）异步调制

采用异步调制方式是为了消除上述同步调制的缺点。在异步调制中，在变频器的整个变频范围内，载波比 N 不等于常数。一般在改变调制波频率 f_r 时保持三角载波频率 f_t 不变，因而提高了低频时的载波比。这样，输出电压半波内的矩形脉冲数可随输出频率的降低而增加，相应地可减少负载电机的转矩脉动与噪声，也改善了系统的低频工作性能。但异步调制方式在改善低频工作性能的同时，又失去了同步调制的优点。当载波比 N 随着输出频率的降低而连续变化时，它不可能总是 3 的倍数，必将使输出电压波形及其相位都发生变化，难以保持三相输出的对称性，因而引起电机工作不平稳。

将同步调制和异步调制结合起来，称为分段同步调制方式，实际应用中 SPWM 变频器多采用此种方式。在一定频率范围内采用同步调制可以保持输出波形对称的优点，当频率降低较多时，如果仍保持载波比 N 不变的同步调制，则输出电压谐波将会增大。为了避免这个缺点，在控制过程中，把整个变频范围划分成若干频段，每个频段内都维持载波比 N 恒定，而对不同的频段取不同的 N 值，频率低时，N 值取大些，一般大致按等比级数安排，这就是分段同步调制方式。

分段同步调制虽比较麻烦，但在微电子技术迅速发展的今天，这种调制方式是很容易实现的。

3. SPWM 的实现方法

SPWM 控制就是根据三角载波与正弦调制波比较后的交点来确定逆变器功率器件的开关时刻，这个任务可以用模拟电子电路、数字电路或专用的大规模集成电路芯片等硬件电路来完成，也可以用微型计算机通过软件生成 SPWM 波形。

现在一般采用专门产生 SPWM 控制信号的集成电路芯片来生成 SPWM 波形。目前已投入市场的专用 SPWM 芯片有 Mullard 公司的 HEF4752、Siemens 公司的 SLE4520、Sanken 公司的 MB63H110，以及我国自行研制的 ZPS - 101、THP - 4752 等。其中，THP - 4752 与 HEF4752 的功能完全兼容。另外，现在有些单片机本身就具有直接输出 SPWM 信号的功能，如 8XC196MC、TMS320F240 等。

HEF4752 芯片是数字化的大规模集成电路，采用标准的 28 脚双列直插封装，如图 6 - 27 所示。

该芯片可提供三组互差 120°互补输出 SPWM 控制脉冲，以供驱动逆变器六个功率开关器件产生对称的三相输出。该芯片适用于晶闸管、GTO 或功率 GTR，对晶闸管可附加产生三对互补换流脉冲，用于辅助晶闸管换流。该芯片调频范围为 0～200 Hz，器件的开关频率一般在 1 kHz 以下，不适用于 IGBT 逆变器。

SLE4520 是一种可编程的三相 PWM 集成电路，可以通过 8 位数据总线接收来自微机的地址和脉宽数据，将 8 位数据转化为相应宽度的矩形脉冲，脉宽由减计数器内的数值决定。六个输出产生三相 SPWM 矩形脉冲，互差 120°，以控制逆变器中的六个主开关器件。SLE4520 的开关频率和输出频率分别可达 20 kHz 和 2.6 kHz，适用于 IGBT 变频器。SLE4520 实物图如图 6 - 28 所示。

图 6-27　HEF4752 芯片

图 6-28　SLE4520 实物图

6.2.5　完成交-直-交变频电路的 MATLAB 仿真分析

1. 参考电路图建模

交-直-交变频电路系统由交流电源、整流电路、逆变电路、负载等组成，根据电路图搭建的仿真模型如图 6-29 所示，各模块的提取路径如表 6-3 所示。

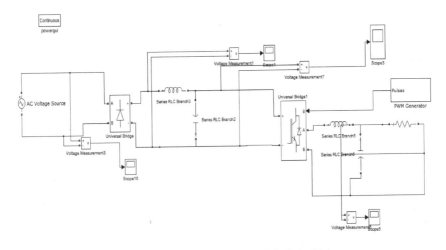

图 6-29　交-直-交变频电路仿真电路图

表 6-3　交-直-交变频电路仿真模块的提取路径

元 件 名 称	提 取 路 径
交流电源	SimPowerSystems/Electrical Sources/AC Voltage Source
示波器	Simulink/Sinks/Scope
不可控整流桥模块	SimPowerSystems/Power Electronics/Universal Bridge
逆变模块	SimPowerSystems/Power Electronics/Universal Bridge
电压表	SimPowerSystems/Measurements/ Voltage Measurement
负载 RLC	SimPowerSystems/Elements/ Series RLC Branch
脉冲触发 PWM 触发器模块	SimPowerSystems/Power Electronics/Discrete Control Blocks/Discrete PWM Generator
万用表模块	SimPowerSystems/Measurements/Multimeter
用户界面分析模块	powergui

2. 设置各模块的参数

（1）电源 AC Voltage Source：初相位角设置为 0，频率设置为 50 Hz，采样时间设置为

0（默认值 0 表示交流电源为连续电源）。

（2）脉冲触发 PWM 触发器模块：参数设置如图 6 - 30 所示。

（3）逆变模块 Universal Bridge：采用默认参数设置。

（4）负载 RLC：滤波电感 L_1 的电感值设置为 80e - 3；滤波电感 L_2 的电感值设置为 30e - 3；滤波电容 C_1 的电容值设置为 1800e - 6；滤波电容 C_2 的电容值设置为 320e - 6。

（5）不可控整流桥 Universal Bridge：参数设置如图 6 - 31 所示。

（6）示波器：通过设置"Number of axes"来选择输出波形数目。

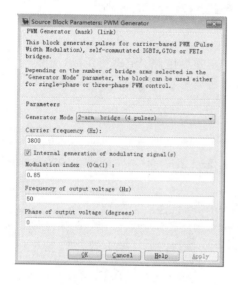

图 6 - 30　脉冲触发 PWM 触发器模块参数设置

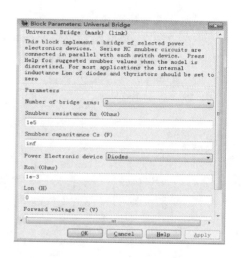

图 6 - 31　Universal Bridge 参数设置

3. 仿真参数的设置

设置仿真时间为 0.5 s，算法为 ode45。其余参数保持不变。

4. 波形分析

通过仿真得到波形图。电路图 6 - 29 中整流与滤波后的电压信号的 MATLAB 仿真波形如图 6 - 32 所示。图 6 - 33 为纯电阻负载的逆变器滤波输出波形。

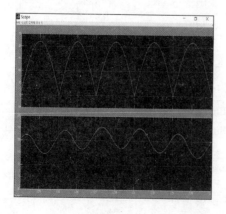

图 6 - 32　整流与滤波输出电压信号仿真波形

图 6 - 33　逆变电压输出波形

由图 6 - 32 可以看出，整流输出的是脉动的直流电压波形，通过滤波电路，将其变成纹波较小的直流电压。

由于设置的输出信号波的频率为 50 Hz，而由图 6 - 32 可知输出电压的正弦周期为 0.02 s，即频率为 50 Hz，可知实际与理论分析值一致。

经过滤波电路可以得到正弦波输出，以负载为纯电阻负载为例的输出波形如图 6 - 34 所示。

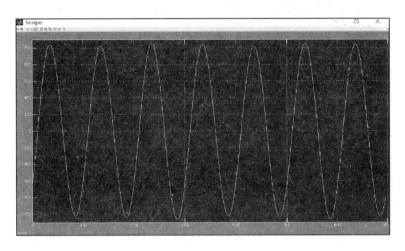

图 6 - 34 逆变滤波输出波形

（1）采用纯电阻负载，设置 $R = 100\ \Omega$，此时输出电流、电压的波形如图 6 - 35 所示。

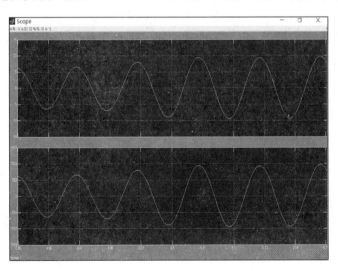

图 6 - 35 纯电阻负载的电流、电压输出波形

（2）带感性负载的交-直-交变频电路如图 6 - 29 所示。将其中的负载改为阻感性负载，设置 $R = 100\ \Omega$，$L = 100\ H$，此时输出电流、电压波形如图 6 - 36 所示。

由此可以看出，当负载是纯电阻负载时，电流与电压的相位相同；当负载为感性（阻感）负载时，电流与电压的相位发生了改变。因此可以得出，负载类型的不同可以影响电流与电压的相位。

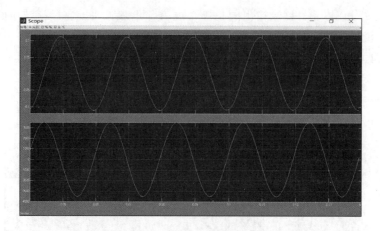

图 6-36　阻感性负载的电流、电压输出波形

任务 6.3　应用变频器控制电机

6.3.1　了解变频器的控制方法

各个厂商生产的变频器的外观千差万别，但主电路基本上都是一样的（所用的开关器件有所不同），而控制方式却不一样，需要根据电动机的特性对供电电压、电流、频率进行适当的控制。

变频器具有调速功能，但采用不同的控制方式所得到的调速性能、特性以及用途是不同的。其控制方式主要有 U/f 控制、转差频率控制、矢量控制三种。

1. U/f 控制

U/f 控制是一种比较简单的控制方式。它的基本特点是对变频器的输出电压和频率同时进行控制，通过提高 U/f 比来补偿频率下调时引起的最大转矩下降而得到所需的转矩特性。采用 U/f 控制方式的变频器的控制电路成本较低，多用于对精度要求不太高的通用变频器中。

1）U/f 曲线的种类

为了方便用户选择 U/f 比，变频器通常都是以 U/f 控制曲线的方式提供给用户的，让用户自主选择，如图 6-37 所示。

（1）基本 U/f 控制曲线。

基本 U/f 控制曲线表明没有补偿时定子电压和频率的关系，它是进行控制时的基准线。在基本 U/f 控制曲线上，与额定输出电压对应的频率称为基本频率，用 f_b 表示。基本 U/f 控制曲线如图 6-38 所示。

（2）转矩补偿的 U/f 曲线。

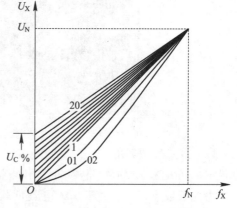

图 6-37　变频器的 U/f 控制曲线

在 $f = 0$ 时，不同的 U/f 曲线电压补偿值不同。经过补偿的 U/f 曲线适用于低速时需要较大转矩的负载，且根据低速时负载的大小来确定补偿程度，同时选择 U/f 控制曲线。

（3）负补偿的 U/f 曲线。

低速时，负补偿的 U/f 曲线在基本 U/f 控制曲线的下方，如图 6 - 37 中的 01、02 线所示。这种补偿主要适用于风机、泵类这种平方转矩负载。由于这种负载的阻转矩和转速的平方成正比，即低速时负载转矩很小，故即使不补偿，电动机输出的电磁转矩也足以带动负载。

（4）U/f 比分段补偿线。

这种补偿 U/f 曲线由几段组成，每段的 U/f 值均由用户自行给定，如图 6 - 39 所示。其主要适用于转矩与转速大致成比例的负载。在低速时补偿少，在高速时补偿程度需要加大。

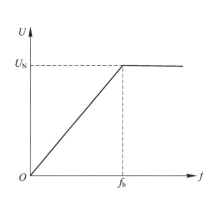

图 6 - 38 基本 U/f 控制曲线

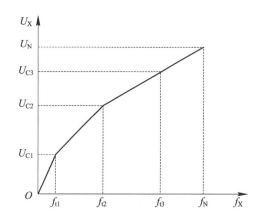

图 6 - 39 分段 U/f 比的补偿线

2）选择 U/f 控制曲线时常用的操作方法

上面讲解了 U/f 控制曲线的选择方法和原则，但是由于具体补偿量的计算非常复杂，因此在实际操作中，常用实验的方法来选择 U/f 曲线。具体操作步骤如下：

（1）将拖动系统连接好，带以最重的负载。

（2）根据所带负载的性质，选择一个较小的 U/f 曲线，在低速时观察电动机的运行情况。如果此时电动机的带负载能力达不到要求，则需将 U/f 曲线提高一挡。以此类推，直到电动机在低速时的带负载能力达到拖动系统的要求。

（3）如果负载经常变化，则在步骤（2）中选择的 U/f 曲线还需要在轻载和空载状态下进行检验。将拖动系统带以最轻的负载或空载在低速下运行，观察定子电流的大小。如果定子电流过大或者变频器跳闸，则说明原来选择的 U/f 曲线过大，补偿过分，需要适当地调低 U/f 曲线。

2. 转差频率控制

转差频率控制方式是对 U/f 控制的一种改进。在采用这种控制方式的变频器中，电动机的实际速度由安装在电动机上的速度传感器和变频器控制电路得到，而变频器的输出频率则由电动机的实际转速与所需转差频率的和自动设定，从而达到在进行调速控制的同时，控制电动机输出转矩的目的。

转差频率控制利用了速度传感器的速度闭环控制，并可以在一定程度上对输出转矩进行控制。所以和其他控制方式相比，在负载发生较大变化时，转差频率控制仍能达到较高的速度精度和具有较好的转矩特性。但是，采用这种控制方式时，需要在电动机上安装速度传感器，并需要根据电动机的特性调节转差，其通用性较差，因此通常多用于厂家指定的专用电动机。

3. 矢量控制

矢量控制是一种高性能的异步电动机的控制方式，它从直流电动机的调速方法得到的启发，利用现代计算机技术解决了大量的计算问题，是异步电动机的一种理想的调速方法。

矢量控制的基本思想是将异步电动机的定子电流在理论上分成两部分，即产生磁场的电流分量（磁场电流）和与磁场相垂直、产生转矩的电流分量（转矩电流），并分别加以控制。

由于在进行矢量控制时，需要准确地掌握异步电动机的有关参数，因此这种控制方式过去主要用于厂家指定的变频器专用电动机的控制。随着变频调速理论和技术的发展，以及现代控制理论在变频器中的成功应用，目前在新型矢量控制变频器中，已经增加了自整定功能。带有这种功能的变频器，在驱动异步电动机进行正常运转之前，可以自动地对电动机的参数进行识别，并根据辨识结果调整控制算法中的有关参数，从而使得对普通异步电动机进行矢量控制也成为可能。

上述三种控制方式的特性比较如表 6－4 所示。

表 6－4　三种控制方式的特性比较

名称		U/f 控制	转差频率控制	矢量控制
加减速特性		急加减速控制有限制，四象限运转时在零速度附近有空载时间，过电流抑制能力小	急加减速控制有限制（比 U/f 控制有提高），四象限运转时通常在零速度附近有空载时间，过电流抑制能力中等	急加减速时的控制无限度，可以进行连续四象限运转，过电流抑制能力强
速度控制	范围（原速度与调节速度之比）	1：10	1：20	1：100 以上
	响应	—	5～10 rad/s	30～100 rad/s
	定常精度	根据负载条件转差频率发生变动	与速度检出精度、控制运算精度有关	模拟最大值的 0.5% 数字最大值的 0.05%
转矩控制		原理上不可能	除车辆调速等外，一般不适用	适用 可以控制静止转矩
通用性		基本上不需要因电动机特性差异进行调整	需要根据电动机特性给定转差频率	按电动机不同的特性需要给定磁场电流、转矩电流、转差频率等多个控制量
控制构成		最简单	较简单	稍复杂

除以上三种控制方法以外，变频器控制还有以下几种方式。

（1）直接转矩控制。直接转矩控制利用空间矢量坐标的概念，在定子坐标系下分析交流电动机的数学模型，控制电动机的磁链和转矩，通过检测定子电阻来达到观测定子磁链的目的。因此，该控制方式省去了矢量控制等复杂的变换计算，系统直观、简洁，计算速度和精度都比矢量控制方式有所提高。即使在开环的状态下，也能输出 100% 的额定转矩，对于多拖动具有负荷平衡功能。

（2）最优控制。最优控制在实际中的应用根据要求的不同而有所不同，可以根据最优控制理论对某一个控制要求进行个别参数的最优化。例如在高压变频器的控制应用中，就成功地采用了时间分段控制和相位平移控制两种策略，以实现一定条件下的电压最优波形。

（3）其他非智能控制方式。在实际应用中，还有一些非智能控制方式在变频器的控制中得以实现，例如自适应控制、滑模变结构控制、差频控制、环流控制、频率控制等。

6.3.2 通用变频器的结构及接线方法

1. 通用变频器的结构

变频器一般由主电路和控制电路组成，如图 6-40 所示。主电路主要包括整流电路、中间直流电路和逆变电路三部分。其中，中间直流电路又由限流单元、滤波器、制动电路、电源再生单元以及直流电源检测电路等组成。

控制电路主要由主控制电路、保护和驱动电路、操作和显示电路、检测电路和驱动接口电路等组成。

此外，变频器还包括外部接线端口和人机交互界面等部分，如主电流接线端子包括电源接线端子（R、S、T）、电动机接线端子（U、V、W）、直流电抗器接线端子 P1 与 P(＋)、制动单元和制动电阻接线端子 P(＋) 与 N(－)。

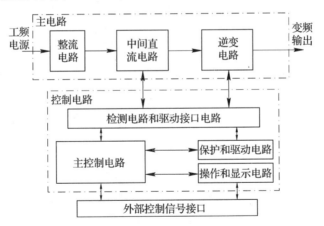

图 6-40 通用变频器结构图

FR－E700 系列变频器是 FR－E500 系列变频器的升级产品，是一种小型、高性能变频器。工业应用中常选用三菱 FR－E700 系列变频器中的 FR－E740－0.75K－CHT 型变频器来进行变频，该变频器的额定电压等级为三相 400 V，适用电机容量 0.75 kW 及以下的电动机。三菱 FR－E700 系列变频器的外观和型号的定义如图 6-41 所示。

现以三菱 FR－E740 变频器为例，对变频器的接线、常用参数的设置等方面进行介绍。

2. 通用变频器的标准接线

各个系列的变频器都有其标准接线端子，如图 6-42 所示，这些接线端子与其自身功能的实现密切相关。

(a) E700系列变频器外形图

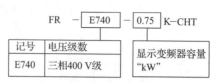

(b) 变频器型号解释

图 6-41　FR-E700 系列变频器

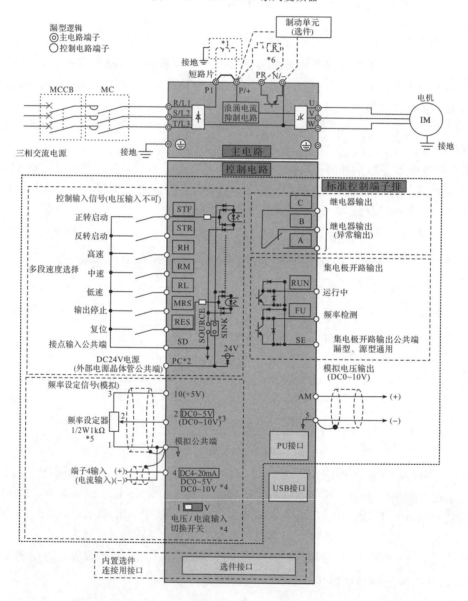

图 6-42　三菱 FR-E740 变频器的基本接线

1) 主电路接线

图 6 - 43 是三菱 FR - E740 系列变频器的主电路接线端子实物图。

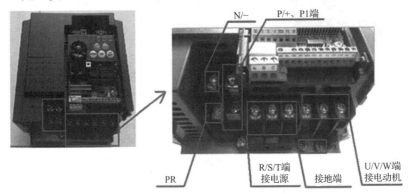

图 6 - 43　三菱 FR - E740 系列变频器主电路实物图

（1）主电路电源端子（R/L1、S/L2、T/L3）。

交流电源通过断路器或漏电保护断路器接至主电路电源端子（R/L1、S/L2、T/L3），电源的连接不需要考虑相序。交流电源最好通过一个电磁接触器连接到变频器，不要通过主电源开关的通断来启动和停止变频器的运行，而应使用控制端子 STF/STR 或控制面板上的 RUN/STOP 键。不要将三相变频器连接至单相电源，当使用高功率因数变流器及共直流母线变流器时不要连接任何元件。

（2）变频器输出端子（U、V、W）。

变频器输出端子（U、V、W）连接三相鼠笼电动机。当运行命令和电动机的旋转方向不一致时，可在 U、V、W 三相中任意更改两相接线，或将控制电路端子 STF/STR 更换一下。此时从负载端看进去，电动机逆时针旋转时转向为正。

（3）直流电抗器连接端子（P/＋、P1）。

当需要连接改善功率因数的直流电抗器时，需拆下 P/＋端和 P1 端间的短路片。

（4）外部制动电阻器连接端子（P/＋、PR）。

如果内装制动电阻的容量不够，则需要将较大容量的外部制动电阻器选件连接至 P/＋、PR 端。

（5）制动单元连接端子（P/＋、N/－）。

较大功率的变频器没有内装制动电阻。为了增加制动能力，必须外接制动单元选件，制动单元接于 P/＋、N/－端，制动电阻接于制动单元 P/＋、PR 端。制动单元与制动电阻间若采用双绞线，其间距应小于 10 m。

（6）接地端子（E(G)）。

为了安全和减小噪声，接地端子必须接地。接地导线应尽量粗，距离应尽量短，并应采用变频器系统的专用接地方式。

2) 控制电路接线

FR - E740 系列变频器实物控制电路端子分布如图 6 - 44 所示，总体分为控制信号输入、频率设定（模拟量输入）、继电器输出（异常输出）、集电极开路输出（状态检测）和模拟电压输出五部分。

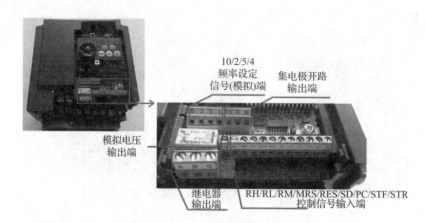

图6-44中各端子的功能可通过调整相关参数的值进行变更，在出厂初始值的情况下，各控制电路端子的功能说明如表6-5、表6-6和表6-7所示。

表6-5 控制电路输入端子的功能说明

种类	端子编号	端子名称	端子功能说明	
接点输入	STF	正转启动	STF信号ON时为正转、OFF时为停止指令	STF、STR信号同时ON时变成停止指令
	STR	反转启动	STR信号ON时为反转、OFF时为停止指令	
	RH RM RL	七段速度选择	用RH、RM和RL信号的组合可以选择七段速度	
	MRS	输出停止	MRS信号ON(20 ms或以上)时，变频器输出停止。用电磁制动器停止电机时用于断开变频器的输出	
	RES	复位	用于解除保护电路动作时的报警输出，应使RES信号处于ON状态0.1 s或以上，然后断开。初始设定为始终可进行复位。但进行了Pr.75的设定后，仅在变频器报警发生时可进行复位。复位时间约为1 s	
	SD	接点输入公共端	接点输入端子的公共端子	
		外部晶体管公共端	当连接晶体管输出(即集电极开路输出)，例如可编程控制器(PLC)时，将晶体管输出用的外部电源公共端接到该端子时，可以防止因漏电引起的误动作	
		DC 24V电源公共端	DC 24 V、0.1 A电源(端子PC)的公共输出端子。与端子5及端子SE绝缘	
	PC	外部晶体管公共端	当连接晶体管输出(即集电极开路输出)，例如可编程控制器(PLC)时，将晶体管输出用的外部电源公共端接到该端子时，可以防止因漏电引起的误动作	
		接点输入公共端	接点输入端子的公共端子	
		DC 24 V电源	可作为DC 24 V、0.1 A的电源使用	

种类	端子编号	端子名称	端子功能说明
频率设定	10	频率设定用电源	作为外接频率设定(速度设定)用电位器时的电源使用(按照 Pr.73 模拟量输入选择)
	2	频率设定(电压)	如果输入 DC 0～5 V(或 0～10 V),则在 5 V(10 V)时为最大输出频率,输入输出成正比。通过 Pr.73 进行 DC 0～5 V(初始设定)和 DC 0～10 V 输入的切换操作
	4	频率设定(电流)	若输入 DC 4～20 mA(或 0～5 V,0～10 V),在 20 mA 时为最大输出频率,输入输出成正比。只有 AU 信号为 ON 时端子 4 的输入信号才会有效(端子 2 的输入将无效)。通过 Pr.267 进行 4～20 mA(初始设定)和 DC 0～5 V、DC 0～10 V 输入的切换操作。电压输入(0～5 V/0～10 V)时,应将电压/电流输入切换开关切换至"V"
	5	频率设定公共端	频率设定信号(端子 2 或 4)及端子 AM 的公共端子,勿将该端接地

表 6 - 6 控制电路接点输出端子的功能说明

种类	端子记号	端子名称	端子功能说明	
继电器	A、B、C	继电器输出(异常输出)	指示变频器因保护功能动作时输出停止的 1c 接点输出。异常时,B-C 间不导通(A-C 间导通);正常时,B-C 间导通(A-C 间不导通)	
集电极开路	RUN	变频器正在运行	变频器输出频率大于或等于启动频率(初始值 0.5 Hz)时为低电平,已停止或正在直流制动时为高电平	
	FU	频率检测	输出频率大于或等于任意设定的检测频率时为低电平,未达到时为高电平	
	SE	集电极开路输出公共端	端子 RUN、FU 的公共端子	
模拟	AM	模拟电压输出	可以从多种监视项目中选一种作为输出,变频器复位中不被输出,输出信号与监视项目的大小成比例	输出项目:输出频率(初始设定)

表 6-7 控制电路网络接口的功能说明

种类	端子记号	端子名称	端子功能说明
RS-485	—	PU 接口	通过 PU 接口，可进行 RS-485 通信 标准规格：EIA-485（RS-485） 传输方式：多站点通信 通信速率：4800～38 400 b/s 总距离：500 m
USB	—	USB 接口	与个人计算机通过 USB 连接后，可以实现 FR Configurator 的操作 接口：USB1.1 标准 传输速度：12 Mb/s 连接器：USB 迷你-B 连接器（插座：迷你-B 型）

3）制动电阻器与制动单元的连接

（1）制动电阻器的连接。

使用变频器驱动的电机通过负载旋转或需要急速减速时，需要在外部安装专用制动电阻器。专用制动电阻器连接到端子 P/＋、PR 上，如图 6-45 所示，除了连接直流电抗器以外，端子 P/＋和 P1 间的短路片不得拆除。

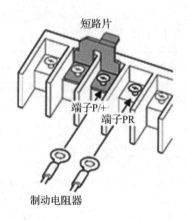

图 6-45 制动电阻的连接

同时，为了防止专用制动电阻器高频使用时会导致过热而烧损的问题，在使用时一般接入热敏继电器来控制变频器一次侧电源电路，如图 6-46 所示。

（2）制动单元的连接。

为了提高减速时的制动能力，需要按照图 6-47 连接制动单元。如果制动单元内部的晶体管故障，则电阻器会异常发热。为了防止电阻器过热，需要在变频器的输入侧安装电磁接触器，并设计可在故障时切断电流的电路。

制动电阻器不能与制动单元、高功率因数变流器、电源再生变流器等同时使用，使用时不能延长制动电阻器的引线，在直流端子 P/＋、N/－上不能直接连接电阻器，否则可能会引起火灾。

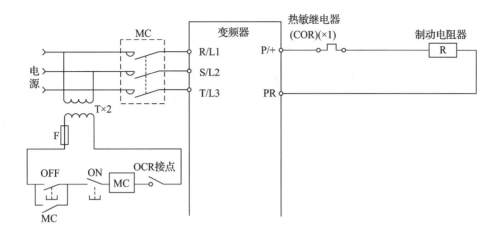

图 6-46　热敏继电器接线图

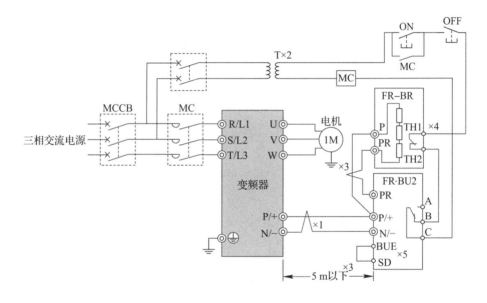

图 6-47　与 FR-BR 制动单元的连接

6.3.3　了解变频器的功能设定方法

1. 控制面板

根据变频器生产厂家的不同,通用变频器的控制面板千差万别,但是它们的基本功能是相同的。控制面板的主要功能是:显示频率、电流、电压等;设定操作模式、操作命令、功能码;读取变频器运行信息和故障报警信息;监视变频器运行;自整定变频器运行参数;复位故障报警状态。

FR-E740 系列变频器的控制面板如图 6-48 所示,其上半部为面板显示器,下半部为 M 旋钮和各种按键。

(1) 运行模式指示灯:PU——面板调试模式时亮灯;EXT——外部运行模式时亮灯;

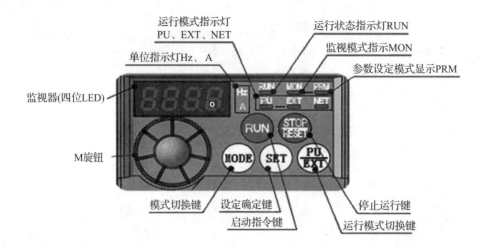

图 6 - 48　FR - E740 系列变频器的控制面板

NET——网络运行模式时亮灯。

（2）单位指示灯：Hz——显示频率时亮灯；A——显示电流时亮灯，显示电压时两灯均熄，显示设定频率监视时闪烁。

（3）监视器（四位 LED）：显示频率、参数编号等。

（4）M 旋钮：用于变更频率设定、参数的设定值。按该旋钮可显示的内容有监视模式时的设定频率、校正时的当前设定值、错误历史模式时的顺序。

（5）模式切换键 MODE：用于切换各设定模式。

（6）设定确定键 SET：用于确认设定及参数修改，运行时按此键则监视器轮番出现运行频率、输出电流、输出电压的数值。

（7）启动指令键 RUN：通过参数的设定，可以选择旋转方向。

（8）运行状态指示灯 RUN：亮灯表示正转运行中；缓慢闪烁表示反转运行中；快速闪烁表示有运行命令但电机无法运行，或有启动指令但频率指令低于启动频率，或外界有信号输入。

（9）参数设定模式显示 PRM：参数设定模式时亮灯。

（10）监视模式指示 MON：监视模式时亮灯。

（11）停止运行键 STOP/RESET：停止运行时亮灯，也可以进行报警复位。

（12）运行模式切换键 PU/EXT：用于切换 PU/外部运行模式。使用外部运行模式时需按此键调整至 EXT 处于亮灯状态，也可解除 PU 停止状态。

2. 三菱 FR - E740 系列变频器的功能码

采用变频器控制电机的变频调速过程应尽可能地与生产机械的特性和要求相吻合，使拖动系统运行在最佳状态。例如根据拖动系统惯性的大小及对启、制动时间的要求来预置升、降速时间和方式；根据负载的机械特性和对动态性能的要求来确定控制方式（U/f 控制方式、无反馈矢量控制方式、有反馈矢量控制方式等），以及 U/f 控制方式中转矩补偿的程度等。

变频器的功能码是表示各种功能的代码。例如，在森兰 BT40 系列变频器中，功能码"F10"表示频率给定方式；在富士 FRN‐G9S/P9S 变频器中，功能码"10"表示瞬间停电后再启动方式；三菱 FR‐E740 系列变频器中的功能码以"Pr."开头，例如"Pr.1"表示变频器的上限频率。FR‐E740 系列变频器的参数设置通常利用固定在其上的控制面板（不能拆下）实现，也可以使用连接到变频器 PU 接口的参数单元（FR‐PU07）实现。使用操作面板可以进行运行方式与频率的设定、运行指令监视、参数设定、错误表示等。变频器相关参数的功能介绍可以参考变频器 E700 手册。

3．三菱 FR‐E740 系列变频器的数据码

变频器的数据码表示各种功能所需设定的数据或代码。数据码有以下几种形式：

（1）直接数据：如最高频率为 50 Hz、升速时间为 8 s 等。

（2）间接数据：如第五挡 U/f 线等。

（3）赋值数据：变频器给不同的参数以不同的意义，例如 FR‐E740 系列变频器中参数 Pr.79 的设定值范围为 0、1、2、3、4、6、7，这几个值分别指定变频器不同的运行模式。

变频器参数的出厂设定值被设置为完成简单的变速运行。如需按照负载和操作要求设定参数，则应进入参数设定模式，先选定参数号，然后设置其参数值。

6.3.4 使用变频器控制电机

变频器可以直接连接三相鼠笼式电机完成正反转、点长动、多段速等操作，也可以连接 PLC 控制器完成更为复杂的操作。

利用变频器直接操作电机需要先完成变频器与电机的接线。将三相电源与变频器的输入端连接，再将变频器的输出端连接至电机，即可通过参数修改以及控制面板实现电机的简单运行；将变频器的控制端子连接至开关，即可通过外部端子来控制电机的运行。变频器控制电机的接线图如图 6‐49 所示。

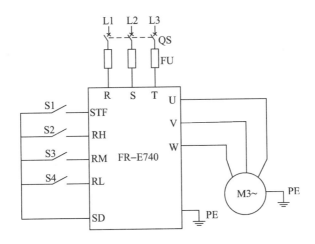

图 6‐49 变频器控制电机的接线图

将变频器与 PLC 相连接，可以通过 PLC 程序来控制外部电机的运行。PLC 与变频器一般有如下三种连接方法。

（1）利用 PLC 的模拟量输出模块控制变频器。

采用 PLC 的模拟量输出模块输出 0～5 V 电压信号或 4～20 mA 电流信号，作为变频器的模拟量输入信号可以控制变频器的输出频率。这种控制方式接线简洁，但需要选择与变频器输入阻抗匹配的 PLC 输出模块，且 PLC 的模拟量输出模块价格较为昂贵，此外还需实行分压措施使变频器适应 PLC 的电压信号范围。同时在连接时需要留意将布线分开，保证主电路一侧的噪声不传至控制电路。

（2）利用 PLC 的开关量输出控制变频器。

将 PLC 的开关输出量与变频器的开关量输入端直接相连。这种控制方式接线简洁，抗干扰能力强。利用 PLC 的开关量输出可以控制变频器的启动/停止、正/反转、点动、多级调速等，能实现较为简单的控制要求。如图 6-50 所示为三菱 FX3U-48MPLC 连接三菱 FR-E740 变频器控制电机正反转的接线原理图。

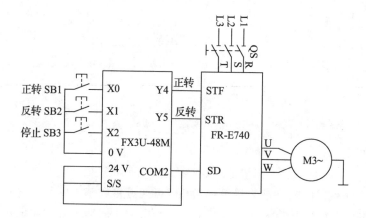

图 6-50 三菱 FX3U-48MPLC 连接三菱 FR-E740 变频器控制电机正反转的接线原理图

（3）PLC 与变频器通信接口相连接。

大部分的通用变频器都有一个串行或者网线接口，可适用于工业环境的控制对象如 PLC 的连接。例如，FX3U 可以通过扩展模块 FX3U-485ADP-DB 采用网线与变频器 FR-E740 通信，可以实现修改参数、电机启动、调速、监控等功能，应用方便简单，但 PLC 通信参数设定较为烦琐。

变频器的选用

由于变频器的控制方式不同，各种型号的变频器的应用场合也有不同，为了达到最优的控制，选择和使用好的变频器是非常重要的一个环节。

1. 变频器类型的选择

在调速电动机所传动的生产机械的控制对象中，有速度、位置、张力等。对于每一个控制对象，生产机械的特性和要求的性能是不同的，选择变频器要考虑以下这些特点：

（1）当调速系统控制对象是改变电动机速度时，其变频器的选择需考虑表 6-8 中的要求。

表 6-8　双变电动机控制速度的变频器选择

控制对象	通用变频器	转差频率控制	矢量控制变频器
转矩	选用满足该转矩的机种	选用满足该转矩的机种	选用满足该转矩的机种
加减速时间	加速时必须限制频率指令的上升率	在速度指令急速改变时，本身能将电流限制在容许值以内	在速度指令急速改变时，本身能将电流限制在容许值以内
速度控制范围	必须选择能覆盖所需速度控制范围的机种	必须选择能覆盖所需速度控制范围的机种	必须选择能覆盖所需速度控制范围的机种
避免危险速度下的运转	选择具有频率跳变回路的机种	选择具有频率跳变回路的机种	选择具有频率跳变回路的机种
速度传感器和调节器的使用	考虑温度漂移和干扰的影响	考虑温度漂移和干扰的影响	考虑温度漂移和干扰的影响
高精度	选用高频率分辨率的机种	选用高频率分辨率的机种	选用高频率分辨率的机种

（2）当调速系统控制对象是控制负载的位置或角度时，其变频器的选择需考虑表 6-9 中的要求。

表 6-9　控制负载的位置或角度时控制速度的变频器选择

控制方式	通用变频器	通用伺服机用变频器	专用伺服机用变频器
开环位置控制方式	通用变频器；通用变频器＋制动单元；通用变频器＋制动单元＋机械制动器	不需要	不需要
手动决定位置的控制方式	满足	不需要	不需要
闭环位置控制方式	选用转矩增益大的、带有齿隙补偿功能的机种	必须选择能覆盖所需速度控制范围的变频器	必须选择能覆盖所需速度控制范围的变频器
精度	1 mm	10 μm	1 μm

（3）对于造纸、钢铁、胶卷等工厂中处理薄带状加工物的设备，由于产品质量上的要求，必须控制被加工物的张力为定值，其变频器的选择需考虑表 6-10 中的要求。

表 6-10　产品质量要求的变频器的选择

控制方式	变频器
采用转矩电流控侧的张力控制	用于移动物体的变频器可采用通用变频器；用于施加与旋转方向相反的转矩的变频器，该机种必须要有速度限制功能，并且有通常的速度控制功能
采用拉延的张力控制	使用具有速度反馈控制的机种，应具有制动功能
采用调节辊的张力控制	通用变频器
采用张力检测器的张力控制	矢量控制的变频器

（4）对于要求调节响应快、精度高时变频器的选择按表 6-11 中的要求进行。

表 6-11　要求调节响应快、精度高时变频器的选择

控制对象	变频器
要求响应快的系统	对于 PWM 控制的变频器要求开关频率为 $1\sim3\ kHz$，能满足机床等用途的变频器，该机种要有再生制动功能；通用变频器不常使用；转差频率控制的变频器响应速度较快，但不能满足更快的要求；矢量控制的变频器可以满足更快的要求，该机种主回路的开关频率要高
要求高精度的系统	采用全数字控制的变频器，该机种的数据运算在 16 位以上

（5）几乎对于所有的用途，电动机都要克服来自负载的阻碍旋转的反抗转矩，使负载向着所要求的方向旋转。与此相反，要求电动机产生与其转向相反转矩的负载，称为负负载。

对于此类负负载，变频器的选择应按表 6-12 中的要求考虑。

表 6-12　负负载的变频器选择

控制方式	变频器
再生过压失速防止控制	应选择具有再生制动功能的变频器。该机种的制动力矩为额定转矩的 $10\%\sim20\%$，设置了再生过压失速防止功能，且响应速度快
制动单元	对于小容量的变频器，选择有内藏此功能的机种；也可在外部附加针对大容量的变频器，分设控制单元和电阻单元，其响应速度快
再生整流器	选用带有再生整流器的专用变频器

2. 变频器的容量选择

采用变频器驱动异步电动机调速，在异步电动机确定后，通常应根据异步电动机的额定电流来选择变频器，或者根据异步电动机实际运行中的电流值（最大值）来选择变频器。

1）连续运行的场合

由于变频器供给电动机的是脉动电流，其脉动瞬时值比工频供电时的瞬时电流大，因此需将变频器的容量留有适当的余量。通常应取变频器的额定输出电流大于或等于 $(1.05\sim1.1)$ 倍电动机的额定电流（铭牌值）或大于或等于电动机实际运行中的最大电流。

如按电动机实际运行中的最大电流来选定变频器时，变频器的容量可以适当缩小。

2）加减速时变频器容量的选定

变频器的最大输出转矩是由变频器的最大输出电流决定的。一般情况下，对于短时间的加减速而言，变频器允许达到额定输出电流的 130%～150%（视变频器容量决定），因此在短时加减速时的输出转矩也可以增大；反之如只需要较小的加减速转矩，则也可降低选择变频器的容量。由于电流的脉动原因，此时应将变频器的最大输出电流降低 10% 后再进行选定。

3）电流变化不规则的场合

在运行中，如电动机电流不规则变化，此时不易获得运行特性曲线，这时可使电动机在输出最大转矩时的电流限制在变频器的额定输出电流内进行选定。

4）电动机直接启动时所需变频器容量的选定

通常三相异步电动机直接用工频启动时的启动电流为其额定电流的 5～7 倍，直接启动时可按照电机在额定电压、额定频率下电动机启动时的堵转电流除以变频器的允许过载倍数来选择变频器的额定输出电流。

5）多台电动机共用一台变频器供电

在电动机总功率相等的情况下，由多台小功率电动机组成一方，比台数较少但电动机功率较大的一方电动机效率较低。因此两者电流值并不等，可根据各电动机的电流总值来选择变频器；在整定软启动、软停止时，需按启动最慢的那台电动机进行整定。

6）容量选择注意事项

用一台变频器带多台电动机并联运转时，如果所有电动机同时启动加速，则可按如前所述选择容量。但是对于一小部分电动机开始启动后再追加投入其他电动机启动的场合，此时变频器的电压、频率已经上升，追加投入的电动机将产生大的启动电流。因此，变频器容量与同时启动时相比较需要大些。

（1）大过载容量。根据负载的种类往往需要过载容量大的变频器，但通用变频器过载容量通常为 125%、60 s 或 150%、60 s，需要超过此值的过载容量时必须增大变频器的容量。

（2）轻载电动机。电动机的实际负载比电动机的额定输出功率小时，可选择与实际负载相称的变频器容量。但是对于通用变频器，即使实际负载小，也会出现根据负载的启动转矩特性有时不能启动的问题。另外，在低速运转时的转矩有比额定转矩减小的倾向。当用选定的变频器和电动机不能满足负载所要求的启动转矩和低速区转矩时，变频器和电动机的容量还需要再加大。

3. 根据输出电压选择变频器

变频器的输出电压可按电动机的额定电压来选定。按我国标准，可分成 220 V 系列和 400 V 系列两种。对于 3 kV 的高压电机来说，使用 400 V 级的变频器，可在变频器的输入侧装设输入变压器，输出侧装设输出变压器，将 3 kV 下降为 400 V，再将变频器的输出升到 3 kV。

4. 根据输出频率选择变频器

变频器的最高输出频率根据机种的不同而有很大的不同，有 50/60 Hz、120 Hz、240 Hz 或更高。50/60 Hz 的变频器以在额定速度以下范围进行调速运转为目的，大容量通用变频器基本都属于此类。最高输出频率超过工频的变频器多为小容量，在 50/60 Hz 以上区域由于输出电压不变，为恒功率特性，故应注意在高速区转矩的减小。但车床等机床根据工件的直径和材料改变速度，在恒功率的范围内使用，在轻载时采用高转速可以提高生产率，只是应注意不要超过电动机和负载容许的最高速度。

习　题

1. 请查阅相关资料，列举出五种不同厂家的变频器。

2. 观察日常生活中使用变频器的场合，并列举一个例子，简述其原理。

3. 对 IGBT 的栅极驱动电路有哪些要求？IGBT 的专用驱动电路有哪些？试列举三种。

4. IGBT 的保护电路主要有哪些？

5. 请说明整流电路、逆变电路、变频电路三个概念的区别。

6. 请分别画出典型电压型和电流型交-直-交变频电路的主电路图。

7. 电压型和电流型交-直-交变频电路的特点是什么？请简要叙述。

8. 交-交变频电路的特点是什么？请简要叙述。

9. SPWM 逆变器的同步调制、异步调制和分段同步调制的含义是什么？请分别解释。

10. 变频器的三种主要控制方式是什么？分别有什么特点？

11. 选择 U/f 控制曲线常用的操作方法分为哪几步？

12. 试利用 PLC 控制变频器实现电网与变频器之间的切换，画出接线图，并分析其工作原理。

13. 设计某机床的工作台进给电机由变频器控制，要求能完成正反转以及三段速控制。试选取变频器，画出原理框图，并分析其工作原理。

项目 7
直流斩波电路——调试开关电源电路

【学习目标】

知识目标：

(1) 能说出电力晶体管的工作原理及伏安特性。

(2) 能说出电力晶体管驱动电路的特点。

能力目标：

(1) 能说出降压式斩波电路的工作原理并计算其输出电压。

(2) 能说出升压式斩波电路的工作原理并计算其输出电压。

(3) 会用 MATLAB 搭建直流斩波电路仿真模型，并能分析不同直流斩波电路的工作特性。

素养目标：

(1) 培养仔细分析问题、解决问题的能力。

(2) 培养团结合作、有效沟通的能力。

【项目引入】

开关电源是利用现代电力电子技术控制开关管开通和关断的时间比率，同时维持稳定输出电压的一种电源，又称为交换式电源或开关变换器。它是一种高频化电能转换装置，是电源供应器的一种。其功能是将一个位准的电压，透过不同形式的架构转换为用户端所需求的电压或电流。

开关电源的输入多半是交流电源(例如市电)或是直流电源，输出多半是需要直流电源的设备(例如个人计算机)，而开关电源本身只进行两者之间电压及电流的转换。目前，开关电源以小型、轻量和高效率的特点被广泛应用于几乎所有的电子设备中，它是当今电子信息产业飞速发展不可缺少的一种电源方式。如图 7-1 所示为我国生产的应用于通信行业的高频开关电源及直流变换器。

请查找资料，向同学们介绍开关电源的应用场景和主要生产厂商。

开关电源的基本作用就是将交流电网的电能转换为适合各个配件使用的低压直流电，并供给负载使用。如输入电压为 AC 220 V、50 Hz 的交流电，经过滤波，再由整流桥整流后变为直流电；然后通过功率开关管的导通与截止将直流电压变成连续的脉冲；再经变压器隔离降压及输出滤波后变为低压的直流电。高压直流到低压多路直流的变换电路称为

DC-DC变换电路。DC-DC变换技术是开关电源的核心技术。

图 7-1　通信专用的直流开关电源

任务 7.1　认识电力晶体管(GTR)

电力晶体管(Giant Transistor)也称功率晶体管,按英文直译为巨型晶体管,是一种电流控制的耐高电压、大电流的双极结型晶体管(Bipolar Junction Transistor,BJT),所以有时也称为 Power BJT。电力晶体管具有大功率、高反压、开关时间短、饱和压降低和安全工作区宽等优点。由电力晶体管所组成的电路灵活、成熟、开关损耗小、开关时间短,但驱动电路复杂,驱动功率大。因此,电力晶体管广泛应用于交流电机调速、不间断电源(UPS)和中频电源等电力变流装置中。

7.1.1　了解 GTR 的工作原理

1. 电力晶体管的结构

GTR 的结构和工作原理都和小功率晶体管的非常相似。GTR 通常采用至少由两个晶体管按达林顿接法组成的单元结构。单管 GTR 的结构与普通的双极结型晶体管的结构是类似的,是由三层半导体、两个 PN 结组成的。在电力开关电路中,广泛应用的电力晶体管有 PNP 和 NPN 两种类型,现在大多采用 NPN 结构。图 7-2(a)所示为 PNP 型 GTR 的结构示意图和图形符号,图 7-2(b)所示为 NPN 型 GTR 的结构示意图及图形符号,图 7-2(c)所示为常见的 NPN 型 GTR 的实物图。

2. 单管 GTR 的基本工作原理

在图 7-2(b)所示的共发射极的单管 NPN 结构晶体管电路中,基极电流 i_b、集电极电流 i_c 与发射极电流 i_e 三者满足式(7-1)所示的关系。

$$i_e = i_c + i_b \tag{7-1}$$

其中 $i_c/i_e = \alpha$,系数 α 称为电流传输比,它是共基极接法时的电流放大系数,且 $\alpha < 1$。在共

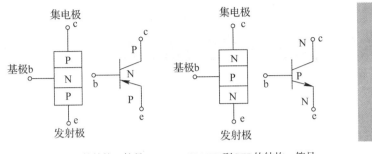

| (a) PNP型GTR的结构、符号 | (b) NPN型GTR的结构、符号 | (c) 实物图 |

图 7-2　GTR 的结构示意图、图形符号及实物图

发射极应用中，集电极电流与基极电流之比非常重要，即

$$\frac{i_c}{i_b} = \frac{i_c}{i_e - i_c} = \frac{i_c/i_e}{1 - i_c/i_e} = \frac{\alpha}{1-\alpha} = \beta \tag{7-2}$$

β 值定义为集电极电流与基极电流的放大系数。若 α 接近于 1，说明 GTR 的传输效率很高，β 值很大。

作为开关应用时，GTR 的直流增益(h_{FE})定义为

$$h_{FE} = \frac{i_c}{i_e} = \bar{\beta} \tag{7-3}$$

通常可以认为 $\beta = \bar{\beta}$。对于单管 GTR 来说，受其结构特点的限制，电流增益较低，为 0~20 倍，而直流增益决定了需要限制饱和压降达到理想值时驱动的电流量。在高频开关方式中，基极驱动电流不是一个恒定的直流值，而是从一个相当大的导通电流值切换到零或者负值的关断电流值，其接通的最短时间总大于器件的瞬态切换时间，故 GTR 的直流增益仍属于重要参数。

在电力电子技术中，GTR 主要工作在开关状态。理想状态下，GTR 导通时可以看作短路，截止时可以看作开路，其开通和关断时间为零。

3. 达林顿 GTR 及 GTR 模块

1）达林顿 GTR 结构

单个 GTR 管的电流增益低，这将给基极驱动电路造成负担。由两个或者多个晶体管按照达林顿结构复合而成的达林顿 GTR，可以提高电流的增益。构成达林顿 GTR 管的可以是 PNP 型晶体管或 NPN 型晶体管，其类型由驱动管决定。虽然达林顿 GTR 的共射极电流增益值大大增加，但其饱和压降 U_{CES} 也较高，且关断速度较慢。

2）GTR 模块

作为大功率开关，应用最多的还是 GTR 模块，它是将 GTR 管芯、稳定电阻、续流二极管等组装成一个单元，然后根据不同用途将几个单元电路组装在一个外壳之内构成模块的，其实物图如图 7-3 所示。现在已经可以将上述单元电路集成在同一硅片上，使其小型化、轻量化。如可将六个互相绝缘的单元电路做在同一个模块内，从而可以很方便地组成三相桥式电路。

图 7-3　GTR 模块的实物图

7.1.2　了解 GTR 的基本特性及主要参数

1. 基本特性

1）静态特性

图 7-4 给出了 GTR 在共发射极的典型输出特性，即分为截止区、放大区、准饱和区、饱和区四个区域。

（1）截止区：在截止区内，发射结、集电结均反偏。此时，$I_B = 0$，只有漏电流流过。

（2）放大区：在放大区内，发射结正偏、集电结反偏，此时集电极电流与基极电流呈线性关系。

（3）准饱和区（临界饱和区）：在准饱和区内，发射结正偏、集电结反偏，此时集电极电流与基极电流不是线性关系。

（4）饱和区：在饱和区内，发射结、集电结均正偏。此时 I_B 变化，I_C 不再变化。

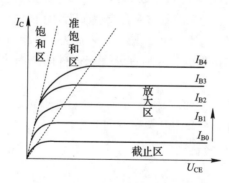

图 7-4　共发射极接法时 GTR 输出特性

2）动态特性

GTR 的动态特性主要指开关特性。GTR 是用基极电流来控制集电极电流的，图 7-5 所示为 GTR 开通和关断过程中基极电流和集电极电流波形的关系。

与晶闸管类似，GTR 的开通时间 t_{on} 包括延迟时间 t_d 和上升时间 t_r，$t_{on} = t_d + t_r$；关断时间 t_{off} 包括存储时间 t_s 和下降时间 t_f，$t_{off} = t_s + t_f$；延迟时间主要是由发射结势垒电容和集电结势垒电容充电产生的。

GTR 的 t_{on} 一般为 0.5～3 μs，t_{off} 约为 1 μs。容量越大，开关时间也越长。

增加基极驱动电流 i_b 的幅值并增大 di_b/dt，可以缩短延迟，同时也可以缩短上升时间，从而加快 GTR 的开通过程。存储时间 t_s 是用来除去饱和导通时储存在基区的载流子的，是关断时间的主要部分。减小导通时的饱和深度以减小储存的载流子，或者增大基极

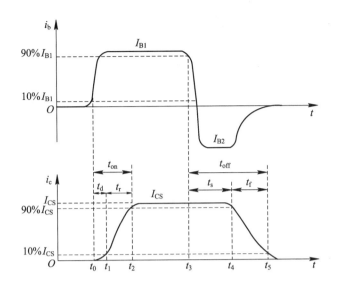

图 7-5　GTR 开通和关断过程的电流波形

抽取电流 I_{b2} 的幅值和偏置，可以缩短储存时间，从而加快 GTR 的关断速度；但减小导通时的饱和深度会使集电极和发射极的饱和导通压降 U_{CES} 增加，从而增大通态损耗。

2. GTR 的主要参数

GTR 的额定参数是指允许施加于 GTR 上的直流电压、直流电流、耗散功率及结温等极限参数，这些参数由 GTR 的材料性能、结构方式、设计水平及制造工艺等因素决定。使用中，为防止器件的损坏或失效，应避免超过这些参数的极限值。

1）最高工作电压

最高工作电压指最高集电极电压额定值，GTR 上所加的最高工作电压超过规定值时，就会发生击穿。击穿电压不仅和晶体管本身的特性有关，还与外电路的接法有关。图 7-6（a）～（e）所示为晶体管外电路的各种不同的接线方式，图 7-6(f)为五种接线方式下对应的伏安特性曲线，相应的击穿电压用 BU_{CBO}、BU_{CEO}、BU_{CES}、BU_{CER} 和 BU_{CEX} 来表示。图 7-6(f) 中 U_a 和 U_b 表示 $I_B = 0$ 和 $I_E = 0$ 的情况下电流骤增时的集射极电压值。一般情况下：

$$U_b > BU_{CEX} > BU_{CES} > BU_{CER} > U_a > BU_{CEO}$$

另外，BU_{CBO} 是集电极开路时，发射结的最高反向偏置电压。在 GTR 的产品目录中，BU_{CEO} 作为电压额定值给出；但在实际应用中，为了防止器件在使用时因电压超过极限值而损坏，除适当选用管型外，还需要考虑留有安全裕量（2～3 倍于实际电路电压最大值）及增设过电压保护措施，以确保 GTR 工作安全。

2）最大电流额定值 I_{CM}

最大电流额定值即允许流过的最大电流值，一般以电流放大倍数 β 值下降到额定值的 1/2 至 1/3 时，所对应的 I_C 定义为 I_{CM}。

3）最大耗散功率额定值 P_{CM}

最大耗散功率额定值 P_{CM} 是指 GTR 在最高允许结温时对应的耗散功率，它受结温的限制。

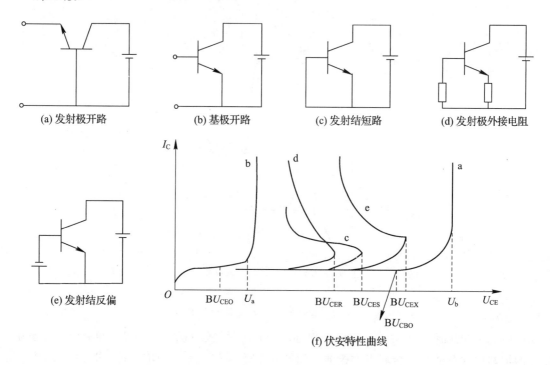

(a) 发射极开路　　(b) 基极开路　　(c) 发射结短路　　(d) 发射极外接电阻

(e) 发射结反偏

(f) 伏安特性曲线

图 7-6　GTR 在不同接线方式下的最高集电极电压额定值

3. GTR 的二次击穿

当 GTR 的集电极电压升高至最高工作电压时，集电极电流迅速增大，这种首先出现的击穿称为雪崩击穿，也叫一次击穿。出现一次击穿后，只要 I_C 不超过与最大允许耗散功率相对应的限度，GTR 就不会损坏，工作特性也不会有什么变化。但是在实际应用中，常常发现一次击穿时如不有效地限制电流，则 I_C 增大到某个临界点时会突然急剧上升，同时会伴随电压的急剧下降，这种现象称为二次击穿。二次击穿常常立即导致器件的永久损坏，或者工作特性明显衰变，它对 GTR 的危害极大。将不同基极电流下二次击穿的临界点连接起来就构成了二次击穿临界线，临界线反映了二次击穿功率 P_{SB}。这样，GTR 工作时不仅不能超过最高工作电压 U_{CEM}、集电极最大电流 I_{CM} 和最大功率损耗 P_{CM}，也不能超过二次击穿临界线。这些限制条件就规定了 GTR 的安全工作区（Safe Operating Area，SOA），如图 7-7 所示。

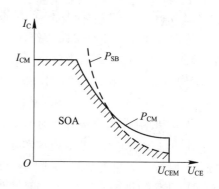

图 7-7　GTR 的安全工作区域

7.1.3　了解 GTR 的驱动电路

1. 对基极驱动电路的基本要求

理想的 GTR 基极驱动电流波形如图 7-8 所示。对 GTR 基极驱动电路的要求一般有：

（1）控制 GTR 开通时，驱动电流的前沿要陡，并有一定的过冲电流，以缩短开通时间，减小开关损耗。

（2）GTR 导通后，应相应减小驱动电流，使器件处于临界饱和状态，以降低驱动功率，缩短储存时间。

（3）GTR 关断时，应提供足够大的反向基极电流，以缩短关断时间，减小损耗。

（4）应能实现主电路与控制电路之间的电气隔离，以保证电路安全，提高抗干扰能力。

（5）具有一定的保护功能。

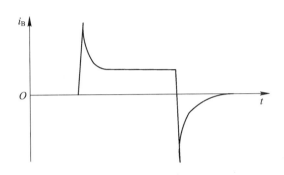

图 7 - 8　理想的 GTR 基极驱动电流波形

为了能保证电路工作安全，并提高抗饱和能力，在很多应用场合，GTR 的主电路和控制电路必须隔离。隔离方式可以是光电隔离或是电磁隔离。光电隔离的缺点是响应时间较长，而电磁隔离多采用脉冲变压器，其体积较大。

2. 基极驱动实例

图 7 - 9 是具有负偏压、抗饱和的 GTR 驱动电路，其特点是简单实用，但该电路没有 GTR 的保护功能。

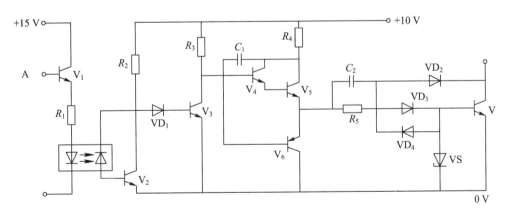

图 7 - 9　典型的 GTR 光耦合驱动电路

当控制信号输入端 A 为高电平时，V_1 导通；光耦合器的发光二极管流过电流，使光敏晶体管反向电流流过 V_2 的基极，V_2 导通，V_3 截止，V_4 和 V_5 导通，V_6 截止。V_5 的发射极电流流过 R_5、VD_3，驱动电力晶体管 V，使其导通，同时给电容 C_2 充上左正右负的电压。当 A 由高电平转为低电平时，V_1 截止，光电耦合器中发光二极管和光敏晶体管电流均为零，V_2 截止，V_3 导通，V_4 和 V_5 截止，V_6 导通。C_2 上所充电压通过 V_6、V 的发射极和基极、VD_4 放电，V 截止。

该驱动电路包含了较为典型的加速电容电路、抗饱和电路和截止反偏驱动电路。

1）加速电容电路

当 V_5 刚导通时，电源通过 R_4、V_5、C_2、VD_3 驱动 V，R_5 被 C_2 短路，这样可以实现驱动电流的过冲，并增加前沿陡度，加快开通。过冲电流幅值可为额定基极电流的两倍以下，C_2 称为加速电容。驱动电流的稳态值由电源电压、R_4 和 R_5 决定，选择 R_4、R_5 的值时，应保证电路能提供足够大的基极电流，使得在负载电流最大时电力晶体管仍能饱和导通。

2）抗饱和电路

图 7-9 中钳位二极管 VD_2 和电位补偿二极管 VD_3 构成贝克钳位电路，也就是一种抗饱和电路，可使电力晶体管导通时处于临界饱和状态。当负载较轻时，使集电极电位低于基极电位时，VD_2 就会自动导通，多余的驱动电流会注入集电极，维持 $U_{bc} \approx 0$。这样就使得 V 导通时始终处于临界饱和，二极管 VD_2 也称为贝克钳位二极管。

3）截止反偏驱动电路

该电路由图 7-9 中 C_2、V_6、VS、VD_4 和 R_5 构成。V 导通时，C_2 所充电压由 R_4、R_5 决定。V_5 截止，V_6 导通时，C_2 先通过 V_6、V 的发射结和 VD_4 放电，使 V 截止后，稳压管 VS 取代 V 的发射结使 C_2 连续放电。VS 上的电压使 V 基极反偏。另外，C_2 还通过 R_5 放电。可以看出，C_2 除起到前面所说的加速电容的作用外，还在截止反偏驱动电路中起储能电容的作用。

任务 7.2 认识直流斩波电路及其原理

直流斩波电路(DC Chopper)的功能是将直流电变为另一固定电压或可调电压的直流电，也称为直接直流-直流变换(DC-DC Converter)。直流斩波电路一般是指直接将直流电变为另一直流电的情况，这种情况下输入与输出之间不隔离，但不包括直流-交流-直流的情况。

直流变换技术已经被广泛应用于开关电源及直流电动机驱动中，如不间断电源(UPS)、无轨电车、地铁列车、蓄电池供电的机动车辆的无级变速以及 20 世纪 80 年代兴起的电机车的控制，从而使此类设备获得加速平稳、快速响应的性能，并同时得到节约电能的效果。由于变换器的输入是电网电压经不可控整流而来的直流电压，所以直流斩波不仅能起到调压的作用，同时还能起到有效抑制电网侧谐波电流的作用。

7.2.1 了解斩波电路的基本原理

直流斩波电路的种类有很多，包括六种基本斩波电路，即降压斩波电路、升压斩波电路、升降压斩波电路、Cuk 斩波电路、Sepic 斩波电路和 Zeta 斩波电路。其中，前两种是最基本的电路，应用也最为广泛。

1. 斩波电路分析

最基本的斩波电路如图 7-10(a)所示，电阻 R 为斩波器的负载，S 为斩波开关。

　　斩波开关是斩波电路的关键器件，可以采用各类电力电子器件来实现。如果是普通晶闸管则需设置换流回路，从而会增加损耗。而如果采用快速电力电子器件，则可以提高斩波频率，进而可以减小低频的谐波分量、降低对滤波元器件的要求，也可以减小变换装置的体积和重量。因此现今大部分的斩波电路都采用这种器件。

　　将开关 S 合上，其闭合持续时间为 t_{on}，此时电阻 R 上的电压为直流电压 E；当开关关断时，其闭合持续时间为 t_{off}，此时负载上的电压为零。$T=t_{on}+t_{off}$ 为斩波器的工作周期，开关 S 在每个周期内按照此规律开关，则可以得到斩波器的输出波形如图 7-10(b) 所示。斩波器的占空比 $k=t_{on}/T$，由波形图上可获得输出电压的平均值为

$$U_o = \frac{t_{on}}{T}E = \frac{t_{on}}{t_{on}+t_{off}}E = kE \tag{7-4}$$

式中：t_{on} 为 S 处于通态的时间；t_{off} 为 S 处于断态的时间；T 为开关周期；k 为导通占空比。

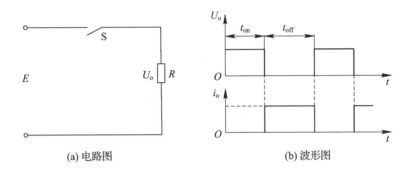

(a) 电路图　　　　　　　　　　　(b) 波形图

图 7-10　基本的斩波电路及波形

　　由式(7-4)可知，输出到负载的电压平均值 U_o 最大为 E，减小占空比 k，U_o 随之减小。当占空比 k 从 0 变到 1 时，输出电压平均值从零变到 E，该电路的输出电压始终小于输入电压，因此将该电路称为降压斩波电路，也称 Buck 变换器。

2. 斩波器的工作方式

根据改变占空比的方式不同，斩波电路有以下三种工作方式。

（1）脉宽调制工作方式：保持开关周期 T 不变，调节开关导通时间 t_{on}，也称为脉冲宽型。

（2）频率调制工作方式：保持开关导通时间 t_{on} 不变，改变开关周期 T，也称为调频型。

（3）混合型：t_{on} 和 T 都可调，使占空比改变。

实际中多采用的是脉宽调制工作方式，因为采用频率调制方式易产生谐波干扰，而且滤波器的设计也比较困难。

7.2.2　认识降压斩波电路及其原理

　　降压斩波电路(Buck Chopper)输出的平均值低于输入的直流电压，该斩波电路主要用于电子电路的供电电源，也可拖动直流电动机或带蓄电池负载等。

1. 降压斩波电路

　　实际应用中的负载多为电感性负载，如图 7-11 所示。该电路使用一个全控型器件 V，VD 为续流二极管，当斩波开关管 V 关断时，续流二极管 VD 为负载中的电感电流提供通道。

　　全控器件斩波开关管 V 在控制信号的作用下开通与关断。开通时，二极管截止，电流

i_o 流过大电感 L，电源给电感充电，同时为负载供电；V 截止时，电感 L 开始放电为负载供电，二极管 VD 导通，形成回路。V 以这种方式不断重复开通和关断，若电感 L 足够大，可以使负载电流连续。从总体上看，输出电压的平均值减小了。输出电压与输入电压之比由控制信号的占空比来决定。

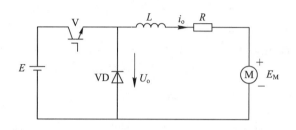

图 7-11 带电感性负载的降压斩波电路

2. 降压斩波电路分析

1）t_{on} 阶段

斩波开关管 V 的栅极电压 U_{GE} 波形如图 7-12(a)所示，在 $t=0$ 时刻驱动斩波开关管 V 导通，电源 E 向负载供电，负载电压 $U_o=E$。由于电路中存在电感 L，因此电路中的负载电流 i_o 不能突变。由图 7-12(a)所示波形图部分可见，i_1 值呈现线性上升，同时电感处于充电阶段。

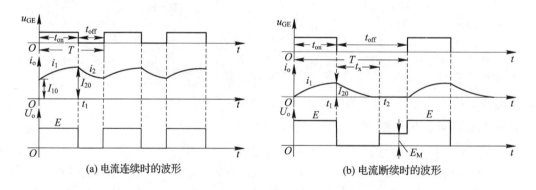

(a) 电流连续时的波形　　　　　　(b) 电流断续时的波形

图 7-12 降压斩波电路的波形图

2）t_{off} 阶段

当 $t=t_1$ 时刻，控制斩波开关管 V 关断，由于电感的储能保持电路中电流经二极管 VD 而继续导通，故电感处于放电阶段，负载电流呈线性下降至一个周期 T 结束。下一周期再驱动斩波开关管 V 导通，重复上一周期的过程。

当串联的电感 L 值较大时，电感储能能力较强，足以保证整个周期内的能量交换。此时，电感电流连续，可认为电路工作在稳态情况下，且负载电流在一个周期的初值和终值相等。负载电压平均值为 $U_o=\alpha E$，负载电流平均值为 $I_o=(U_o-E_M)/R$。

由于电感 L 较小，电感 L 储能能力较弱，不足以维持电路在全部关断时间 t_{off} 内导通，因此出现了电感电流不连续的现象。如图 7-12(b)所示，在斩波开关管 V 关断后，到了 t_2 时刻，负载电流已衰减到零，电路中出现电流为零的现象，电流不连续，负载电流上出现脉动。此时 U_o 平均值会被抬高，一般不希望出现电流断续的情况，因此电路中需要串接较大的电感。

【例 7 - 1】 一个降压斩波电路如图 7 - 11 所示。已知 $E=120$ V，$R=6$ Ω，开关周期通断，导通 $30~\mu s$，断开 $20~\mu s$，忽略开关导通压降，电感足够大，试求：

(1) 导通占空比 k；

(2) 负载电流及负载上的功率。

解 (1) 依据题意，开关导通周期为

$$T = t_{on} + t_{off} = (30 + 20)~\mu s = 50~\mu s$$

占空比为

$$k = \frac{t_{on}}{T} = \frac{30}{50} = 0.6$$

(2) 负载电压的平均值为

$$U_o = kE = 0.6 \times 120~V = 72~V$$

负载电流的平均值为

$$I_o = \frac{U_o - E_M}{R} = \frac{72}{6}~A = 12~A$$

负载功率的平均值为

$$P_o = U_o I_o = 0.864~kW$$

7.2.3 认识升压斩波电路及其原理

升压斩波电路(Boost Chopper)用于需要提升直流电压的场合，比较典型的是用于直流电机的传动，另一个是用作单相功率因数校正(Power Factor Correction，PFC)电路。

1. 升压斩波电路

图 7 - 13(a)所示为升压直流斩波电路的原理图。在电路中斩波开关管 V 同样为一个全控型器件，斩波开关管 V 导通时，电流由 E 经升压电感 L 和斩波开关管 V 形成回路，电感 L 储能；斩波开关管 V 关断时，电感产生的反电动势和直流电源电压的方向相同且互相叠加，从而在负载侧得到高于电源的电压。二极管的作用是阻断斩波开关管 V 导通，也是电容的放电回路。调节开关器件 V 的通断周期，可以调整负载侧输出电流和电压的大小。

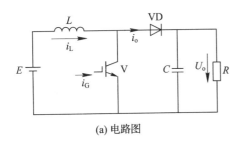

(a) 电路图

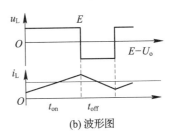

(b) 波形图

图 7 - 13 升压直流斩波电路及波形图

2. 升压斩波电路分析

1) t_{on} 阶段

斩波开关管 V 导通状态时，忽略 V 的饱和管压降，输入电压 E 直接加在 L 两端，电感

L 上的电流 i_L 线性增长，L 中储存能量，二极管 VD 截止，由储能滤波电容 C 向负载 R 供电。当电容 C 值很大时，基本可以维持输出电压 U_o 为恒值。

2）t_{off} 阶段

当斩波开关管 V 关断时，L 两端感应电动势左负右正，使二极管 VD 导通，并与输入电压 E 一起经二极管向负载供电，电感 L 释放能量，电感电流 i_L 线性下降。设 C 足够大，则 U_o 基本不变。7 - 13(b)所示为升压斩波电路的波形图。

3. 计算相关参数

当系统稳定时，电感电压在一个周期内的积分为零，即

$$Et_{on} = (U_o - E)t_{off} \tag{7 - 5}$$

化简得

$$U_o = \frac{t_{on} + t_{off}}{t_{off}} E = \frac{T}{t_{off}} E \tag{7 - 6}$$

由于式(7 - 6)中 $T/t_{off} \geqslant 1$，即输出电压高于电源电压，因此该电路称为升压斩波电路。

升压斩波电路之所以能使输出电压高于电源电压，关键有两个原因，一是 L 储能之后具有使电压泵升的作用；二是电容 C 可将输出电压保持住。在以上分析中，认为 V 处于通态期间因电容 C 的作用使得输出电压 U_o 不变，但实际上 C 值不可能为无穷大，在此阶段其向负载放电，U_o 必然会有所下降，故实际输出电压会略低于理论所得结果。不过，在电容 C 值足够大时，误差很小，基本可以忽略。

当电路处于临界导通时，电感中的电压和电流波形如图 7 - 14 所示。

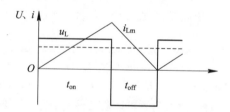

图 7 - 14 升压斩波电路临界连续导通波形

在这种工作模式下，I_o 在关断的时候为零。此时，流过电感的电流平均值为

$$I_L = \frac{1}{2} I_{Lm} = \frac{1}{2} \frac{E}{L} t_{on} = \frac{T}{2} \frac{E}{L} \alpha(1 - \alpha) \tag{7 - 7}$$

【例 7 - 2】 在图 7 - 13(a)所示的升压斩波电路中，已知 $E = 50$ V，L 值和 C 值极大，$R = 20\ \Omega$，采用脉宽调制控制方式。当 $T = 40\ \mu s$，$t_{on} = 25\ \mu s$ 时，计算输出电压平均值 U_o、输出电流平均值 I_o。

解 输出电压平均值为

$$U_o = \frac{T}{t_{off}} E = \frac{40}{40 - 25} \times 50\ V = 133.33\ V$$

输出电流平均值为

$$I_o = \frac{U_o}{R} = \frac{133.3}{20}\ A = 6.67\ A$$

7.2.4　认识升降压斩波电路及其原理

升降压斩波电路（Buck – Boost Chopper）是由降压式和升压式两种基本变换电路混合串联而成的电路，主要用于可调直流电源中。

1. 升降压斩波电路分析

图 7 – 15(a)所示为升降压斩波电路的原理图。

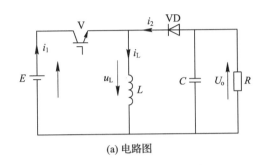

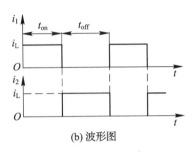

(a) 电路图　　　　　　　　　　　　(b) 波形图

图 7 – 15　升降压斩波电路及波形图

当可控开关 V 导通时，电源 E 经 V 向 L 供电使其储能，此时二极管 VD 处于反向偏置状态，电流为 i_1 方向，如图 7 – 15(a)所示。同时，电容 C 维持输出电压恒定并向负载 R 供电，这时 $u_L = E$。

当可控开关 V 关断时，电感 L 中存储的能量向负载释放，电流为 i_2，方向如图 7 – 15(a)所示。负载电压极性为上负下正，与电源电压的极性相反，这时 $u_L = -U_o$，与前面所介绍的降压斩波电路和升压斩波电路的情况刚好相反。因此，该电路也称为反极性斩波电路。

2. 计算相关参数

假设该电路中的电感和电容都足够大，可保证电路稳定运行下去，且输出电压不变。此时，设开关管 V 处于通态的时间为 t_{on}，开关管 V 处于断态的时间为 t_{off}。

当电路处于稳态时，一个周期 T 内电感 L 两端电压 u_L 对时间的积分为零，即

$$\int_0^T u_L \mathrm{d}t = \int_0^{t_{on}} u_{L(on)} \mathrm{d}t + \int_{t_{on}}^T u_{L(off)} \mathrm{d}t = Et_{on} - U_o t_{off} = 0 \tag{7 – 8}$$

所以输出电压为

$$U_o = \frac{t_{on}}{t_{off}} E = \frac{t_{on}}{T - t_{on}} E = \frac{k}{1 - k} E \tag{7 – 9}$$

若改变导通比，则输出电压既可以比电源电压高，也可以比电源电压低。当 $0 < k < 0.5$ 时，输出电压比电源电压低；当 $0.5 < k < 1$ 时，输出电压可以比电源电压高。因此，图 7 – 15 所示电路被称为升降压斩波电路。

图 7 – 15(b)所示为升降压斩波电路的波形图。该图给出了电源电流 i_1 和负载电流 i_2，当两者的平均值分别为 I_1 和 I_2，电流脉动足够小时，可得

$$\frac{I_1}{I_2} = \frac{t_{on}}{t_{off}} \tag{7 – 10}$$

由式(7-10)可得

$$I_2 = \frac{t_{off}}{t_{on}} I_1 = \frac{1-k}{k} I_1 \qquad (7-11)$$

如果 V、VD 为没有损耗的理想开关，则 $EI_1 = U_o I_2$，其输出功率和输入功率相等，此时该斩波电路可看作是直流变压器。

7.2.5 完成直流斩波电路的 MATLAB 仿真分析

1. 仿真模型建立及参数设置

1) 参考电路图建模

图 7-16 所示为降压斩波电路的原理图，这里采用全控器件 IGBT 作为开关器件，其模块提取路径如表 7-1 所示。

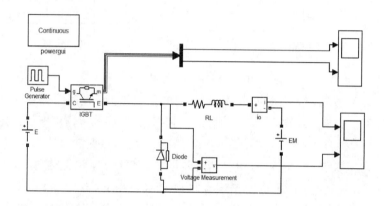

图 7-16　降压斩波电路的仿真原理图

表 7-1　降压斩波电路仿真模块提取路径

元 件 名 称	提 取 路 径
脉冲触发器	Simulink/Sources/Pulse Generator
直流电源	SimPowerSystems/Electrical Sources/DC Voltage Source
示波器	Simulink/Sinks/Scope
接地端子	SimPowerSystems/Elements/Ground
信号分解模块	Simulink/Signal Routing/Demux
电压表	SimPowerSystems/Measurements/Voltage Measurement
电流表	SimPowerSystems/Measurements/Current Measurement
负载 RLC	SimPowerSystems/Elements/Series RLC Branch
IGBT	SimPowerSystems/Power Electronics/IGBT
用户界面分析模块	powergui

2）设置各模块的参数

（1）直流电压源 DC Voltage Source：电压设置为 100 V，即在"Amplitude（波形振幅）"栏中输入"100"。

（2）脉冲触发器 Pulse Generator：频率为 50 Hz 的应设置周期常数为 0.02 s；脉宽设置为周期的百分比，输入"50"即占空比为 50%，如图 7-17 所示。

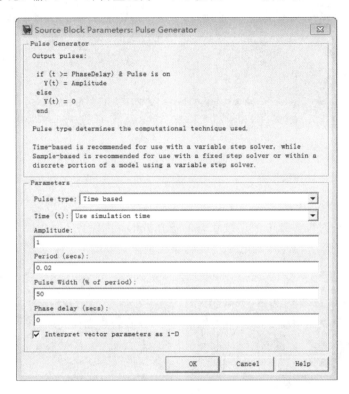

图 7-17　脉冲信号参数设置

（3）IGBT：采用默认参数设置。

（4）二极管：采用默认参数设置。

（5）RLC 串联支路：采用感性负载，电阻 R 为 1 Ω，电感 L 为 0.01 H。

3）仿真参数的设置

仿真模型中，周期 T 为 0.02 s，可设置仿真时间为 0.1 s，即五个周期作为观察周期。$E=100$ V，$E_M=10$ V，负载电阻设置为 $R=2$ Ω。此时，L 和占空比设置的大小决定了波形是否连续。

4）波形分析

（1）负载电流断续仿真。

当占空比设置为 30% 时，如果电感 L 较小将会导致输出电流的波形断续，如设置 $L=0.005$ H。如图 7-18 所示，此时由于感性阻抗较小，因此电流将迅速降低为零，而输出电压将被抬高。由于电感值 L 较小，即便调整占空比也很难得到连续的电流。图 7-19 所示是占空比为 60% 时输出电流仍为断续状态。

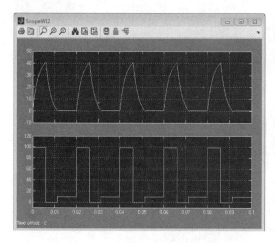 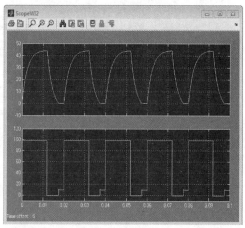

图 7 - 18 L 较小且占空比为 30% 时的
电压、电流波形

图 7 - 19 L 较小且占空比为 60% 时的
电压、电流波形图

（2）负载电流连续仿真。

当增大电感 L 时可得到电流连续状态的仿真波形，如设置 $L=0.02$ H。此时在占空比为 0.3 和 0.6 的状态下均能得到电流连续的输出波形，如图 7 - 20 和图 7 - 21 所示。

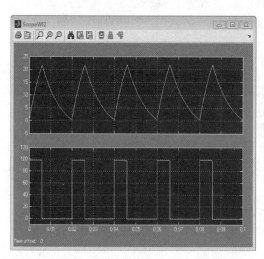 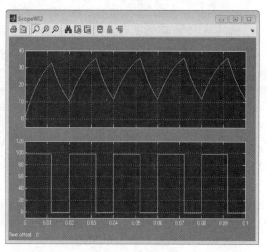

图 7 - 20 占空比为 30% 时的电压、电流波形图   图 7 - 21 占空比为 60% 时的电压、电流波形图

通过对降压斩波电路的仿真图进行分析验证了我们前面所介绍的内容：

① 若负载电感较小，则负载电流在一个周期内将会衰减到零，出现负载电流断续的情况。如图 7 - 18 和图 7 - 19 所示，此时 U_o 平均值会被抬高，符合理论分析结果。

② 若负载电感较大，此时负载电流连续，输出电压符合前面的理论分析。如图 7 - 20 和图 7 - 21 所示，输出电压平均值分别为

$$U_o = k(-E_M) = 0.3 \times (100 - 10) \text{ V} = 27 \text{ V}$$
$$U_o = k(E - E_M) = 0.6 \times (100 - 10) \text{ V} = 54 \text{ V}$$

可见，输出电压平均值和理论计算的结果一致。

2．升压斩波电路的仿真

1）参考电路图建模

根据升压斩波电路的原理图，建立升压斩波电路的仿真模型，如图7－22所示，其元件的选取路径如表7－2所示。

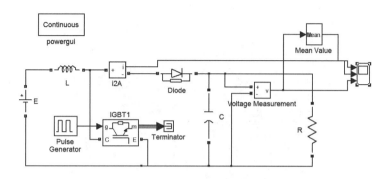

图 7－22　升压斩波电路的仿真原理图

表 7－2　升压斩波电路仿真模块的提取路径

元 件 名 称	提 取 路 径
脉冲触发器	Simulink/Sources/Pulse Generator
直流电源	SimPowerSystems/Electrical Sources/DC Voltage Source
示波器	Simulink/Sinks/Scope
接地端子	SimPowerSystems/Elements/Ground
信号分解模块	Simulink/Signal Routing/Demux
电压表	SimPowerSystems/Measurements/Voltage Measurement
电流表	SimPowerSystems/Measurements/Current Measurement
负载 RLC	SimPowerSystems/Elements/Series RLC Branch
IGBT	SimPowerSystems/Power Electronics/IGBT
用户界面分析模块	powergui

2）设置各模块的参数

（1）直流电压源 DC Voltage Source：在电压设置栏中输入电压值，这里设置电压为 100 V，即在"Amplitude(波形振幅)"栏中输入"100"。

（2）脉冲触发器 Pulse Generator：将周期设置为 0.02，脉宽设置为 50，即占空比为 50%。

（3）IGBT：采用默认参数设置。

（4）二极管：采用默认参数设置。

（5）RLC 串联支路：采用感性负载，电阻 R 为 1 Ω，电感 L 为 0.01 H。

3）仿真参数的设置

设置仿真的终止时间为 0.06 s，算法为 ode23tb，其余参数不变。

4）波形分析

（1）脉冲发生器中的脉冲宽度设置为脉宽的 50%，仿真结果如图 7-23 所示。

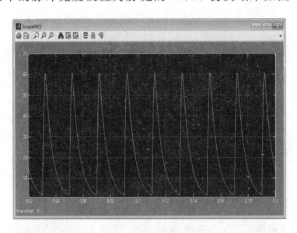

图 7-23　占空比为 50% 时的输出电压波形

从图 7-23 中可以看出，负载上的平均电压为 20 V，理论计算

$$U_。 = ET/t_{off} = 20 \text{ V}$$

可见，仿真结果与升压斩波理论吻合。

（2）脉冲发生器中的脉冲宽度设置为脉宽的 75%，仿真结果如图 7-24 所示。

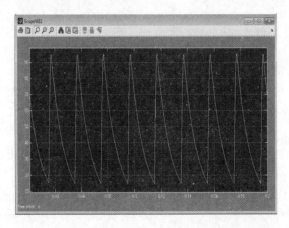

图 7-24　占空比为 75% 的时输出电压波形

从图 7-24 中可以看出，负载上的平均电压为 40 V，理论计算

$$U_。 = ET/t_{off} = 40 \text{ V}$$

可见，仿真结果与升压斩波理论吻合。

3. 升降压斩波电路的仿真

1）建立仿真模型

根据升降压斩波电路的原理图，建立升压-降压式变换器仿真模型，如图 7-25 所示。这里采用 IGBT 作为开关器件，其元件的提取路径如表 7-3 所示。

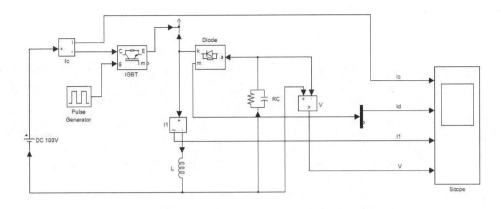

图7-25 升降压式变换器仿真模型

表7-3 升降压斩波电路仿真模块的提取路径

元 件 名 称	提 取 路 径
脉冲触发器	Simulink/Sources/Pulse Generator
直流电源	SimPowerSystems/Electrical Sources/DC Voltage Source
示波器	Simulink/Sinks/Scope
接地端子	SimPowerSystems/Elements/Ground
信号分解模块	Simulink/Signal Routing/Demux
电压表	SimPowerSystems/Measurements/Voltage Measurement
电流表	SimPowerSystems/Measurements/Current Measurement
负载 RLC	SimPowerSystems/Elements/Series RLC Branch
IGBT	SimPowerSystems/Power Electronics/IGBT
用户界面分析模块	powergui

2）设置各模块的参数

（1）直流电压源 DC Voltage Source：在电压设置栏中输入电压值，设置电压为 100 V，即在"Amplitude(波形振幅)"栏中输入"100"。

（2）脉冲触发器 Pulse Generator：双击模块出现参数设置窗口，将周期设置为 0.02、脉宽设置为 50，脉宽设置为周期的百分比，输入"50"即占空比为 50%。

（3）IGBT：采用默认参数设置。

（4）二极管：采用默认参数设置。

（5）RLC 串联支路：采用感性负载，电阻 R 为 50 Ω，电容 C 为 $0.013\mathrm{e}^{-6}$ F，电感 L 为 $95\mathrm{e}^{-5}$ H。

3）仿真参数的设置

选择菜单"Simulation"→"Configuration Parameters"，打开设置窗口。由于电源频率是 50 Hz，因此设置仿真的终止时间为 0.06 s，算法为 ode23tb，其余参数不变。

4）波形分析

通过调节脉冲发生器的延迟时间，可以得到当占空比 k 为不同值时的输出电流、电压波形，如图 7 - 26 和图 7 - 27 所示。

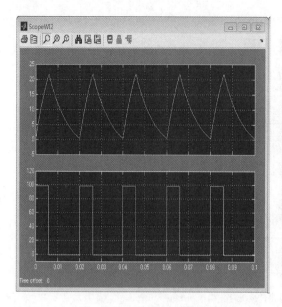 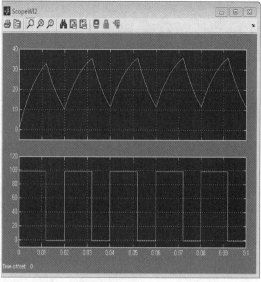

图 7 - 26 占空比为 30% 时的输出电压、电流波形图　图 7 - 27 占空比为 60% 时的输出电压电流、波形图

　　通过对升降压斩波电路仿真图的分析可以看出，若负载电感较小，则负载电流在一个周期内将会衰减到零，出现负载电流断续的情况，此时 U_o 平均值会被抬高，符合理论分析。若负载电感较大，此时负载电流连续，输出电压符合前面的理论分析。输出电压的平均值分别为

$$U_o = \frac{k}{1-k}(E - E_M) = \frac{0.3}{1-0.3} \times (100 - 10) \text{ V} = 39 \text{ V}$$

$$U_o = \frac{k}{1-k}(E - E_M) = \frac{0.6}{1-0.6} \times (100 - 10) \text{ V} = 135 \text{ V}$$

可见，输出电压平均值与理论计算结果一致。

任务 7.3　调试直流斩波电路

1. 材料准备

直流斩波电路所应用到的电路元件明细表如表 7 - 4 所示。

表 7 - 4　直流斩波电路元件明细表

序　号	分　类	名　称	型号规格	数　量
1	E	直流电源	12 V	1 个
2	IGBT	绝缘栅双极型晶体管	5 A/1000 V 任意型号	1 个
3	R	电阻器	470 Ω	1 个
4	L	大电感	1 mH	2 个
5	C	电容	0.1 μF	1 个

序　号	分　类	名　　称	型　号　规　格	数　量
6	VD	二极管		1个
7	脉冲触发板	PWM脉冲发生器		1套
8		线路板		1块
9		导线		若干
10		焊接工具		1套
11		万用表	指针或数字	1套
12		示波器	慢扫描或者数字存储示波器	1套

2. 安装电路

按照图7-28分别将器件连接成降压斩波电路、升压斩波电路和升降压斩波电路。

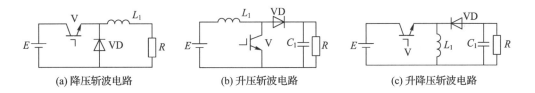

(a) 降压斩波电路　　　　　(b) 升压斩波电路　　　　　(c) 升降压斩波电路

图7-28　接线电路图

3. 调试与检测电路

该电路的控制电路均由 SG3525 芯片构成的 PWM 控制器模块完成,其外形如图7-29 所示。用示波器测量 PWM 控制器模块的"1"孔和地之间的波形,调节占空比调节旋钮,测量驱动波形的频率以及占空比的调节范围。

图7-29　SG3525 芯片 PWM 控制器模块

使用时,为了便于观测,将该模块的频率控制在 9.00 kHz 左右,其占空比的调节范围控制在 9%～85%范围内。

1) 降压斩波电路

按照图7-28(a)选择相应的元件,搭建降压斩波电路主电路。将 PWM 波形发生器的输出端"1"端接到斩波电路中 IGBT 管 V 的 G 端,将 PWM 的"地"端接到斩波电路中"V"管的 E 端。

经检查电路无误后,闭合电源开关,用示波器观察 VD 两端5、6孔之间的电压。调节

PWM 触发器的电位器，即改变触发脉冲的占空比，观察负载电压的变化，并记录电压波形，如图 7 - 30 所示。

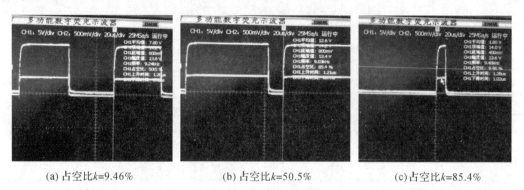

(a) 占空比 k=9.46%   (b) 占空比 k=50.5%   (c) 占空比 k=85.4%

图 7 - 30   负载电压波形

（1）观察负载电压波形。将输入电源电压设为 $E=5$ V，当 $k=9.46\%$ 时，负载电压理论值为 0.482 V，实际测得值为 0.5 V，如图 7 - 30(a)所示；当 $k=50.5\%$ 时，负载电压理论值为 2.765 V，实际测得值为 2.6 V，如图 7 - 30(b)所示；当 $k=85.4\%$ 时，负载电压理论值为 4.325 V，实际测得值为 4.2 V，如图 7 - 30(c)所示。

可见，负载电压随着占空比的增大而增大。但是因为是降压斩波，所以当占空比基本上接近 1，为最大 85.4% 时，其平均电压仍然是小于直流输入电压的平均值。

（2）观察负载电流波形。用示波器观察并记录负载电阻 R 两端的波形，如图 7 - 31 所示。因为电路是纯阻性负载，所以其电流波形与电压波形完全相同，只是幅值不同。在负载电压为正时，即从 $0 \sim t_{on}$ 时，电流慢慢增加，到 t_{off} 期间，虽然负载电压为 0，但是由于大电感的存在，电流无法突变，因而可以使电流慢慢降低，从而使电流波形连续。

图 7 - 31   负载电流波形

2）升压斩波电路

按照图 7 - 28(b)连接好升压斩波电路。在升压斩波电路检查无误后，将 PWM 波形发生器连接至 IGBT 管 V 的 G 端，其连接方式与降压斩波电路的连接方式相同。

将示波器接至负载 R 的两端，观察负载电压波形。当 $E=5$ V、$k=19.89\%$ 时，负载电压理论值为 6.3125 V，实际检测值为 6 V，如图 7 - 32(a)所示；当 $E=5$ V、$k=50.86\%$ 时，负载电压理论值为 9.84 V，实际检测值为 10 V，如图 7 - 32(b)所示；当 $E=5$ V，$k=84.3\%$ 时，负载电压理论值为 24.85 V，实际检测值为 21.6 V，如图 7 - 32(c)所示。

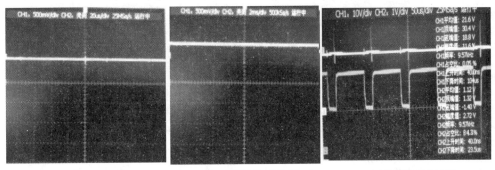

(a) 占空比 $k=19.89\%$ (b) 占空比 $k=50.86\%$ (c) 占空比 $k=84.3\%$

图 7 - 32 负载电压波形

该电路中输出电压即为电阻两端的电压。由于电路中连接了大电感和大电容，因此当 IGBT 处于导通状态时，电源 E 向电感 L 储能，稳态时充电电流基本保持不变。同时，电容向负载放电，因电容很大，所以可以保持输出电压基本不变(见图 7 - 32)，此时二极管受反压截止。当 IGBT 处于阻断状态时，电源和电感同时向负载供电，并对电容充电。

3）升降压斩波电路

按照图 7 - 28(c)连接好升降压斩波电路。在升降压斩波电路检查无误后，将 PWM 波形发生器连接至 IGBT 管 V 的 G 端，其连接方式与降压斩波电路的连接方式相同。

将示波器接至负载 R 两端，观察负载电压波形。在 $E=5\ V$ 的情况下，当 $k=32.9\%$ 时，负载电压理论值为 $1.1425\ V$，测得实际值为 $1\ V$，如图 7 - 33(a)所示；当 $k=46.2\%$ 时，负载电压理论值为 $4.967\ V$，实际测得值为 $4.6\ V$，如图 7 - 33(b)所示；当 $k=83.3\%$ 时，负载电压理论值为 $9.88\ V$，实际测得值为 $18.4\ V$，如图 7 - 33(c)所示。

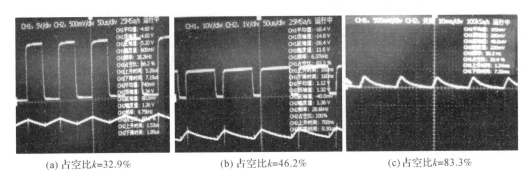

(a) 占空比 $k=32.9\%$ (b) 占空比 $k=46.2\%$ (c) 占空比 $k=83.3\%$

图 7 - 33 负载电压波形

因此可以看出，升降压斩波电路既可以升压也可以降压。当开关器件处于通态时，二极管截止，电源经过 V 向电感 L 供电使其储能，同时电容 C 向负载 R 供电并维持输出电压恒定；当 V 处于关断状态时，二极管导通，电感中储存的能量经过二极管向负载释放。

由实验结果可以看出：当 k 小于 0.5 时，电路工作在降压状态；当 k 大于 0.5 时，电路工作在升压状态。

开关电源电路的应用

1. 开关电源简介

电源是电路设计中的重要部分，电源的稳定性在很大程度上决定了电路的稳定性。随着半导体技术的发展，对于电源的要求也越来越高，如在各种电子设备中，需要多路不同电压供电，如数字电路需要 5 V、3.3 V、2.5 V 等不同的供电电压，模拟电路需要±12 V、±15 V 等不同的供电电压，这就需要专门设计电源装置来提供这些电压。通常要求电源装置能达到一定的稳压精度，还要能够提供足够大的电流。

开关电源是利用现代电力电子技术，控制开关晶体管开通和关断的时间比率，并维持稳定输出电压的一种电源。由于功率半导体只工作在开通（过饱和）和关断两种状态，故称为开关电源，国内早期译为斩波电源。开关电源通过控制电力电子器件的通断得到任意需要的电源电压。目前，开关电源以小型、轻量和高效率的特点被广泛应用于几乎所有的电子设备中，开关电源也是当今电子信息产业飞速发展不可缺少的一种电源方式。

2. 线性电源和开关电源

线性电源和开关电源是比较常见的两种电源，但两者在原理上有很大的不同，而原理上的不同决定了两者应用上的不同。

1）线性电源的基本原理

线性电源的基本原理是交流电经过一个工频变压器降压成低压交流电之后，通过整流和滤波形成直流电，最后通过稳压电路输出稳定的低压直流电。在线性电源的电路中，需要调整元件工作在线性状态。如图 7-34 所示为线性电源，先用工频变压器降压，然后经过整流滤波后，由线性调压得到稳定的输出电压。

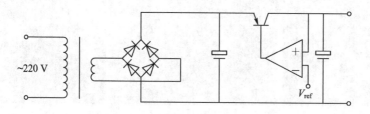

图 7-34　线性电源的基本电路结构

2）开关电源的基本原理

开关电源的基本原理是输入端直接将交流电整流变成直流电，再在高频振荡电路的作用下，用开关管控制电流的通断，形成高频脉冲电流，在电感（高频变压器）的帮助下，输出稳定的低压直流电。图 7-35 所示为开关电源，先整流滤波，后经高频逆变得到高频交流电压，然后由高频变压器降压，再整流滤波。

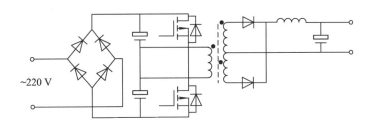

图 7 - 35　半桥型开关电源的电路结构

3）线性电源与开关电源的优缺点

（1）线性电源的优缺点：

优点：线性电源的结构相对简单，维修方便，维修一台线性电源的难度往往远远低于维修开关电源的难度，线性电源的维修成功率也大大高于开关电源的维修成功率；输出纹波小，纹波是叠加在直流稳定量上的交流分量，输出纹波越小则输出直流电的纯净度越高，目前高档线性电源纹波可以达到 0.5 mV 的水平，一般产品可以做到 5 mV 的水平；高频干扰小，线性电源没有工作在高频状态下的器件，因此做好输入滤波，可以做到几乎没有高频干扰。线性电源适合用于模拟电路、各类放大器中等。

缺点：线性电源的功率器件工作在线性状态，其功率器件一直通电工作，导致工作效率低，一般在 35% 左右；线性电源需要大功率变压器，所需的滤波电容的体积和重量也相当大，导致其体积大、笨重、效率低、发热量也大；线性电源反馈电路工作在线性状态，调整管上有一定的电压降，在输出较大的工作电流时，致使调整管的功耗太大、转换效率低，因此需要安装散热片。

（2）开关电源的优缺点：

优点：开关电源体积小，重量轻（体积和重量只有线性电源的 20%～30%），效率高（一般为 60%～70%，而线性电源只有 30%～40%），自身抗干扰性强，输出电压范围宽，模块化。

缺点：开关电源由于逆变电路中会产生高频电压，因此会对周围设备有一定的干扰；需要良好的屏蔽及接地；交流电经过整流，得到的直流电压通常会造成 20%～40% 的电压变化，为了得到稳定的直流电压，必须采用稳压电路来实现稳压。

随着电子技术的不断发展，控制技术得到了提高，开关电源的缺点在慢慢被消除。所以开关电源将是以后应用的主流趋势，将逐渐代替线性电源。

3. 开关电源的分类

开关电源主要分为交流输入的开关电源和直流输入的开关电源两大类。

1）交流输入的开关电源

交流输入的开关电源是将交流电转换为直流电，其主要结构如图 7 - 36 所示，包含整流电路、逆变电路、变压器、滤波器等。

整流电路普遍采用二极管构成的桥式电路，直流侧采用大电容滤波，较为先进的开关电源采用有源的功率因数校正（Power Factor Correction，PFC）电路。

高频逆变—变压器—高频整流电路是开关电源的核心部分，具体的电路采用的是隔离型直流-直流变流电路。

图7-36　交流输入的开关电源的结构框图

高性能的开关电源中普遍采用了软开关技术。

可以采用给高频变压器设计多个二次侧绕组的方法来实现不同电压的多组输出，而且这些不同的输出之间是相互隔离的，但是仅能选择一路作为输出电压反馈，因此也就只有这一路的电压的稳压精度较高，其他路的稳压精度都较低，而且其中一路的负载变化时，其他路的电压也会跟着变化。

2）直流输入的开关电源

直流输入的开关电源也称为直流-直流变换器（DC-DC Converter），分为隔离型和非隔离型。隔离型多采用反激、正激、半桥等隔离型电路；而非隔离型则采用 Buck、Boost、Buck-Boost 等电路。直流输入的开关电源的主要结构如图7-37所示。

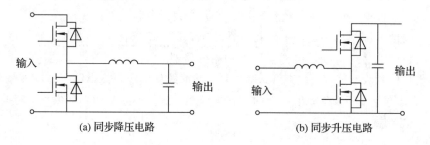

(a) 同步降压电路　　　　　　　　(b) 同步升压电路

图7-37　直流输入的开关电源的主要结构

负载点稳压器（Point Of the Load regulator，POL）是指仅仅为一个专门的元件（通常是一个大规模集成电路芯片）供电的直流-直流变换器。计算机主板上给 CPU 和存储器供电的电源都是典型的 POL 结构。

由于非隔离的直流-直流变换器，尤其是 POL 的输出电压往往较低，为了提高效率，经常采用同步 Buck（Sync Buck）电路。该电路的结构为 Buck，但二极管也采用 MOSFET 型，利用其低导通电阻的特点来降低电路中的通态损耗，其原理类似同步整流电路。

在通信交换机、巨型计算机等复杂的电子装置中，供电的路数太多，总功率太大，难以用一个开关电源完成，因此出现了分布式的电源系统。

如图7-38所示，一次电源完成交流-直流的隔离变换，其输出连接到直流母线上；直流母线连接到交换机中的每块电路板上；电路板上都有自己的 DC-DC 变换器，将48V 转换为电路所需的各种电压；大容量的蓄电池组保证停电的时候交换机还能正常工作。

二次电源采用多个开关电源并联的方案，每个开关电源仅仅承担一部分功率，并联运行的每个开关电源有时也被称为"模块"。当其中个别模块发生故障时，系统还能够继续运行，这被称为"冗余"。

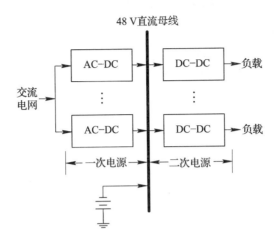

图 7-38 通信电源系统

4.开关电源的应用

开关电源广泛用于各种电子设备、仪器及家电等，如台式计算机和笔记本计算机的电源，电视机、DVD 播放机的电源，以及家用空调器、电冰箱的计算机控制电路的电源等，这些电源的功率通常有几十瓦到几百瓦；手机等移动电子设备的充电器也是开关电源，但功率仅有几瓦；通信交换机、巨型计算机等大型设备的电源也是开关电源，但功率较大，可达数千瓦到数百千瓦；工业上也大量应用开关电源，如数控机床、自动化流水线中，采用各种规格的开关电源为其控制电路供电。

开关电源还可以用于蓄电池充电、电火花加工，电镀、电解等电化学过程，功率可达几十瓦至几百千瓦；在 X 光机、微波发射机、雷达等设备中，大量使用的是高压、小电流输出的开关电源。

5.开关电源的选用

开关电源模块作为一种电力电子集成器件，在选用中应注意以下几点：

（1）输出电流的选择。因开关电源工作效率高，一般可达到 80% 以上，故在其输出电流的选择上，应准确测量或计算用电设备的最大吸收电流，以使被选用的开关电源具有高的性价比。

（2）接地开关电源会比线性电源产生更多的干扰，对共模干扰敏感的用电设备，应采取接地和屏蔽措施，按 ICE1000、EN61000、FCC 等 EMC 限制，开关电源均采取 EMC 电磁兼容措施，因此开关电源一般应带有 EMC 电磁兼容滤波器。如利德华福电气技术有限公司的 HA 系列开关电源，将其 FG 端子接大地或接用户机壳，方能满足上述电磁兼容的要求。

（3）保护电路。开关电源在设计中必须具有过流、过热、短路等保护功能，故在设计时应首选保护功能齐备的开关电源模块，并且其保护电路的技术参数应与用电设备的工作特性相匹配，以避免损坏用电设备或开关电源。

6.开关电源的发展

在我国提出的新型基础设施建设概念与双碳战略背景下，随着经济的持续发展以及国家对新能源发电、储能、新能源汽车、5G 通信轨道交通等电源应用行业的持续性投入,我国电源行业基本保持快速增长态势,其对国家的战略意义也日益凸显。

近年来,我国开关电源市场稳定增长。由于开关电源具有体积小、重量轻、功率密度高、效率高、功耗低、可靠性高、输出稳定等众多优势,因此广泛应用于各大领域。开关电源可以分为标准化产品和非标准化产品,标准化产品主要应用在消费电子及 PC 电源领域,非标准化产品主要应用在工业、新能源、通信等领域。

从我国开关电源的应用领域来看,目前主要集中在工业领域,其次为消费电子领域,行业需求领域集中度非常高。随着一些新兴行业的快速发展,预计以往占市场比重不大的行业如电力、交通、新能源等对开关电源的需求将呈现出快速增长的势头。目前,我国已经成为开关电源行业重要的生产基地,我国电源企业取得了较快的发展,已形成了较为完善的产业链。

未来开关电源的行业发展趋势如下:

(1)高频化。随着功率半导体器件的不断发展,开关电源的开关频率也在不断提高。高频化可以减小开关电源的体积和重量,提高电源的效率和功率密度。未来的开关电源将采用更先进的功率半导体器件,如碳化硅(SiC)和氮化镓(GaN)等,以提高开关频率和效率。同时,开关电源的控制算法也将不断优化,以实现更精确的功率控制和更低的能耗。

(2)小型化和轻量化。随着电子设备的不断小型化和轻量化,开关电源也需要不断缩小体积和重量。未来的开关电源将采用更高集成度的芯片和模块,以减少元件数量和电路板面积。同时,开关电源的散热设计也将不断优化,以提高散热效率,降低温升。

(3)数字化和智能化。对于传统开关电源而言,模拟信号对控制部分的工作起到引导作用。目前,数字化控制已经是绝大部分设备所采用的控制方式,而开关电源同样也是数字化技术今后应用的主要领域。随着数字化和智能化技术的不断发展,开关电源也将逐渐实现数字化和智能化。未来的开关电源将采用数字控制技术,以实现更精确的功率控制和更灵活的参数设置。同时,开关电源还将配备智能监测和诊断功能,以提高系统的可靠性和稳定性。

(4)多功能化。随着电子设备的功能不断增加,开关电源也需要具备更多的功能。未来的开关电源将不仅能够提供稳定的电压输出,还将具备功率因数校正(PFC)、电磁干扰(EMI)滤波、过压保护、过流保护等功能。同时,开关电源还将配备通信接口,以便与其他设备进行通信和协同工作。

(5)绿色环保。低碳经济已经逐渐成为全球经济发展的共识,中国在调整经济结构的同时,更是将低碳、环保提升到一个新的高度。未来的开关电源将采用更环保的材料和工艺,以减少对环境的污染。此外开关电源产品将具有显著的节能性能和不对公共电网产生污染的特点。国家产业政策将会继续利好开关电源的发展。

习　题

1. 电力晶体管有几种工作状态?分别用于哪些场合?试举例说明。

2. 电力晶体管对驱动电路有什么要求?

3. 直流斩波电路有哪几种基本类型?

4. 简述图 7-11 所示的降压斩波电路的工作原理。

5. 试比较降压斩波电路和升压斩波电路的异同点。

6. 降压斩波电路中，已知 $E=200$ V，$R=10$ Ω，L 值极大，$E_M=30$ V，$T=50$ μs，$t_{on}=20$ μs。试计算输出电压平均值 U_o 和输出电流平均值 I_o。

7. 在图 7-12 中，降压斩波电路的负载电流何时会断续？有何影响？

8. 简述图 7-13 所示的升压斩波电路的基本工作原理。

9. 升降压斩波电路为何既能升压又能降压？试说明其工作原理。

10. 在图 7-13 所示的升压斩波电路中，已知 $E=50$ V，L 值和 C 值极大，$R=20$ Ω，采用脉宽调制方式。当 $T=40$ μs、$t_{on}=20$ μs 时，计算输出电压平均值 U_o 和输出电流平均值 I_o。

11. 请比较降压斩波电路、升压斩波电路及升降压斩波电路的器件组成与电路图的区别。

12. 一升压换流器由理想元件构成，输入电压 U_i 在 8~16 V 之间变化，通过调整占空比使输出 $U_o=24$ V 固定不变，最大输出功率为 5 W，开关频率为 20 kHz，输出端电容足够大。求使换流器工作在连续电流方式的最小电感。

13. 一台运行在 20 kHz 开关频率下的升降压换流器由理想元件构成，其中 $L=0.05$ mH，输入电压 $U_i=15$ V，输出电压 $U_o=10$ V，可提供 10 W 的输出功率，并且输出端电容足够大，试求其占空比 k。

14. 在降压斩波电路中，已知 $U_i=100$ V，$R=0.5$ Ω，$L=1$ mH，采用脉宽调制控制方式，$T=20$ μs，当 $t_{on}=5$ μs 时，试求：

(1) 输出电压的平均值 U_o、输出电流的平均值 I_o；

(2) 当 $t_{on}=3$ μs 时，重新进行上述计算。

15. 在图 7-11 所示的降压斩波电路中，已知 $E=600$ V，$R=0.1$ Ω，$L=\infty$，$E_M=350$ V，采用脉宽调制控制方式，$T=1800$ μs，若输出电流 $I_o=100$ A，试求：

(1) 输出电压的平均值 U_o 和所需的 t_{on} 值；

(2) 作出 u_o、i_o 以及 i_G、i_D 的波形。

16. 升压斩波电路为什么能使输出电压高于电源电压？

17. 在升压斩波电路中，已知 $U_i=50$ V，L 值和 C 值极大，$R=20$ Ω，采用脉宽调制控制方式，当 $T=40$ μs，$t_{on}=25$ μs 时，计算输出电压的平均值 U_o 和输出电流的平均值 I_o。

18. 说明降压斩波电路、升压斩波电路、升降压斩波电路输出电压的范围。

19. 在升降压斩波电路中，已知 $U_i=100$ V，$R=0.5$ Ω，L 值和 C 值极大，试求：

(1) 当占空比 $k=0.2$ 时，输出电压和输出电流的平均值；

(2) 当占空比 $k=0.6$ 时，输出电压和输出电流的平均值，并计算此时的输入功率。

参 考 文 献

[1] 黄家善. 电力电子技术[M]. 北京：机械工业出版社，2010.

[2] 曹弋. MATLAB 在电类专业课程中的应用[M]. 北京：机械工业出版社，2016.

[3] 王丽华，康晓明. 电力电子技术[M]. 北京：国防工业出版社，2010.

[4] 桂丽. 电力电子技术[M]. 北京：中国铁道出版社，2011.

[5] 咸庆信. 变频器电路维修与故障实例分析[M]. 2 版. 北京：机械工业出版社，2013.

[6] 王兆安. 电力电子技术[M]. 5 版. 北京：机械工业出版社，2020.

[7] 曲学基，曲敬铠，于明扬. 电力电子元器件应用手册[M]. 北京：电子工业出版社，2016.

[8] 裴云庆，杨旭，王兆安. 开关稳压电源的设计和应用[M]. 北京：机械工业出版社，2010.

[9] 王文郁，石玉. 电力电子技术应用电路[M]. 北京：机械工业出版社，2001.

[10] 曹保国. UPS 应用技术[M]. 北京：化学工业出版社，2007.

[11] 张兴，张崇巍. PWM 整流器及其控制[M]. 北京：机械工业出版社，2012.